普通高等院校电子信息与电气工程类专业教材

电子线路实验与课程设计

（第二版）

主　编　蔡　苗
副主编　蔡红娟　周　斌
参　编　高弘扬　陈之射

华中科技大学出版社
中国·武汉

内容提要

本书共分五章和附录。第1章为常用分立元器件的识别及本书所用集成元器件的引脚封装；第2章为电子线路实验，包括模拟电路实验(8个项目)和数字电路实验(8个项目)；第3章为基于FPGA的数字电路设计实验(4个项目)；第4章为Multisim在电子技术中的应用，包括7个仿真项目的设计和分析；第5章为电子线路课程设计；附录包括DE2-115开发板部分资源介绍和课程设计报告撰写要求。实验内容及其难易程度覆盖了不同层次的教学要求，各任课教师可灵活选用。

本书可作为高等学校“模拟电子技术”、“数字电路与逻辑设计”等课程的配套实验教材和课程设计教材，也可供从事电子技术工作的工程技术人员学习参考。

图书在版编目(CIP)数据

电子线路实验与课程设计/蔡苗主编. —2版. —武汉：华中科技大学出版社，2022.4
ISBN 978-7-5680-6363-0

Ⅰ.①电… Ⅱ.①蔡… Ⅲ.①电子电路-实验 ②电子电路-课程设计 Ⅳ.①TN710

中国版本图书馆CIP数据核字(2022)第048960号

电子线路实验与课程设计(第二版)　　蔡　苗　主编
Dianzi Xianlu Shiyan yu Kecheng Sheji(Di-er Ban)

策划编辑：谢燕群
责任编辑：谢燕群
封面设计：原色设计
责任校对：陈元玉
责任监印：周治超
出版发行：华中科技大学出版社(中国·武汉)　电话：(027)81321913
　　　　　武汉市东湖新技术开发区华工科技园　邮编：430223
录　　排：武汉市洪山区佳年华文印部
印　　刷：武汉开心印印刷有限公司
开　　本：787mm×1092mm　1/16
印　　张：15
字　　数：375千字
版　　次：2022年4月第2版第1次印刷
定　　价：38.80元

第二版前言

为了适应新工科发展需要，培养高素质综合性应用人才，经过教学改革与实践，我们在第一版的基础上对本教材进行了改版，面向工程应用能力的培养，做了以下几个方面的工作。

(1) 每个实验项目均增加了 Multisim 电路仿真，软件仿真与硬件搭建互为补充，旨在帮助读者提高工程实践中数据分析、仪器使用和电路装调能力。

(2) 增加了用 Verilog HDL 对可编程逻辑器件的设计，旨在提高读者电子技术行业主流技术的应用能力。

(3) 增加了详细的实验操作步骤，便于读者自学。

参加本次改版工作的有蔡苗(第 2 章实验 1、实验 8～16 和第 3 章的实验 1～3)，蔡红娟(第 2 章的实验 3，第 5 章)，周斌(第 2 章的实验 2 和实验 4～7、仿真 2～4)，第 1 章、第 3 章的实验 4、第 4 章其他章节和附录由高弘扬、陈之射共同修订。蔡苗任主编，负责全书的编写组织和统稿工作，蔡红娟和周斌任副主编。在本书的编写工作中，陈艳、翟晟等也做了大量工作，在此对他们表示深深的谢意。此外，本书得到了殷小贡、徐安静、李海老师的审阅，他们提出了许多宝贵的意见，在此对他们以及在编写、出版过程中给予热情帮助和支持的其他同志们一并表示衷心的感谢。

由于编者的水平有限，书中难免存在疏漏、欠妥之处，恳请广大读者批评指正。

编者

2021 年 10 月于武汉

前 言

电子线路实验与课程设计作为电子技术类课程的重要组成部分，对学生专业基础理论知识的奠定和工程应用能力的培养具有决定性的意义。本书由编者在多年的实践教学、教学研究和教材建设的基础上编写而成，旨在培养学生的电路装调能力、数据分析能力等专业核心实验技能，为后续学习专业课程、参加各类电子设计竞赛、毕业设计打下良好的基础。

本书包含常用电子元器件的识别、模拟电路实验、数字电路实验、电子线路课程设计及 Multisim 在电子技术中的应用等内容。本书具有以下几个特点：

(1) 内容设置上力求做到因材施教。每个实验项目均设置有“基本内容”和“扩展内容”。基本内容与理论知识联系紧密，用于培养学生理论联系实际的能力及数据分析能力，扩展内容侧重于知识应用能力的培养。老师可以按照学生的不同情况安排实验内容。

(2) 为了真正落实实验预习，使学生做实验之前做到心中有数，从而达到实验教学效果，本书的实验预习与实验内容紧密结合，以题目为主导，分步骤给出，更具有针对性。

(3) 本书采用 Multisim 仿真，该仿真软件专门用于电子电路仿真与设计，可以方便地把理论知识用计算机仿真真实再现，方便教学活动。仿真实验项目在设置上结合课程教学重难点，与实际搭建的硬件实验互为补充。

本书编写分工如下：蔡苗(第 2 章实验 1、实验 8 至实验 16、第 4.7 节和第 4.8 节)、蔡红娟(第 2 章实验 3、第 3 章)、周斌(第 2 章实验 2、实验 4 至实验 7)，第 1 章、第 4.1～4.6 节及附录由陈艳、翟晟共同编写。蔡苗任主编，负责全书的编写组织和统稿工作，蔡红娟和周斌任副主编。在本书编写过程中，黄松、胡薇等也做了大量工作，在此对他们表示深深的谢意。此外，殷小贡、徐安静、李海老师对本书进行了审阅，并提出了许多宝贵的意见。在此对他们以及在编写、出版过程中给予热情帮助和支持的其他同志们致以最诚挚的谢意。

由于编者水平有限，书中难免存在疏漏、欠妥之处，恳请广大读者批评指正。

编　者

2016 年 12 月于武汉

目　录

第1章　常用电子元器件的识别

各种各样的电气、电子和机电产品，虽然繁简不一，但都是由一些基本的电子元器件所组成的。而常用的元器件有电阻器、电容器、电感器和各种半导体元件（如二极管、三极管、集成电路等）。了解、熟悉电子元器件的种类、结构、性能，以及如何正确选用电子元器件，是学习、掌握电子工程知识的基本功之一。

1.1　电阻器的简单识别

电阻器主要用来稳定和调节电路中的电流和电压，另外还可作为分流器、分压器和消耗电能的负载等。

电阻器按结构可分为固定式和可变式两大类。

固定式电阻器一般称为“电阻”，其外形和图形符号如图 1-1 所示。根据制作材料和工艺的不同，固定式电阻器可分为薄膜电阻、线绕电阻、合成电阻和敏感电阻四种类型。

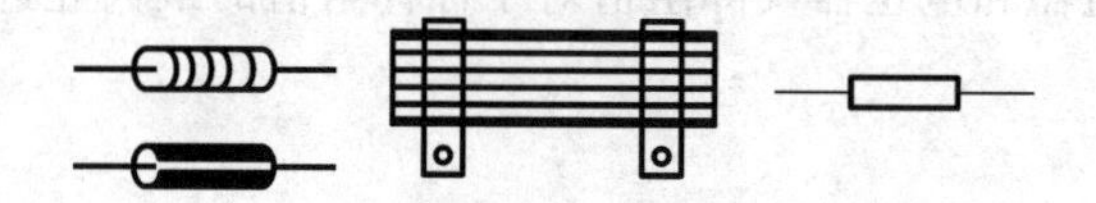

图 1-1　电阻器外形和图形符号

可变式电阻器的阻值在一定范围内连续可调，主要用于阻值需要经常变动的电路中。可变式电阻器分为滑线式变阻器和电位器，其中应用最广泛的是电位器。

电位器是一种具有三个接头的可变电阻器，常用电位器的图形符号如图 1-2 所示，外形如图 1-3 所示。

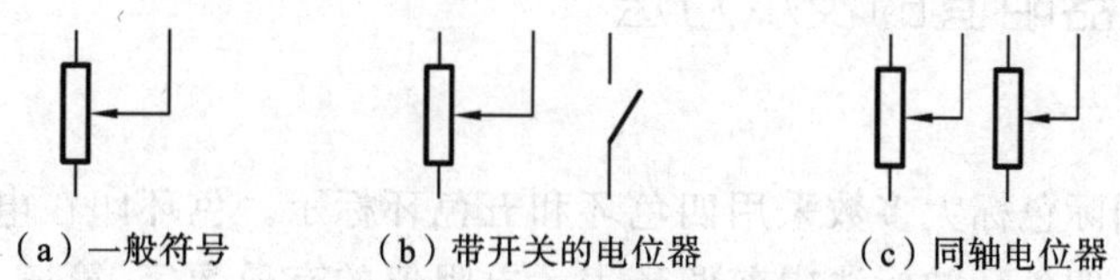

(a) 一般符号　(b) 带开关的电位器　(c) 同轴电位器

图 1-2　常用电位器图形符号

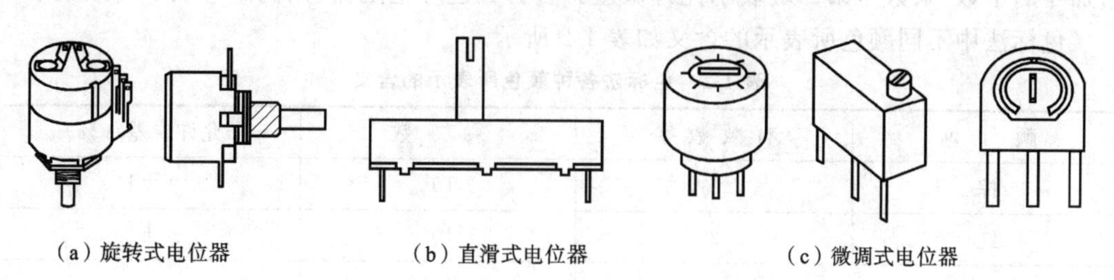

(a) 旋转式电位器　(b) 直滑式电位器　(c) 微调式电位器

图 1-3　电位器外形图

(一)电阻器的主要参数

1. 标称阻值

标称阻值是在产品上标示的名义阻值,其单位为欧(Ω)、千欧(kΩ)、兆欧(MΩ)。常用的标称阻值系列如表1-1所示,有E24、E12和E6系列等。任何固定电阻器的阻值都应符合表1-1所列数值乘以10^n Ω,其中n为整数。

在实际应用中电阻器应尽量按标称阻值系列选取,如所选电阻器阻值不在标称阻值系列中,则应选允许误差范围内的相近值。

表1-1 电阻器标称阻值系列

允许误差	系列代号	标称阻值系列
±5%	E24	1.0 1.1 1.2 1.3 1.5 1.6 1.8 2.0 2.2 2.4 2.7 3.0 3.3 3.6 3.9 4.3 4.7 5.1 5.6 6.2 6.8 7.5 8.2 9.1
±10%	E12	1.0 1.2 1.5 1.8 2.2 2.7 3.3 3.9 4.7
±20%	E6	1.0 1.5 2.2 3.2 4.7 6.8

2. 允许误差

允许误差是指电阻器和电位器实际阻值对于标称阻值的最大允许偏差范围。它表示产品的精度。

3. 额定功率

电阻器的额定功率是指在规定的环境温度和湿度下,在长期连续负载而不损坏或基本不改变性能的情况下,电阻器上允许消耗的最大功率。对于同一类电阻器,额定功率的大小取决于它的几何尺寸和表面面积。当超过额定功率时,电阻器的阻值将发生变化,甚至发热烧毁。为保证安全使用,一般选其额定功率比它在电路中消耗的功率高1~2倍。

(二)电阻器阻值的表示方法

1. 色标法

小型电阻器国际色标大多数采用四色环和五色环标示。色环印在电阻器的表面上,表示其阻值与误差。四色环的标法中前两环表示电阻值的有效数字,第三环表示有效数字后边加零的个数(乘数),第四环表示允许误差。若为五色环电阻器,则前三环表示有效数字。

色标法中不同颜色所表示的含义如表1-2所示。

表1-2 色标法各种颜色所表示的含义

颜 色	有效数字	乘 数	允许误差/(%)
棕	1	10^1	±1
红	2	10^2	±2
橙	3	10^3	—

续表

颜色	有效数字	乘数	允许误差/(%)
黄	4	10^4	—
绿	5	10^5	±0.5
蓝	6	10^6	±0.25
紫	7	10^7	±0.1
灰	8	10^8	
白	9	10^9	—
黑	0	10^0	—
金	—	10^{-1}	±5
银	—	10^{-2}	±10
无色	—	—	±20

例如,四色环电阻器的色环颜色及标称阻值如图 1-4 所示,其阻值 $R=15\times10^3\ \Omega=15000\ \Omega=15\ \text{k}\Omega$,允许误差为 1%;五色环电阻器的色环颜色及标称阻值如图 1-5 所示,其阻值 $R=175\times10^{-2}\ \Omega=1.75\ \Omega$,允许误差为 1%。

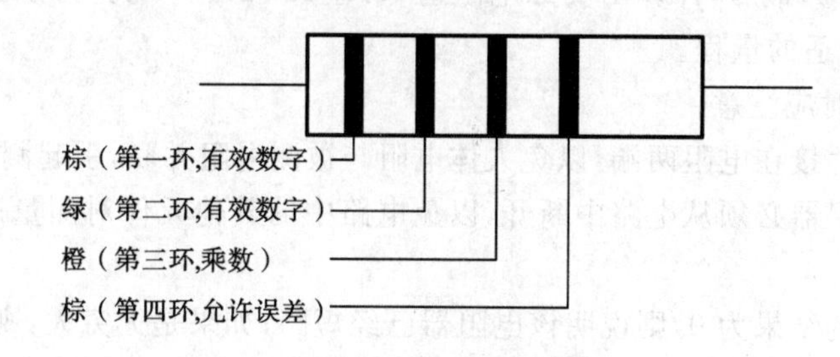

图 1-4 四色环电阻器

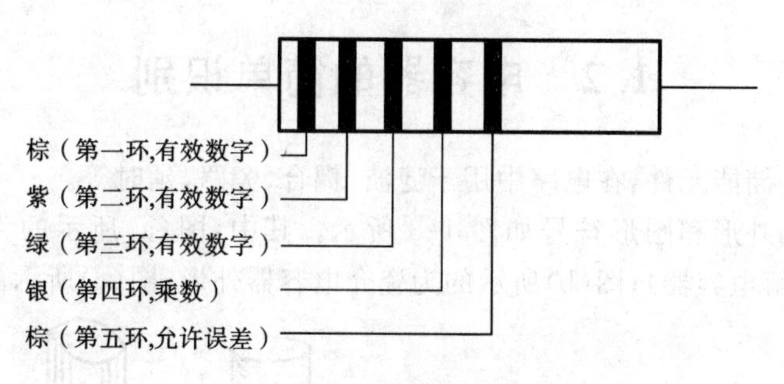

图 1-5 五色环电阻器

2. 数字表示法

用三位数字表示电阻器的电阻值,前两位数字表示电阻值的有效数字,第三位数字表示有效数字后面零的个数,阻值单位一律为 Ω。例如,图 1-6 所示电位器的阻值为 10000 Ω,即 10 kΩ。

3. 直标法

直标法是将电阻器的类别、额定功率、标称阻值及允许偏差等主要参数直接标示在电阻器表面的方法,如图 1-7 所示。这种方式常用于体积较大的电阻器。

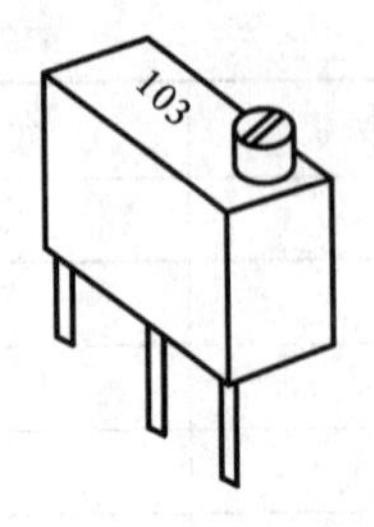

图 1-6　电位器阻值的数字表示法

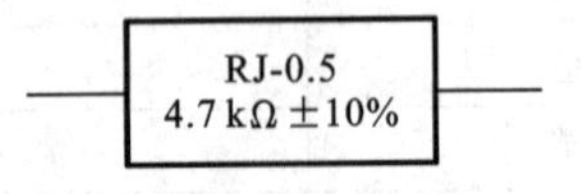

图 1-7　电阻器阻值直标法

4. 文字符号法

在单位符号前面标出电阻器阻值的整数值，后面标出电阻器阻值的第一位小数值。例如，电阻器上数字符号 5K1 表示电阻值为 5.1 kΩ；1M5 表示电阻值为 1.5 MΩ；5R1 表示电阻值为 5.1 Ω；R33 表示电阻值为 0.33 Ω。

（三）电阻器的测量

选用数字万用表测量时，应先将万用表两支表笔短接，测出零值电阻 R_0，再对电阻进行测量，记录测量值 $R_{测}$，最后，计算出实际电阻值 R，即 $R=R_{测}-R_0$。为了提高测量精度，进行测量时，应选择合适的量程。

在测量电阻值时应注意：

(1) 不能把手并接在电阻两端，以免人体电阻与被测电阻并联，引起测量误差。

(2) 被测的电阻器必须从电路中断开，以免电路中的其他元件对测量产生影响，造成测量误差。

(3) 如果测得的结果为 0，则说明该电阻器已经短路；如果是无穷大，则表示该电阻器断路了，不能使用。

1.2　电容器的简单识别

电容器是一种储能元件，在电路中用于滤波、耦合、旁路、延时等。

固定电容器的外形和图形符号如图 1-8 所示。其中：图(a)所示的为电容器图形符号（带"+"号的为电解电容器）；图(b)所示的为瓷介电容器外形；图(c)所示的为云母电容器外

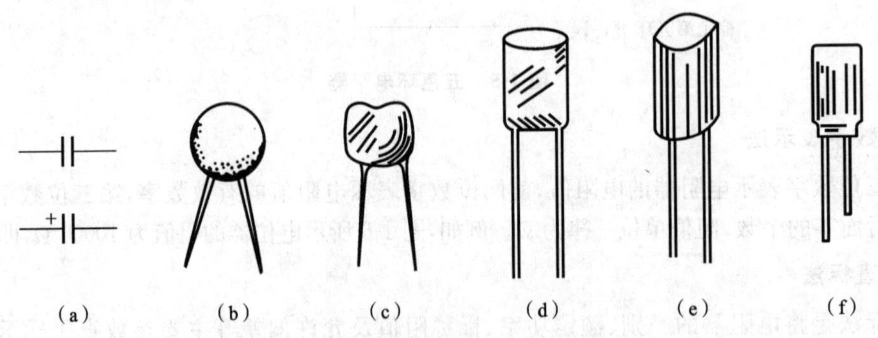

图 1-8　几种固定电容器的外形和图形符号

形;图(d)所示的为涤纶薄膜电容器外形;图(e)所示的为金属化纸介电容器外形;图(f)所示的为电解电容器外形。

(一)电容器的主要参数

电容器的主要参数有标称容量、允许误差、额定工作电压等。

1. 标称容量

电容量是指电容器加上电压后,储存电荷的能力。常用单位是法(F)、微法(μF)和皮法(pF)。三者的关系为

$$1\ \text{pF}=10^{-6}\ \mu\text{F}=10^{-12}\ \text{F}$$

标称容量是标示在电容器上的名义电容量。我国固定式电容器标称容量系列与电阻的相同,为 E24、E12 和 E6。电解电容的标称容量参考系列为 1、1.5、2.2、3.3、4.7、6.8(以 μF 为单位)。

2. 允许误差

允许误差是实际容量对于标称容量的最大允许偏差范围。固定电容器的允许误差分 8 级,如表 1-3 所示。

表 1-3 固定电容器允许误差等级

级别	01	02	Ⅰ	Ⅱ	Ⅲ	Ⅳ	Ⅴ	Ⅵ
允许误差	±1%	±2%	±5%	±10%	±20%	−30%～+20%	−20%～+50%	−10%～+100%

3. 额定工作电压

额定工作电压又称耐压值,是电容接入电路后,能长期、连续可靠地工作而不被击穿所能承受的最高工作电压。使用时绝对不允许超过这个耐压值,否则电容器就要损坏或被击穿。

(二)电容器的参数标注方法

电容器的参数标注方法一般有直标法、数字表示法、文字符号法。

1. 直标法

直标法即在电容器表面直接标出其主要参数的方法。例如,“250 V 2000 pF±5%”,表示电容器额定工作电压为 250 V,标称容量为 2000 pF,允许偏差为±5%。

2. 数字表示法

一般用三位数表示电容器的容量大小,其单位为 pF。例如,103 表示 10000 pF,223 表示 22000 pF。前两位数表示有效数字,第三位数表示乘数(即加零的个数)。若第三位数是 9,则表示乘数是 10^{-1},如 479 表示 4.7 pF。

3. 文字符号法

电容器的文字符号法是将文字和数字符号有规律地组合起来,在电容器表面上标注出主要特性参数的方法。例如,4P7 表示 4.7 pF,P1 表示 0.1 pF。

(三)电容器的测量与选用

可以选用电容表来测电容量。在测试之前,必须先将电容器的引脚短接放电,以免电容

器里存在的电荷在测量时向仪表放电而损坏仪表。

在选用电容器时，一般应注意以下几点：

(1) 电解电容器有正、负极之分。一般，电容器外壳上都标有“+”“-”记号。如无标记，则引线长的为“+”极，引线短的为“-”极。使用时必须注意不要接反。若接反，电解作用会反向进行，氧化膜很快变薄，漏电流急剧增加。如果所加的直流电压过大，则电容器很快发热，甚至会引起爆炸。

(2) 电路中，电容器的额定电压应高于实际工作电压的10%～20%，对工作电压稳定性较差的电路，应留有更大的余量，以确保电容器不被损坏和击穿。

(3) 当现有电容器与电路要求的容量或耐压不合适时，可以采用串联或并联的方法予以适应。当两个工作电压不同的电容器并联时，耐压值取决于低的电容器；当两个容量不同的电容器串联时，容量小的电容器所承受的电压高于容量大的电容器。

1.3 半导体元件的简单识别

半导体元件是最基本的电子元件，它是放大电路中必不可少的元件，也是其他电子元器件(如集成电路)的基础。半导体二极管和三极管是组成分立元件电子电路的核心元件。二极管具有单向导电性，可用于整流、检波、稳压、混频电路中。三极管对信号具有放大作用和开关作用。

(一) 二极管的简单识别

二极管是最常用的电子元件之一，它最大的特性就是单向导电性，即大部分二极管在其正常工作状态下，只允许电流从二极管的正极流入，从负极流出。二极管按用途，可分为整流/检波二极管、限幅二极管、变容二极管、开关二极管、稳压二极管、发光二极管等很多种类。图1-9所示的为几种常用二极管的图形符号。

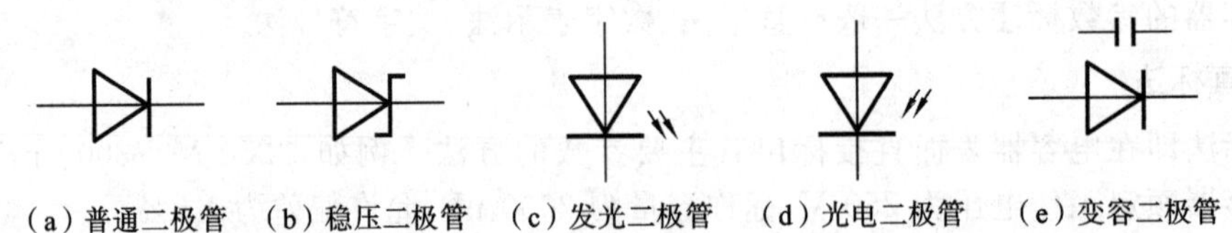

(a) 普通二极管　(b) 稳压二极管　(c) 发光二极管　(d) 光电二极管　(e) 变容二极管

图1-9　各种二极管图形符号

1. 普通二极管

普通二极管一般有玻璃封装和塑料封装两种，其外形如图1-10所示。

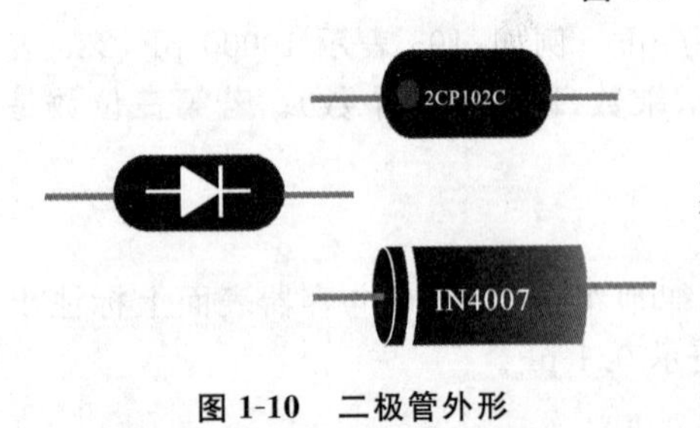

图1-10　二极管外形

1) 极性判别

通过观察二极管外壳上的色点和色环可以判别二极管的极性。在点接触型二极管的外壳上，通常标有极性色点(白色或红色)，一般标有色点的一端即为阳极。还有的二极管上标有色环，带色环的一端则为阴极。

2）二极管的电压降测量

可以用数字万用表测量二极管的正向压降与反向压降。将万用表拨至“((◦ ▽”挡。红表笔接“+”极，黑表笔接“－”极，测出正向压降；红表笔接“－”极，黑表笔接“+”极，测出反向压降。

如果正、反向都有电压降，则二极管被击穿；如果正、反向都没指示，则二极管内部开路；如果正向有电压降，反向没有，则二极管合格。

2. 发光二极管

发光二极管简称 LED，它是半导体二极管的一种，可以把电能转化成光能。发光二极管与普通二极管一样是由一个 PN 结组成的，也具有单向导电性，正向导通时才能发光。发光二极管正向工作电压一般在 1.5～3 V，允许通过的电流为 2～20 mA，光的亮度随导通电流增大而增强，电压、电流的大小依元件型号不同而稍有差异。各种颜色发光二极管所需正向导通电压 U_F 如表 1-4 所示。若将发光二极管与 TTL 组件相连接使用，则一般需串接一个几百欧姆的降压电阻，以防止元件损坏。

表 1-4 发光二极管正向导通电压表

颜色	红	黄	绿
U_F(10 mA)/V	1.6～1.8	2.0～2.2	2.2～2.4

1）发光二极管的极性判别

发光二极管出厂时，一根引线做得比另一根引线长，通常，较长的引线表示正极(+)，另一根为负极(－)。

如果无法用长、短脚来判断发光二极管极性，则可以观察发光二极管灯内的极片大小，小极片对应的引脚为“+”极，如图 1-11 所示。

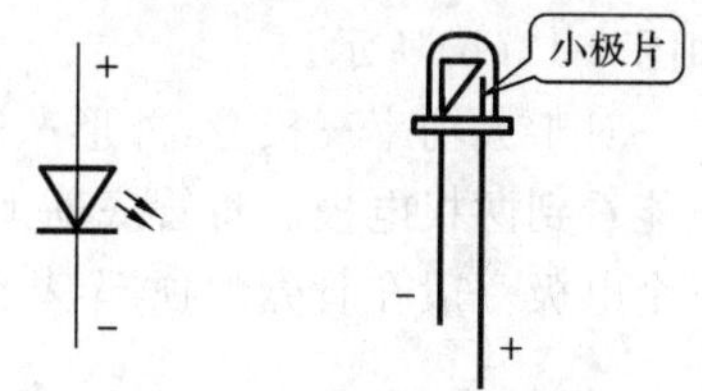

图 1-11 发光二极管图形符号及外形

2）发光性能检测

将数字万用表拨至“HFE”挡，并将发光二极管插入“NPN”管座，“+”极插入“c”孔，“－”极插入“e”孔，即可检测发光二极管是否发光。

3. 光电二极管

光电二极管（又称光敏二极管）也是由一个 PN 结组成的半导体元件，和普通二极管一样具有单方向导电特性。但在电路中它不是作为整流元件，而是把光信号转换成电信号的光电传感元件。

在光电二极管的管壳上有一个玻璃口，以便于接受光。当有光照时，其反向电流随光照强度的增加而正比上升。

（二）三极管的简单识别

三极管也称双极型晶体管(bipolar junction transistor)，具有电流放大作用，是电子电路的核心元件。三极管主要有 NPN 型和 PNP 型两大类。一般，可以根据命名法从三极管管壳上的符号识别出它的型号和类型。例如，三极管管壳上印的是“3DG6”，表明它是 NPN 型高频小功率硅三极管。同时，还可以根据管壳上色点的颜色来判断三极管的电流放大倍数 β 值的大致范围。以 3DG6 为例,若色点为黄色,则表示 β 值为 30～60。若色点为绿色,则表示 β 值为 50～110。若色点为蓝色,则表示 β 值为 90～160。若色点为白色,则表示 β 值为 140～200。

要想正确使用三极管,除了知道它们的类型和型号以及 β 值外,还应进一步辨别它们的三个电极。

1. 判别电极

小功率三极管有金属外壳封装和塑料外壳封装两种。

采用金属外壳封装的,如果管壳上带有定位销,那么将管底朝上,从定位销起,按顺时针方向,三根电极依次为 e、b、c。如果管壳上无定位销,且三根电极在半圆内,我们将有三根电极的半圆置于上方,则按顺时针方向,三根电极依次为 e、b、c。具体如图 1-12(a)所示。

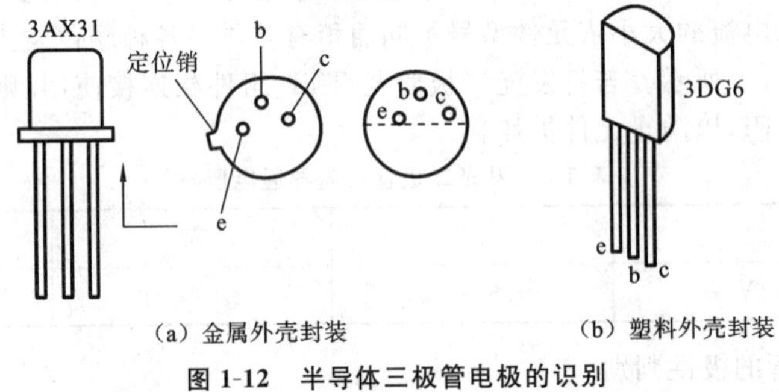

(a) 金属外壳封装　　(b) 塑料外壳封装

图 1-12　半导体三极管电极的识别

采用塑料外壳封装的,面对平面,三根电极置于下方,从左到右,三根电极依次为 e、b、c,如图 1-12(b)所示。

对于大功率三极管,外形一般分为 F 型和 G 型两种,如图 1-13 所示。F 型管,从外观上只能看到两根电极。将管底朝上,两根电极置于左侧,则上为 e,下为 b,底座为 c。G 型管的三个电极一般在管壳的顶部,将管底朝下,三个电极的排列如图 1-13(b)所示。

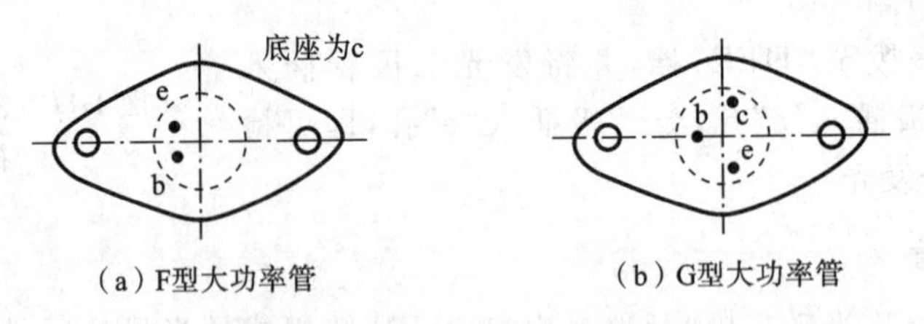

(a) F型大功率管　　(b) G型大功率管

图 1-13　F 型和 C 型管管脚识别

2. 检测放大能力(β)

数字式万用表具有三极管 β 值的测量功能。测量时,将万用表置于相应挡位,把三极管三个电极插入 NPN 型或 PNP 型管的三个测试孔,即可显示出该管的 β 值。要注意的是,三个电极插入测试孔时一定要对号入座。

1.4　半导体集成电路

集成电路是现代电子电路的重要组成部分,它具有体积小、耗电少、工作性能好等一系列优点。

1. 集成电路的分类

集成电路按其功能、结构，可以分为模拟集成电路和数字集成电路两大类；按集成度高低，可分为小规模集成电路(SSI)、中规模集成电路(MSI)、大规模集成电路(LSI)及超大规模集成电路(VLSI)；按导电类型，可分为双极型集成电路和单极型集成电路。双极型集成电路的制作工艺复杂，功耗较大，代表性集成电路有晶体管-晶体管逻辑电路(TTL)、发射极耦合逻辑电路(ECL)等类型。单极型集成电路的制作工艺简单，功耗也较低，易于制成大规模集成电路，代表集成电路有互补型金属-氧化物-半导体电路(CMOS)、N 沟道金属-氧化物-半导体集成电路(NMOS)、P 沟道金属-氧化物-半导体集成电路(PMOS)等类型。

1) TTL 电路

所有 TTL 电路的输出、输入电平均是兼容的。该系列有两个常用的系列化产品，74 系列和 54 系列。74 系列器件为工业用品，54 系列器件为军用品，其参数如表 1-5 所示。

表 1-5 常用 TTL 系列产品参数

TTL 系列	工作环境温度	电源电压范围
军用 54 系列	−55～+125 ℃	+4.5～+5.5 V
工业用 74 系列	0～+75 ℃	+4.75～+5.25 V

TTL 器件分为五大类，如表 1-6 所示。若将表中的字头(数字)74 换成 54，就是 54 系列的分类表。

表 1-6 TTL 器件分类表

种　类	字　头	举　例	国内对应系列
标准 TTL	74	7400、74161	CT74×××
高速 TTL	74H	74H00、74H161	CT74H×××
低功耗 TTL	74L	74L00、74L161	CT74L×××
肖特基 TTL	74S	74S00、74S161	CT74S×××
低功耗肖特基 TTL	74LS	74LS00、74LS161	CT74LS×××

2) CMOS 电路

国际上通用的 CMOS 数字逻辑电路主要有美国无线电(RCA)公司的 CD4000 系列产品和美国摩托罗拉(Motorola)公司开发的 MC14000 系列产品。CD4000 系列的电源电压为 3～18 V，在 5 V 电源电压下可驱动 74LS 系列 TTL 电路。常用 CMOS 器件的分类如表 1-7 所示。

表 1-7 CMOS 器件分类表

种　类	名　称	举　例	国内对应系列
CMOS	互补场效应管系列	CD4001	CC4000(CC14000)系列
HCMOS	高速 CMOS 系列	74HC00、54HC00	CC54HC/74HC
HCT	与 TTL 电平兼容的 HCMOS 系列	74HCT20、54HCT20	CC54HCT/74HCT
AC	先进 CMOS 系列	74AC02、54AC02	—

74系列的高速CMOS电路主要有两类:74HC××(为CMOS工作电平)和74HCT××(为TTL工作电平)。该系列比一般的CMOS电路速度快,与TTL系列相同品种代号的引脚兼容。

无论是TTL的54/74系列,还是CMOS的4000和14000系列,具有相同型号的产品,其引脚功能和排列通常都是一样的,只在它们的型号前面加上各个公司的前缀。如在54/74系列型号前面冠有SN,则表明该器件是美国德克萨斯公司的TTL集成电路;在4000、14000系列型号前面冠有HD,则表明该器件是日本日立公司的CMOS集成电路。

2. 集成电路引脚的识别

集成电路引脚排列的一般规律为:将文字符号标记正放(一般集成电路上有一个圆点或有一个缺口,将缺口或圆点置于左方),由顶部俯视,从左下脚起,按逆时针方向数,引脚标号依次为1,2,3,4,…,如图1-14所示。

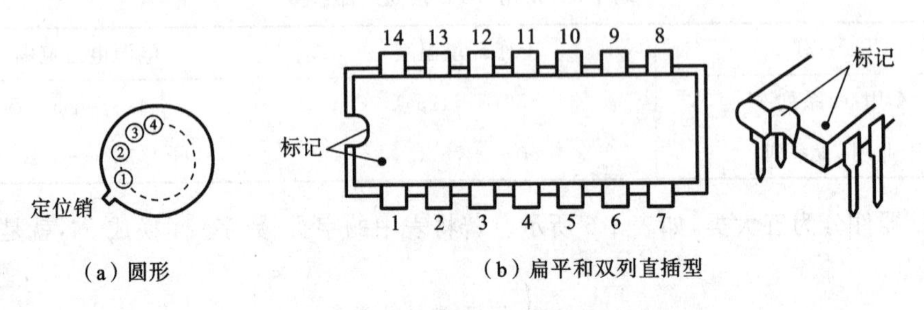

(a) 圆形　　(b) 扁平和双列直插型

图1-14　集成电路引脚的识别

3. 常用集成电路

(1) 模拟集成电路如图1-15所示。

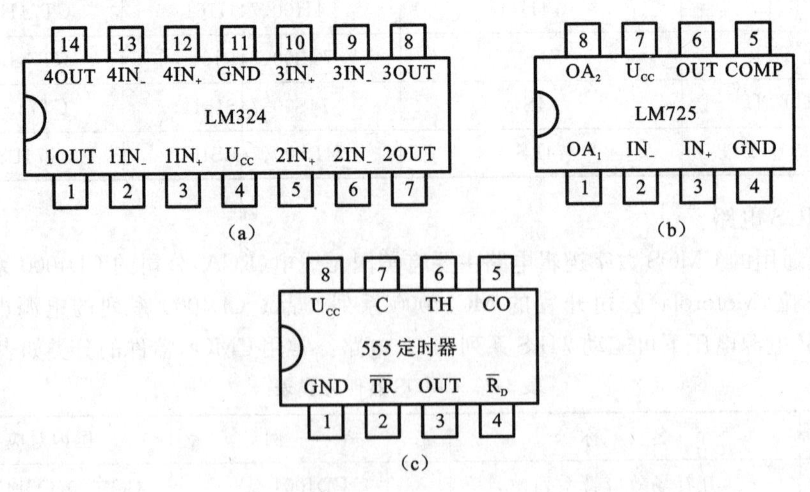

(a)　　(b)　　(c)

图1-15　模拟集成电路

(2) TTL数字集成电路如图1-16所示。

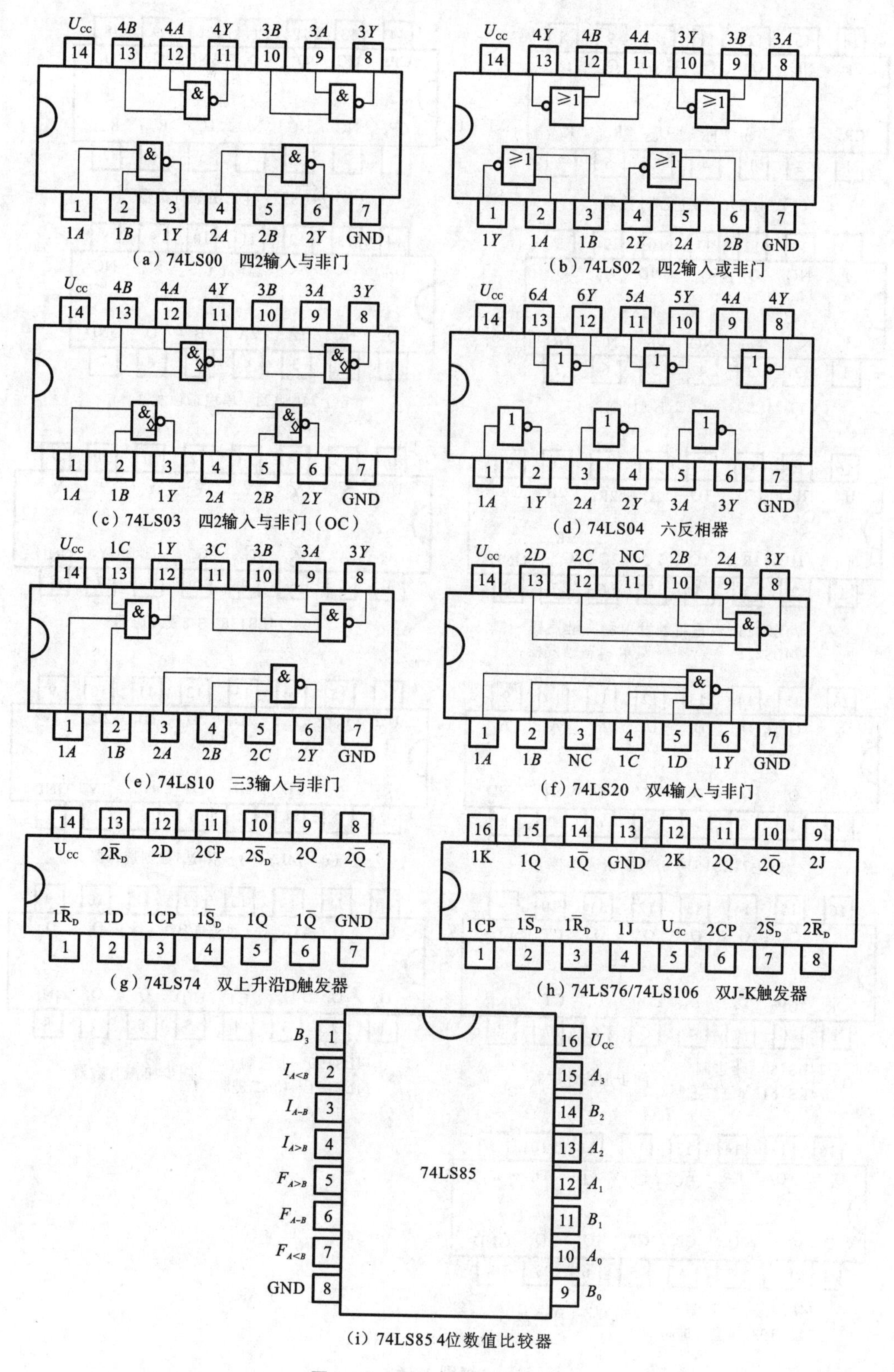

图 1-16　TTL 数字集成电路

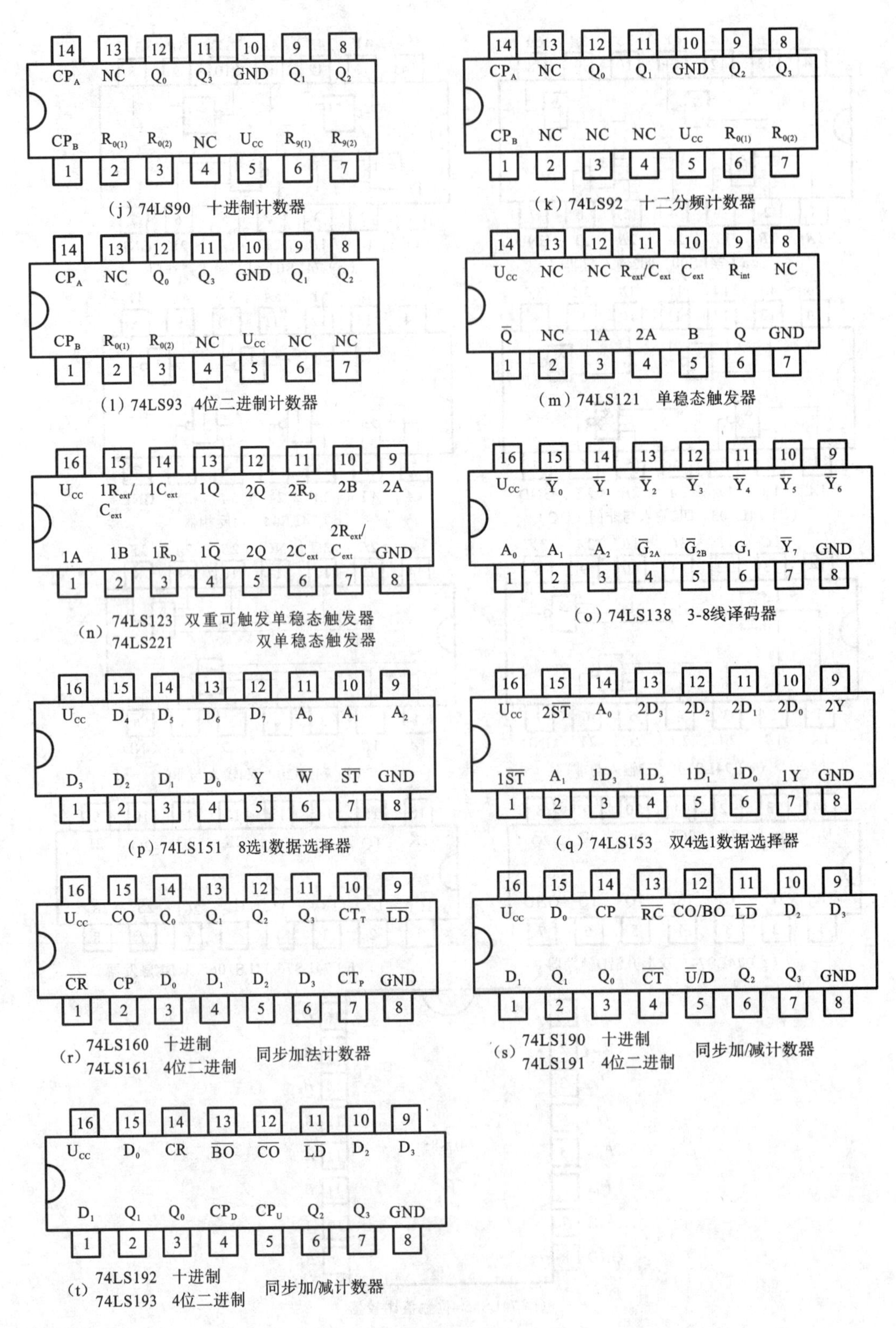
(j) 74LS90 十进制计数器
(k) 74LS92 十二分频计数器
(l) 74LS93 4位二进制计数器
(m) 74LS121 单稳态触发器
(n) 74LS123 双重可触发单稳态触发器
74LS221 双单稳态触发器
(o) 74LS138 3-8线译码器
(p) 74LS151 8选1数据选择器
(q) 74LS153 双4选1数据选择器
(r) 74LS160 十进制 74LS161 4位二进制 同步加法计数器
(s) 74LS190 十进制 74LS191 4位二进制 同步加/减计数器
(t) 74LS192 十进制 74LS193 4位二进制 同步加/减计数器

续图 1-16

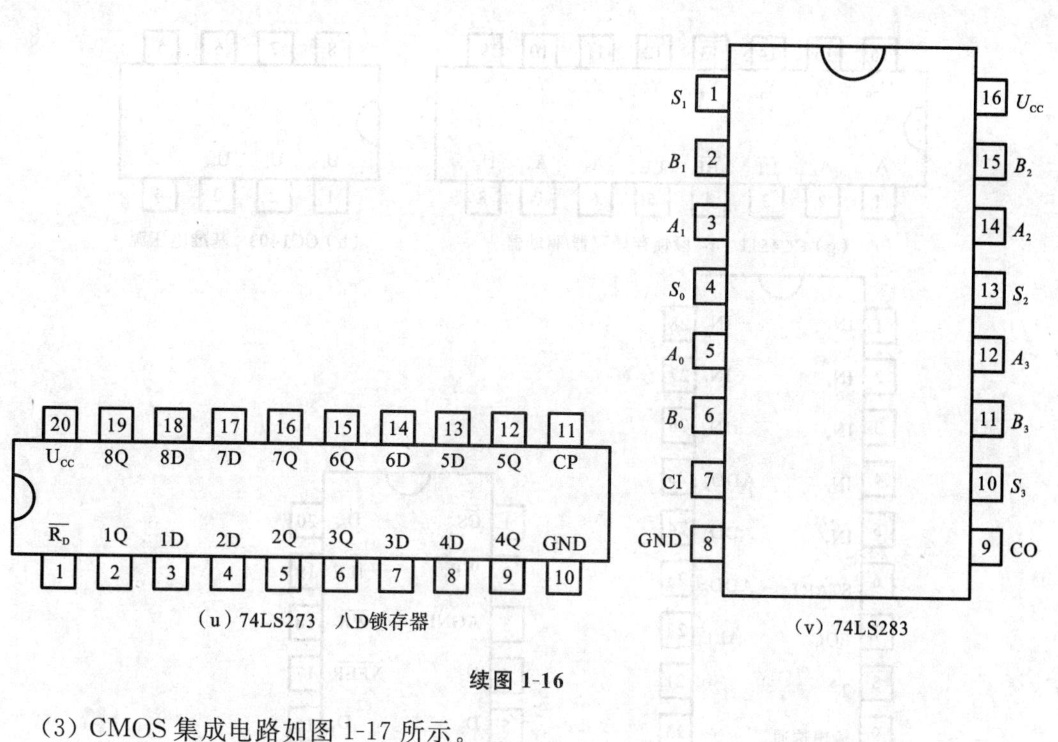

（u）74LS273 八D锁存器

（v）74LS283

续图 1-16

（3）CMOS 集成电路如图 1-17 所示。

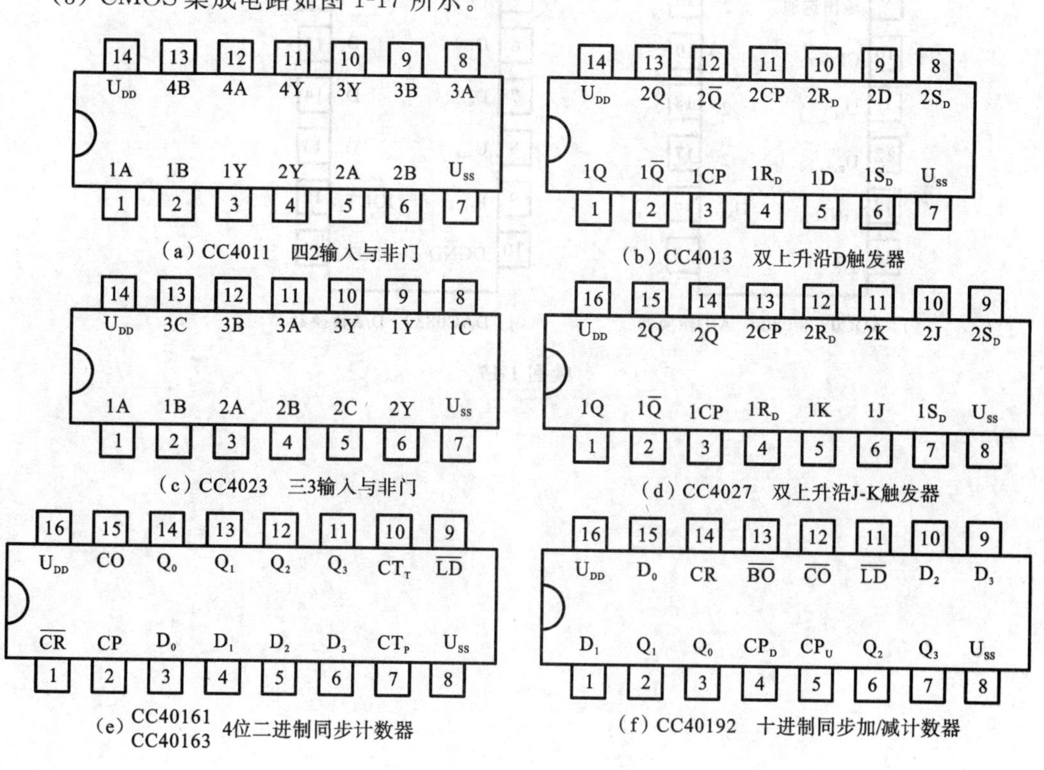

（a）CC4011 四2输入与非门

（b）CC4013 双上升沿D触发器

（c）CC4023 三3输入与非门

（d）CC4027 双上升沿J-K触发器

（e）CC40161 CC40163 4位二进制同步计数器

（f）CC40192 十进制同步加/减计数器

图 1-17 CMOS 集成电路

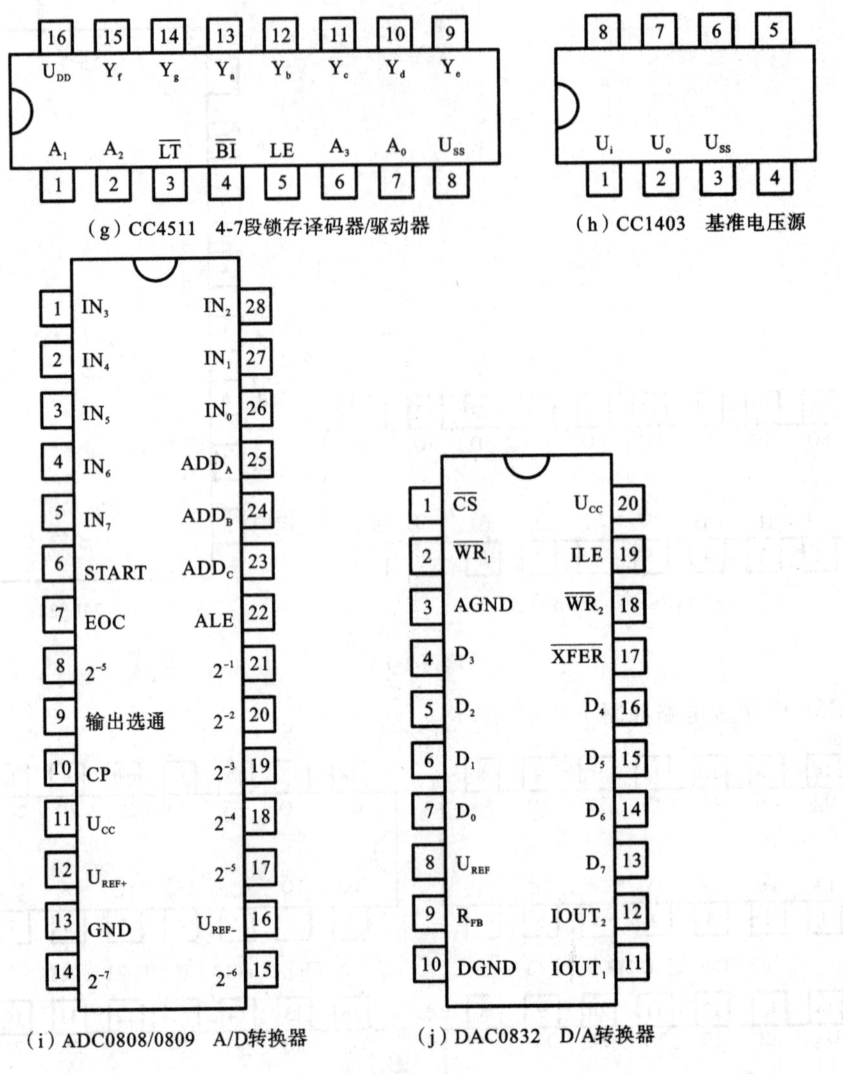

(g) CC4511 4-7段锁存译码器/驱动器

(h) CC1403 基准电压源

(i) ADC0808/0809 A/D转换器

(j) DAC0832 D/A转换器

续图 1-17

第 2 章　电子线路实验

实验 1　电子电路测试基础

(一) 实验目的

(1) 学习模拟电子电路实验中常用的电子仪器——数字示波器、数字信号发生器、直流稳压电源、万用表等的主要技术指标、性能及正确使用方法;

(2) 掌握用示波器观察和测量信号波幅值、频率、相位的方法;

(3) 熟悉信号源的使用方法,输出波形的确定方法,输出波形频率、幅值的调节方法;

(4) 学习并掌握直流稳压稳流电源、万用表的使用方法。

(二) 实验设备与器件

(1) 直流稳压电源。

(2) 数字信号发生器。

(3) 数字示波器。

(4) 万用表。

(5) 电阻:100 kΩ,1 个。

(6) 电容:0.01 μF,2 个。

(三) 实验原理

在模拟电子电路实验中,经常使用的电子仪器有示波器、数字信号发生器、直流稳压电源等,它们和万用表一起,可以完成对模拟电子电路的静态和动态工作情况的测试。

实验中要对各种电子仪器进行综合使用,可按照信号流向,以连线简洁、调节顺手、观察与读数方便等原则进行合理布局。各仪器与被测实验装置之间的布局与连接如图 2-1 所示。接线时应注意,为防止外界干扰,各仪器的公共接地端应连接在一起,称共地。信号源和示波器接线通常用屏蔽线或专用电缆线,直流电源的接线用普通导线。

1. 数字示波器

数字示波器的产品类型有很多,本教材以 SG5060F 型以及泰克 TBS1102 型数字示波器为例,介绍其使用方法。

SG5060F 型数字示波器的带宽为 60 MHz,幅值灵敏度(最小垂直偏转因数)为 2 mV/div～5 V/div,时间灵敏度(扫描时间因数)为 10 ns/div～50 s/div。

数字示波器的面板结构如图 2-2 所示。面板上主要控制钮的名称和作用如下。

① 通道选择。按下 CH1(或 CH2)键,显示屏上显示通道 1(或 2)的信息(波形及有关参

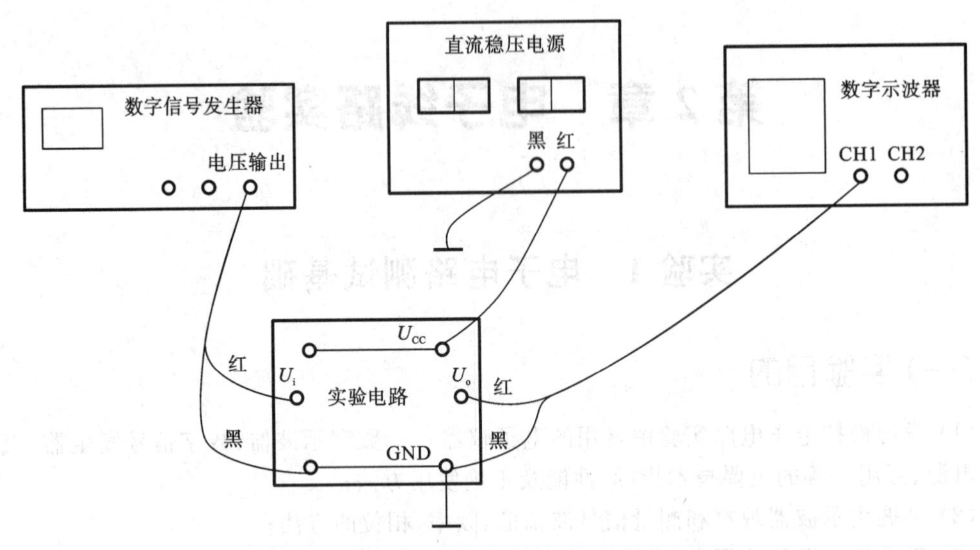

图 2-1 模拟电子电路中常用电子仪器布局图

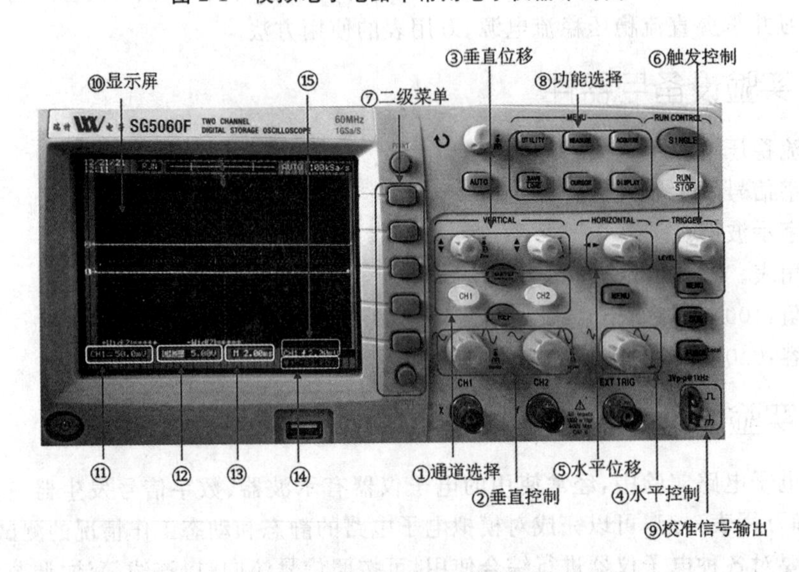

图 2-2 SG5060F 型数字示波器的面板结构图

数)，如两通道波形的输入耦合方式、带宽及衰减系数等，并控制波形的接通与关闭。

② 垂直控制(或幅值灵敏度)。适当调节该旋钮，可改变最小垂直偏转因数"V/格"，以扩展或压缩垂直方向的波形，使波形更完整、清晰。

③ 垂直位移。通过调节垂直位移旋钮，可使波形(或基准线)上、下移动。

④ 水平控制(或时间灵敏度)。适当调节该旋钮，可改变最小扫描时间因数"T/格"，以扩展或压缩水平方向的波形，使波形更完整、清晰。

⑤ 水平位移。通过调节水平位移旋钮，可使波形(或基准线)左、右移动。

⑥ 触发控制。触发控制区域主要用于稳定显示各类周期波形或捕获符合预设条件的信号。该区域的调节旋钮和按键如图 2-3 所示。

MENU 按键：按下该键会在示波器显示屏右侧显示如图 2-4 所示的触发控制菜单。通过该二级菜单按键可以对触发条件作进一步的设置。

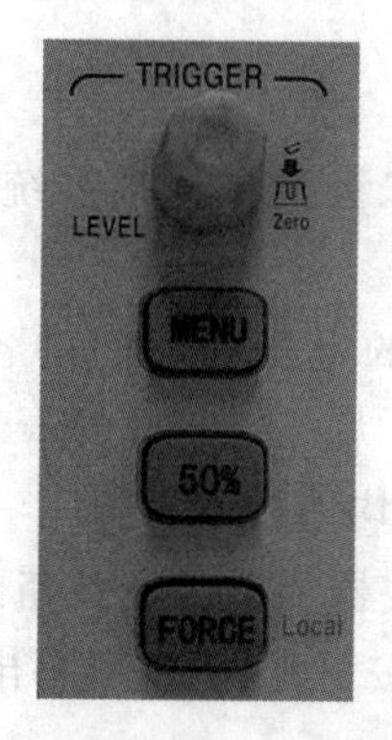

图 2-3 SG5060F 型数字示波器触发控制区

图 2-4 触发控制菜单

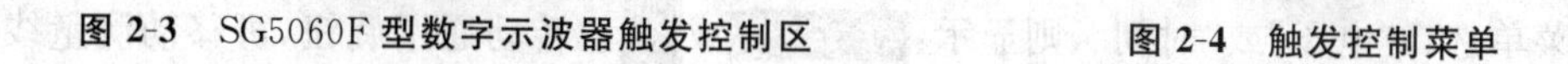

触发类型：本示波器提供了三种触发类型，即边沿触发、脉宽触发、视频触发。

信源：用于选择某信号作为触发信号。常用的有 CH1、CH2、EXT/外触发。

边沿类型：若触发类型为脉宽触发，则此处同步显示设定的脉冲宽度；若触发类型为视频触发，则此处显示视频极性。

触发方式：本示波器提供了两种触发方式，即自动、普通。

在自动方式下，示波器会自动扫描、显示动态波形，但只有在同时满足下列条件时才能稳定地显示出动态波形：被观测信号是周期信号；触发信号符合预设条件；被观测信号频率与触发信号存在特定的稳定关系。

在普通方式下，只有符合预设条件的触发信号出现，示波器才会扫描、显示被测信号波形，否则显示屏画面会冻结在最近一次显示的波形上。在普通方式下，配合示波器面板右上角的 SINGLE 按键可等待并捕获显示某些符合预设条件的非周期信号。

耦合：该选项用来设置触发信号的耦合方式，有直流、交流、低频抑制、高频抑制可选。比如，当触发信号中夹杂有高频毛刺时，选用高频抑制则可以滤除触发信号中的高频成分，从而稳定显示出被测信号。

50%按键：按下此键时，触发电平值会自动设置在触发信号电压峰峰值二分之一的位置上。

FORCE 按键：当示波器的触发方式为普通时，按下此键则会在触发条件不能满足时完成一次被测信号波形的扫描显示。

如图 2-5 所示，有一正弦信号已接入示波器 CH1 通道。下面以常用的边沿触发为例来简要说明使波形稳定显示的操作方法。

首先，在信源里选择 CH1，即 CH1 通道的信号既是被测信号，也是触发信号。其次，选择触发类型为边沿触发，可以在边沿类型里选择上升

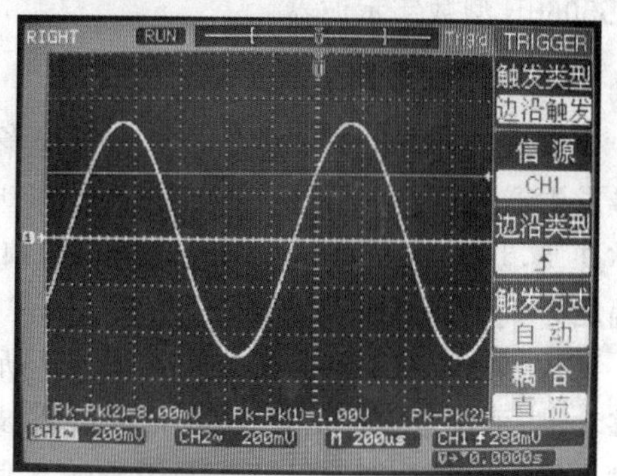

图 2-5 触发菜单及 CH1 通道波形

沿或下降沿。最后，转动触发控制区的 LEVEL 旋钮，这时显示屏上会出现一条红色水平线，当这条水平线处于被测信号波形峰峰值之间的任一位置时，波形也就稳定显示了。

⑦ 二级菜单。

⑧ 功能选择键。

UTILITY：功能键。用来显示辅助功能表。通过二级菜单选择系统所处的状态，如接口设置、打印设置、操作语言等。

MEASURE：测量键。可对不同信源(CH1/CH2)的电压和时间的各种类型进行自动测量。

ACQUIRE：获取方式键，可选择取样、峰值检测、平均值检测。

SAVE/LOAD：存储/装载键。用来存储或装载示波器当前控制按钮的设定值或波形。

CURSOR：光标键。用来显示光标和光标功能表。按下光标键，屏幕出现两条测量线，通过二级菜单选择“电压”或“时间”，则显示：ΔY或ΔT。转动通用旋钮，可移动测量线。

DISPLAY：显示键。用来选择波形的显示方式和改变显示屏的对比度。

⑨ 校准信号输出。该端供给频率为 1 kHz、电压为 3 V 的方波信号，可用于检测示波器。将示波器校准信号输出端通过专用电缆线与 CH1(或 CH2)输入插口接通，适当调整垂直控制按钮和水平控制按钮，则在显示屏上可显示出数个周期的方波。

⑩ 显示屏。显示当前的各种信息，在水平方向上有 12 格，在垂直方向上有 8 格，每格 1 cm×1 cm，可定性观察波形的基本特点。

⑪ 通道 1 当前信息。示例显示为直流耦合(可改变)；幅值灵敏度为 50 mV/格(可改变)。

⑫ 通道 2 当前信息。示例显示为直流耦合(可改变)；幅值灵敏度为 5 V/格(可改变)。

⑬ 时间灵敏度信息。示例显示为 2 ms/格。

⑭ 纵坐标位置：示例显示为−80 μs，在屏幕正中间靠右 80 μs 处。

⑮ 触发信号源。示例显示为触发信号源为通道 1；上升沿触发；触发线在基准线上 2.0 mV。

泰克 TBS1102B 型数字示波器为双通道数字示波器，带宽为 100 MHz，采样率为 2.0 GS/s，幅值灵敏度(最小垂直偏转因数)为 2 mV/div～5V/div，时间灵敏度(扫描时间因数)为 2.5 ns/div～50 s/div。数字示波器的面板结构图如图 2-6 所示，使用方法可参考 SG5060F 型数字示波器。

2. 数字信号发生器

数字信号发生器的产品型号也有很多，本书以 SG1020 型以及 AG2052F 型数字合成信号发生器为例，介绍其使用方法。SG1020 型数字信号发生器可输出正弦波、方波、三角波、脉冲波、TTL 电平、调频、调幅、调相、键频、键幅等，输出频率调节范围为 10～20 MHz，输出幅度为 1 mV～10 V(负载为 50 Ω)，另有可选配−60 dB 小信号输出口。

数字信号发生器面板结构如图 2-7 所示。图中①是数值键，用来输入键值。②是光标移动键，可用来选择正弦波、三角波或方波等波形。③是二级菜单选择键，用来选择幅度或频率等。④是功能选择键。⑤用于输出信号选择：选用 TTL 输出时，幅度不可调，频率可调；选用电压输出时，幅度、频率均可调。

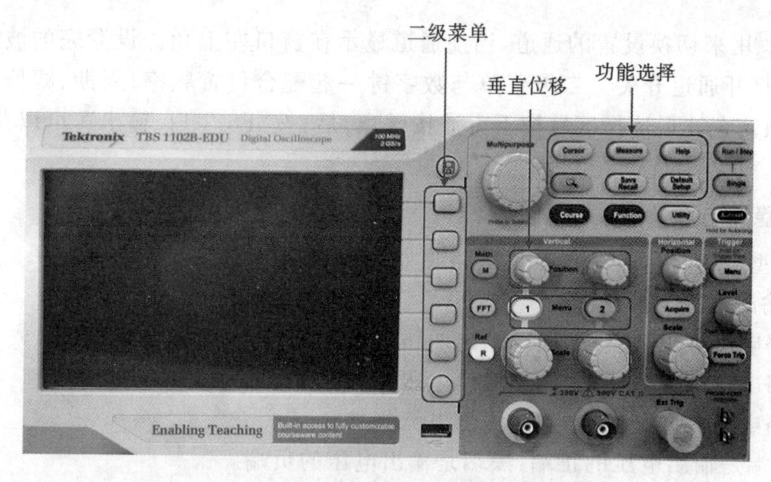

图 2-6　TBS1102B 型数字示波器的面板结构图

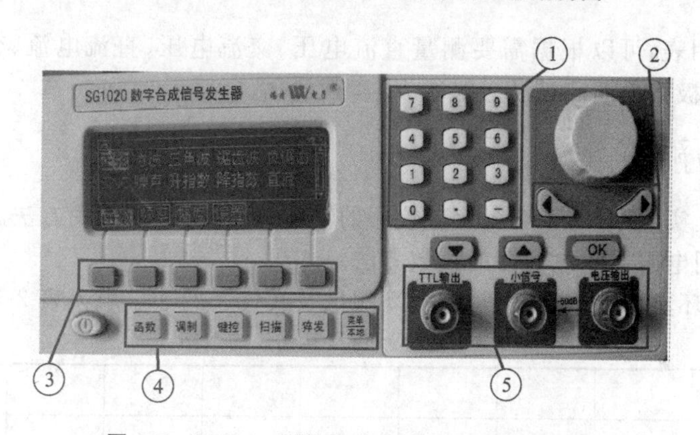

图 2-7　SG1020 型数字信号发生器面板结构图

AG2052F 型双通道数字信号发生器可输出正弦波、方波、脉冲波、锯齿波、噪声等基本波形以及内置的任意波形，最大输出频率为 50 MHz，输出幅度 1 mVpp～10 Vpp（负载 50 Ω）、1 mVpp～20 Vpp（高阻），直流偏置范围±5 V（负载 50 Ω）、±10 V（高阻），另具有丰富的调制功能。面板结构图如图 2-8 所示。

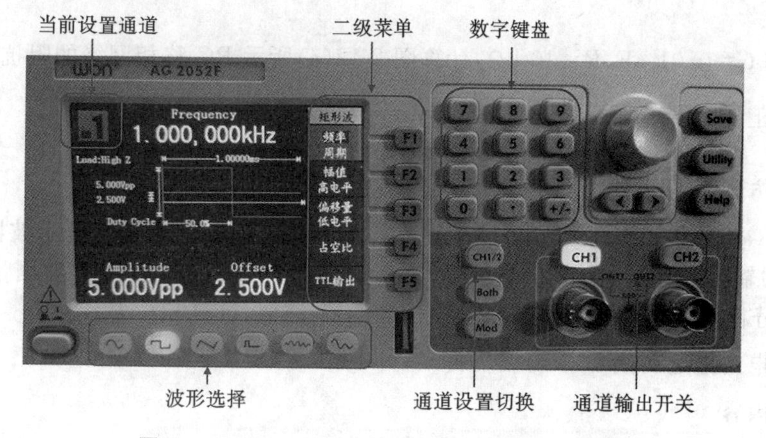

图 2-8　AG2052F 型数字信号发生器面板结构图

其中，CH1/2用来切换设置的通道，当前通道显示在窗口左上角。设置完的波形从相应通道输出时，需打开通道开关。二级菜单与数字键一起配合设置频率、周期、幅值、直流偏置、占空比等参数。在波形选择区域按下方波按键后，按“F5 TTL 输出”，可以获得 TTL 信号，频率可调。

3. 直流稳压电源

SG1732 型直流稳压电源提供了两路独立的可调直流电源和一路固定+5 V 电源。可调电源每路输出电压调节范围为 0～33 V。其工作方式如下：

(1) 两路电压源单独使用，同时输出两路电压。

(2) 两路电压源串联使用，两路输出电压相加。

(3) 两路电压源并联使用，两路输出电流相加。

注意，红端是输出电压的正端，黑端是输出电压的负端。

4. 万用表

利用数字万用表，可以根据需要测量直流电压、交流电压、直流电流、交流电流及电阻值，并可以进行二极管通断测试及三极管 h_{FE} 参数测试。

(四) 实验预习

(1) 认真阅读实验原理，了解各实验仪器的功能、面板旋钮的使用方法。

(2) 了解常用电阻器和电容器的读数方法。

① 掌握用色环法识别电阻阻值，将色环颜色及其代表的数字填入表 2-1 中。

表 2-1 色环颜色及其代表的数字

色别										
对应数字										

如某电阻色环依次为“棕黑黑红棕”，其电阻值为多少？如何计算？

② 直接标注“102”的电位器(可调电阻)表示其电阻阻值范围为多少，如何计算？

③ 直接标注“103”的无极性电容表示其电容容量为多少，如何计算？

(3) 假设测试正弦波 $u_{ipp}=4$ V、$f=1$ kHz，要求显示 2.4 个周期的波形，高度为4 cm，求 V/div、T/div。

(4) 已知 $C=0.01$ μF、$R=10$ kΩ，计算图 2-12(a)所示 RC 移相网络的阻抗角 φ。

(五) 实验内容

1. 电路仿真

按图 2-9(a)所示在 Multisim 环境中建立该电路，启动仿真，双击打开示波器，可得如图 2-9(b)所示的输出波形。如想观测输入/输出峰-峰值的变化情况，可放置测量探针，如图 2-10 所示。分析仿真结果，记录输入/输出信号的峰-峰值，计算相位差。

2. 实际电路搭建调试

1) 基本内容

(1) 信号发生器、示波器使用练习。

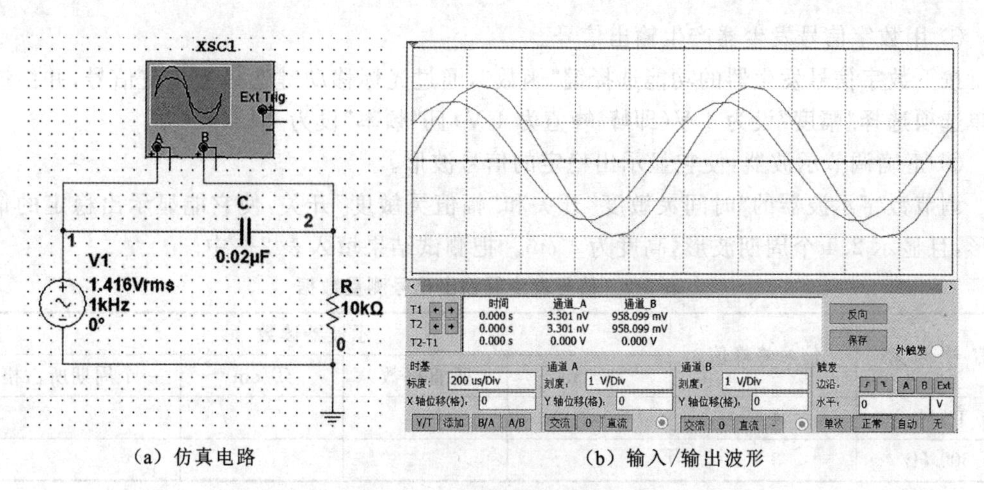

(a) 仿真电路　　(b) 输入/输出波形

图 2-9　RC 电路仿真

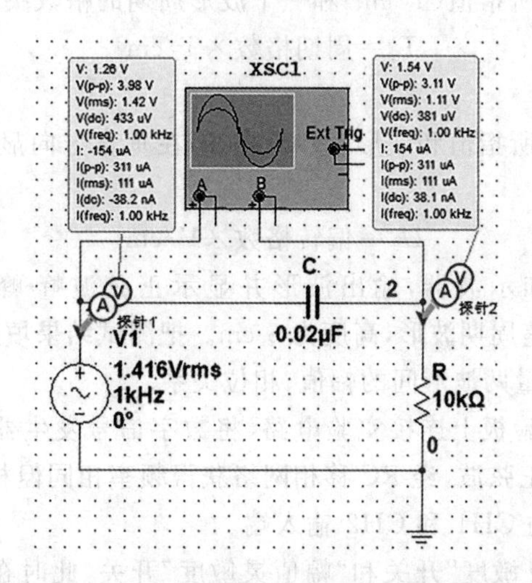

图 2-10　RC 电路输入/输出峰-峰值观测

接线如图 2-11 所示，把示波器与数字信号发生器相连。

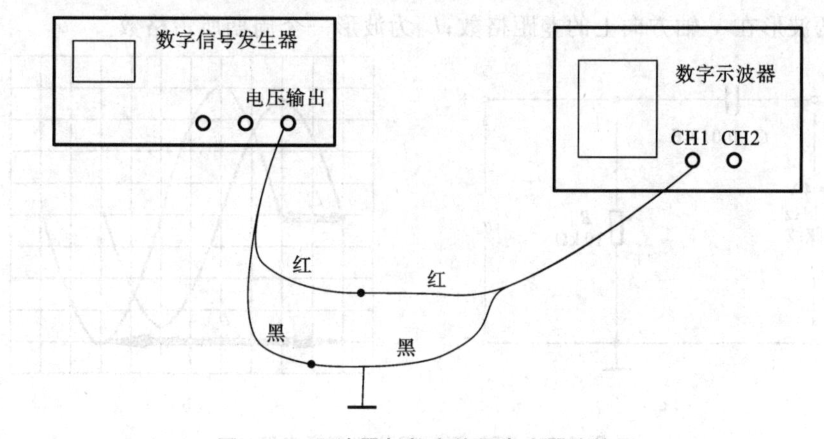

图 2-11　示波器与数字信号发生器连接图

① 用数字信号发生器产生输出信号。

按下数字信号发生器的功能选择键"函数",通过光标移动键选择正弦波信号,并由二级菜单选项选择"幅度"设为 4 V(即峰-峰值为 4 V)且"频率"设为 1 kHz。

② 正确调节示波器,使它显示出稳定的信号波形。

调节数字示波器的"时间灵敏度"开关和"幅值灵敏度"开关,使它能显示出稳定的信号波形,且显示 2.4 个周期波形,高度为 4 cm。把测试结果填入表 2-2 中。

表 2-2　信号发生器输出信号测量数据

信号频率	信号峰峰值	示波器读数			
		V/cm	垂直格数	T/cm	一个周期所占格数
1 kHz	4 V				
500 Hz	3 V				

由"时间灵敏度"开关所指值(T/cm)和一个波形周期的格数决定信号周期 T_x,即

$$T_x = \text{周期格数} \times \mathrm{T/cm} \tag{2-1}$$

则频率 $f=1/T_x$。

由"幅值灵敏度"开关所指值和波形(波峰-波谷)在垂直方向显示的格数决定信号峰-峰值,即

$$U_x = \text{偏转格数} \times \mathrm{V/cm} \tag{2-2}$$

③ 调节信号发生器和示波器,输出波形并显示正弦波峰-峰值 $u_{ipp}=3$ V、频率 $f=$ 500 Hz,要求显示 3 个完整周期波形,高度为 6 cm。把测试结果填入表 2-2 中。

(2) 用数字示波器测量两波形间的幅值、相位关系。

① 按图 2-12(a)在实验板上连接实验电路,将数字信号发生器的输出电压调至频率为 1 kHz、峰-峰值为 4 V 的正弦波,经 RC 移相网络获得频率相同但相位不同的两路信号 u_i 和 u_o,分别加到数字示波器的 CH1 和 CH2 输入端。

调节示波器的"时间灵敏度"开关和"幅值灵敏度"开关,此时在显示屏上将显示两个相位不同的正弦波,如图 2-12(b)所示,则两波形相位差(即 RC 移相网络的阻抗角)为

$$\varphi = 360^\circ \times (L_1/L_2) \tag{2-3}$$

式中:L_1 为两波形在 x 轴方向上的差距格数;L_2 为波形一个周期所占格数。

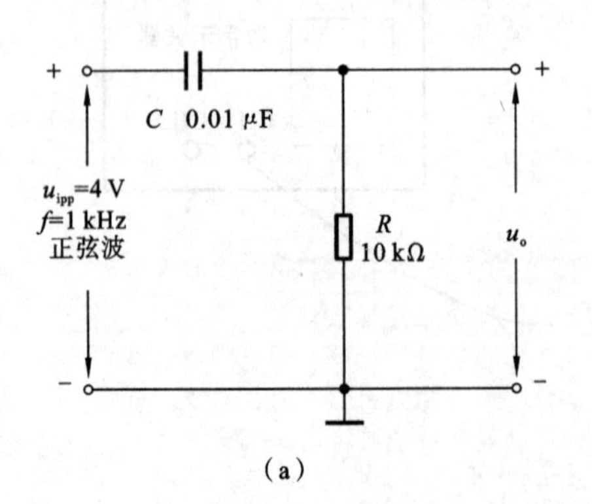

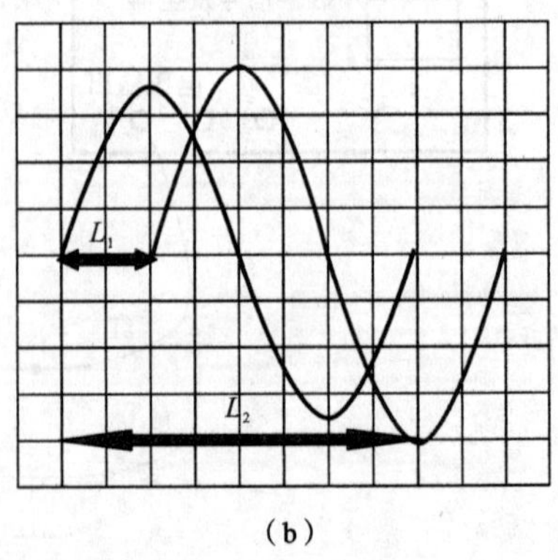

图 2-12　两波形间相位差测量电路

② 测试图 2-12 所示电路 u_i、u_o 波形，要求在同一坐标平面上画出两波形，标出波形的名称、相位差、幅度。将测量值填入表 2-3 中。

表 2-3 实验 1 记录数据

u_{ipp}	C	u_{opp}	相位关系	在同一坐标上绘制 u_i、u_o 波形
4 V	0.01 μF			
4 V	0.02 μF			

③ 将信号源输出调成直流方波信号，u_{ipp}=1 V、f=1 kHz，用示波器观察信号源的波形（分别用直流耦合、交流耦合、接地三种方式观察），画出观察到的波形（要有坐标轴）。其中，采用直流耦合时，信号发生器设置“偏置”为 500 mV。

2）扩展内容

测试图 2-12 所示电路输入信号不变，改变电容 C 的大小，取 C=0.02 μF，测量 RC 移相网络的相位差、幅度。将测量值填入表 2-3 中。搭建电路时，0.02 μF 下电容可用两个 0.01 μF 电容并联接入电路。

（六）思考题

（1）在图 2-12(a)中，若用示波器测电容电压 U_C，应该怎么测？

（2）示波器探头红、黑线能否交换使用？

（3）按实验内容(2)所得波形，若在显示屏上只需显示 2 个完整周期且幅度尽可能大，则幅值灵敏度和时间灵敏度各为多少？

（七）实验报告要求

（1）分析 RC 移相网络的工作原理，计算其理论阻抗角 φ，画出实验中用数字示波器观察到的波形，将实测的相位差与理论值比较，分析产生误差的原因。

（2）总结各种常用电子仪器的使用方法。

（3）回答实验思考题。

（4）对本次实验进行总结，写出体会及其收获。

实验 2 半导体元器件应用

（一）实验目的

（1）了解部分常用半导体元器件的工作原理及其应用；

（2）掌握用 Multisim 测试二极管、三极管的一般方法，通过对仿真结果分析，理解并掌握二极管、三极管的工作特性。

（二）实验器材与设备

（1）直流稳压电源。

（2）信号发生器。

(3) 数字示波器。

(4) 万用表。

(5) 面包板,1 块。

(6) 二极管 1N4148,1 个。

(7) 三极管 3DG6,2 个。

(8) 光耦 TLP521-1,1 个。

(9) 电阻器、电容器若干。

(10) 仿真开发软件 Multisim。

(三) 实验原理

利用半导体材料特殊电特性来完成特定功能的电子元器件称为半导体元器件。此处介绍部分常用半导体元器件及其应用,如二极管、三极管、发光二极管、光电二极管、光电三极管、光耦合器。

1. 二极管

二极管最大的特性就是单向导电性,即大部分二极管在其正常工作状态下,只允许电流从二极管的正极流入、从负极流出。

图 2-13 为某型二极管的实物图,二极管的伏安特性曲线如图 2-14 所示。

图 2-13 某型二极管

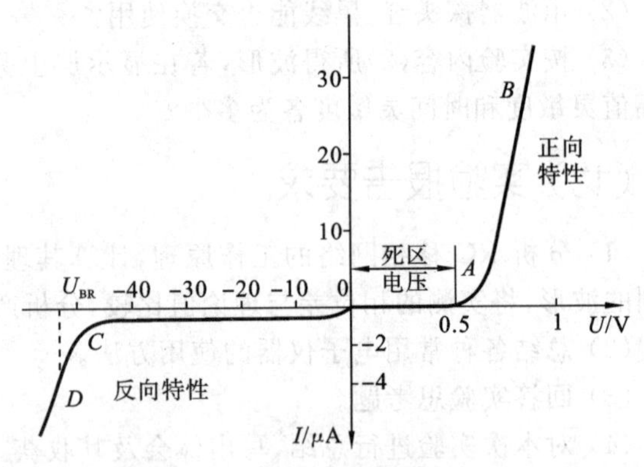

图 2-14 二极管伏安特性曲线

二极管在外加正向电压时,在正向特性的起始部分,正向电压很小,不足以克服 PN 结内电场的阻挡作用,正向电流几乎为零,这一段称为死区。这个不能使二极管导通的正向电压称为死区电压。当二极管两端的正向电压超过一定数值时,内电场很快被削弱,特性电流迅速增长,二极管正向导通。这个电压称为门槛电压或阈值电压,硅管的约为 0.5 V,锗管的约为 0.1 V。硅二极管的正向导通压降为 0.6～0.8 V,锗二极管的正向导通压降为 0.2～0.3 V。在正常使用的电流范围内,导通时二极管两端电压几乎维持不变。

二极管在外加反向电压不超过一定范围时,通过二极管的电流是少数载流子漂移运动所形成的反向电流。由于反向电流很小,故二极管处于截止状态。当外加反向电压超过某一数值时,反向电流会突然增大,这种现象称为电击穿,电击穿时二极管失去单向导电性。如果二极管没有因电击穿而引起过热,则单向导电性不一定会被永久破坏,在撤除外加电压后,其性能仍可恢复。

2. 三极管

三极管具有电流放大作用，是电子电路的核心元件。利用三极管基极小电流控制集电极大电流的原理，电路可将微弱幅度的电压信号放大成幅值较大的电压信号。三极管在使用时必须使发射结处于正偏状态、集电结处于反偏状态。

图 2-15 为几种常见封装形式的中小功率三极管的引脚识别示意图，图 2-16 所示的为 PNP 型三极管与 NPN 型三极管在电路图中的图形符号。

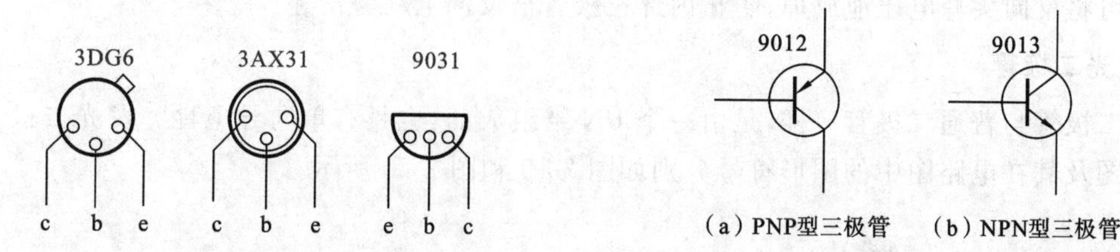

图 2-15 几种三极管封装的底视图

图 2-16 PNP 型三极管与 NPN 型三极管图形符号

当三极管发射结正偏、集电结反偏、U_{CE}稳定不变时，I_c 与 I_b 保持一个恒定的比例关系，这个比值 ($h_{FE}=I_c/I_b$)称为直流放大倍数。

某型三极管共射极接法时的输出特性曲线如图 2-17 所示。

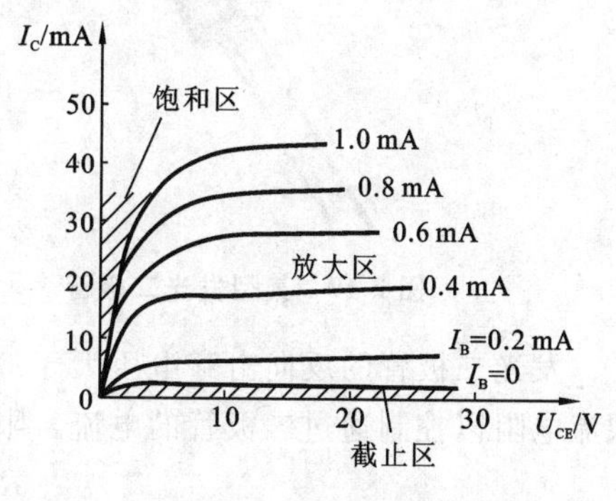

图 2-17 三极管共射接法时的输出特性曲线

3. 达林顿管

2 个或多个三极管按一定规律进行组合，等效成三极管，这就是达林顿管或称复合管。达林顿管的组合方式有四种，即 NPN 管和 NPN 管、PNP 管和 PNP 管、NPN 管和 PNP 管、PNP 管和 NPN 管。如图 2-18 所示，复合管的管型取决于第一个管的管型。

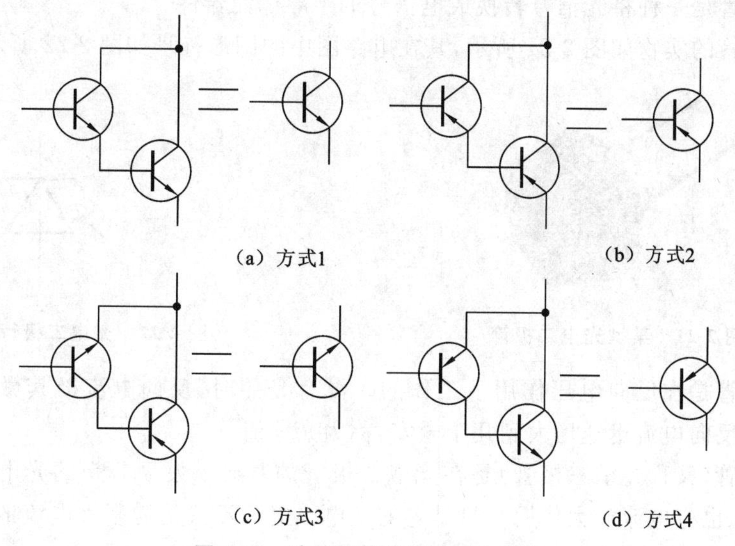

图 2-18 达林顿管的四种组合方式

2个管子组合后的电流放大倍数等于2个管子的电流放大倍数的乘积。在功率放大器和稳压电源中,常常用到达林顿管。

普通的达林顿管由于直流放大倍数特别高,因此功率在2 W以下时才能正常使用。当功率增大时,管子的压降造成温度上升,前级三极管的漏电流会逐级放大,造成整体热稳定性变差。为了克服这种不足,大功率达林顿管内部均设有均衡电阻并在c和e之间反向并接了一个起过压保护作用的续流二极管。当感性负载(如继电器线圈)突然断电时,利用续流二极管可将反向尖峰电压泄放掉,防止内部三极管被反向电动势击穿。

4. 发光二极管

发光二极管与普通二极管一样,是由一个PN结组成的,也具有单向导电性。发光二极管的实物图及其在电路图中的图形符号分别如图2-19和图2-20所示。

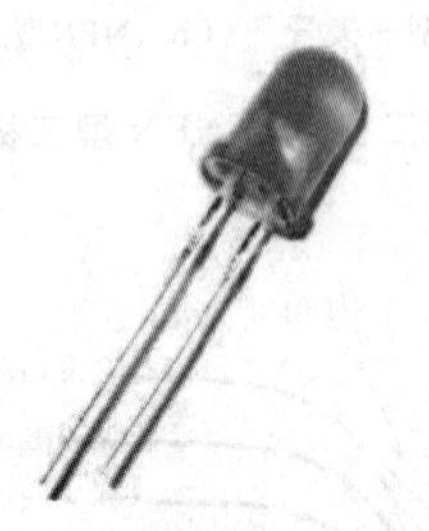

图2-19　某型发光二极管

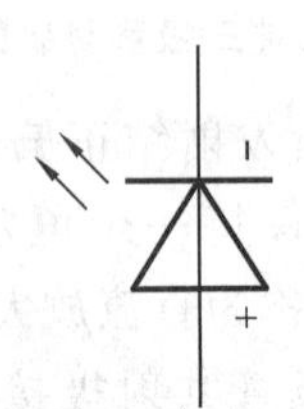

图2-20　发光二极管图形符号

发光二极管的反向击穿电压大于5 V。它的正向伏安特性曲线很陡,使用时必须串联限流电阻以控制通过二极管的电流。限流电阻R可用下式计算:

$$R=(E-U_F)/I_F$$

式中:E为电源电压;U_F为发光二极管的正向压降;I_F为发光二极管的正常工作电流。

5. 光电二极管与光电三极管

光电二极管是一种将光信号转换成电信号的半导体元器件。

光电二极管的实物如图2-21所示,其在电路图中的图形符号如图2-22所示。

图2-21　某型光电二极管

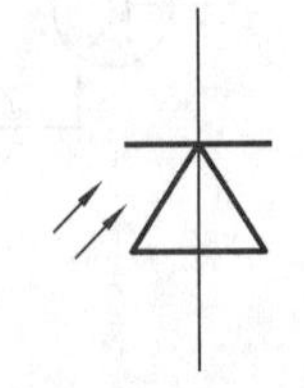

图2-22　光电二极管图形符号

光电二极管是在反向电压作用下工作的。没有光照时,反向电流极其微弱,称为暗电流;有光照时,反向电流迅速增大到几十微安,称为光电流。

光电三极管(又称光敏三极管)是在光电二极管的基础上发展起来的光电元器件,和普通三极管类似,也有电流放大作用。只是它的集电极电流不只是受基极电流的控制,也可以受光的控制。

光电三极管的实物如图 2-23 所示，其在电路图中的图形符号如图 2-24 所示。

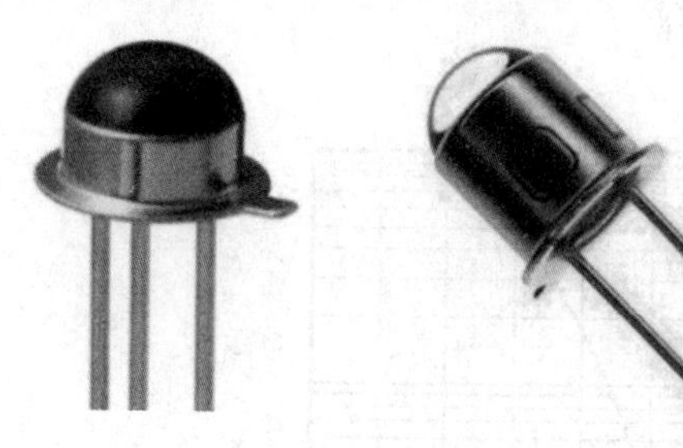

图 2-23　光电三极管

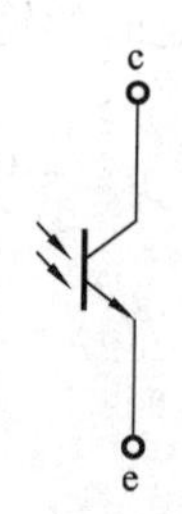

图 2-24　光电三极管图形符号

如图 2-23 所示，有些光电三极管在封装时并未引出基极引脚，仅从外观上很难将其和光电二极管区分开来，因此使用前要做好检测，以免错误使用。

光电二极管与光电三极管各有其特点：光电二极管线性度较高，而光电三极管的灵敏度较高，其集电极光电流是光电二极管的成百上千倍，因为它等效为一个光电二极管和一个三极管相连，而三极管本身是有放大作用的，如图 2-25 所示。

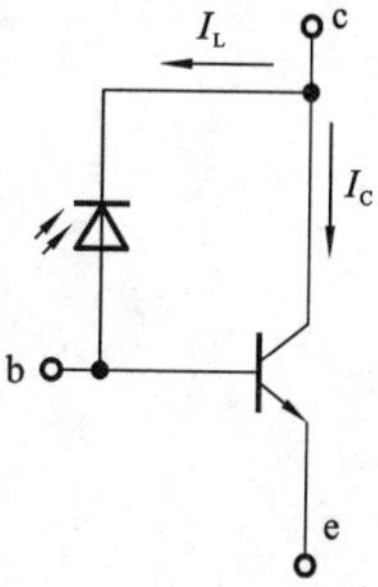

图 2-25　光电三极管等效电路

6. 光耦合器

光耦合器亦称光电隔离器或光电耦合器，简称光耦。它是以光为媒介来传输电信号的器件，通常把发光器（红外线发光二极管 LED）与受光器（光敏半导体管）封装在同一管壳内，发光源的引脚为输入端，受光器的引脚为输出端。常见的发光源为发光二极管，受光器为光敏二极管或光敏三极管。当输入端加电信号时，发光器发出光线，受光器接受光线之后就产生光电流，从输出端流出，从而实现了“电—光—电”转换。这种信号传输方式使输入端与输出端完全实现了电气隔离，输出信号对输入端无影响，抗干扰能力强，工作稳定，无触点，使用寿命长，传输效率高。图 2-26 为光耦 TLP521-1 的实物图，在其封装上靠近 1 脚的位置标有圆点。

如图 2-27 所示，光耦的输入端是发光二极管，因此，它的输入特性可用发光二极管的伏安特性来表示；若输出端是光电三极管，则光电三极管的伏安特性就是它的输出特性（注意：有些线性光耦的输出端采用线性度较好的光电二极管）。

图 2-26　光耦 TLP521-1

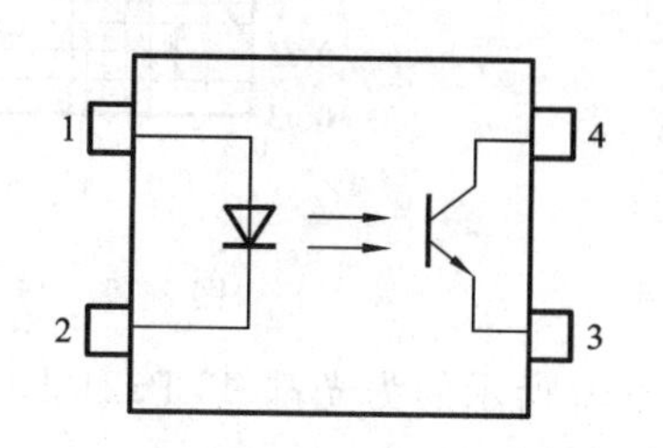

图 2-27　光耦 TLP521-1 引脚分布

图 2-28 所示的是 TLP521-1 的输入端伏安特性曲线，图 2-29 所示的是 TLP521-1 在输出端电压 U_{CE} 恒定时的输入/输出电流传输特性曲线。

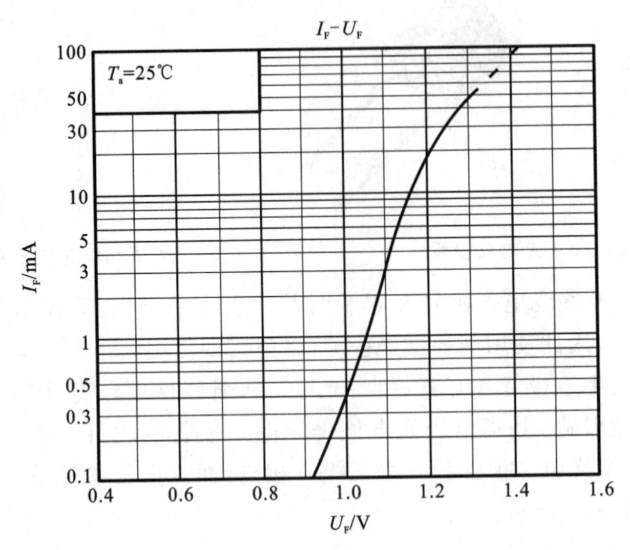

图 2-28　TLP521-1 的输入端伏安特性曲线

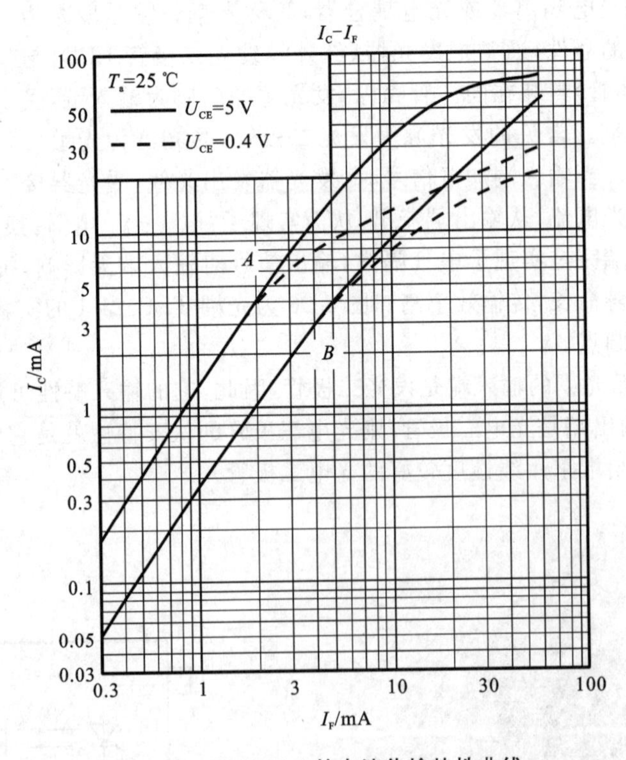

图 2-29　TLP521-1 的电流传输特性曲线

图 2-30 所示的为光耦 TLP521-1 的电流输出特性曲线，与三极管共射接法时的电流输出特性曲线十分类似。

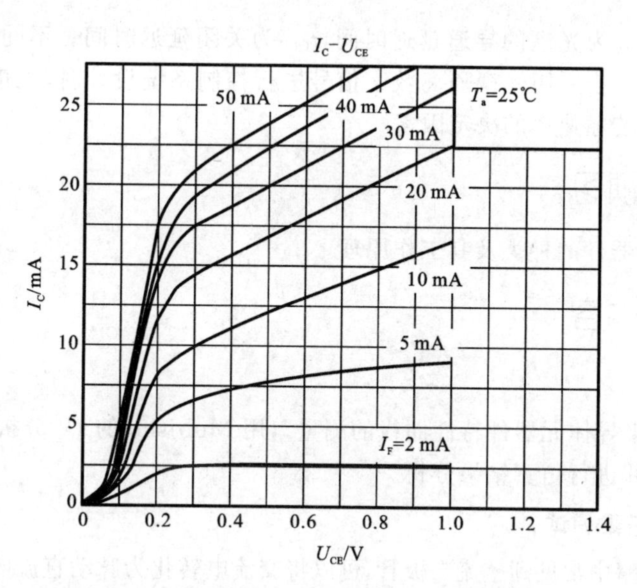

图 2-30 TLP521-1 的电流输出特性曲线

从特性图上可以看出，光耦存在着非线性工作区域，直接用来传输模拟量时精度较差。为解决此问题，可以采用两个具有相同非线性传输特性的光耦配对使用，利用其电流传输特性的对称性和反馈原理，可以很好地补偿其原来的非线性。

此外，可以采用 VFC（电压频率转换）方式。现场变送器输出模拟量信号（假设为电压信号），电压频率转换器将变送器送来的电压信号转换成脉冲序列，通过光耦隔离后送出。在接收端，通过一个频率电压转换电路将脉冲序列还原成模拟信号。此时，相当于光耦隔离的是数字量，可以消除光耦非线性的影响。

TLP521-1 并非线性光耦，但如果对传输信号的精度要求不高，那么通过选取恰当的静态工作点还是可以用其来放大或传输小幅度的模拟信号的。

当然，也可以选择线性光耦进行设计，如精密线性光耦 TIL300、高速线性光耦 6N135/6N136。线性光耦价格一般比普通光耦的高，但是使用方便、设计简单。随着器件价格的下降，使用线性光耦将是趋势。

光耦的输入信号和输出信号之间存在一定的延迟时间。图 2-31 所示的为光耦的传输速度测试电路，图 2-32 为波形传输示意图。

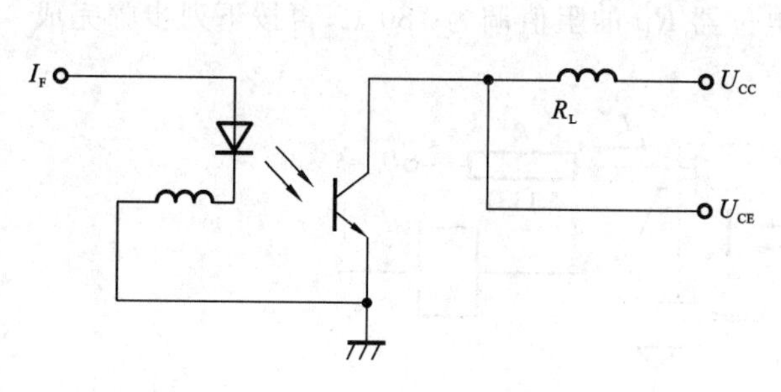

图 2-31 TLP521-1 传输速度测试电路

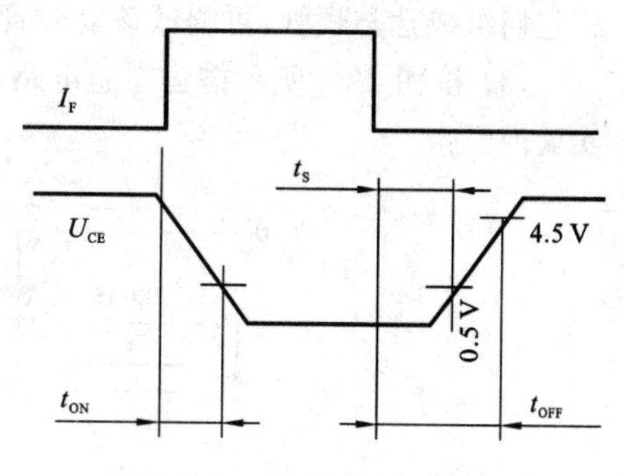

图 2-32 波形传输示意图

图 2-32 中的 t_{ON} 为光耦的导通延迟时间，t_{OFF} 为关闭延迟时间。不同结构的光耦输入、输出延迟相差很大。当采用光耦隔离数字信号进行控制系统设计时，光耦的传输速度往往成为系统最大数据传输速率的决定因素。

(四) 实验预习

了解半导体元器件的种类及其工作原理。

(五) 实验内容

1. 电路仿真

参考“仿真 1 半导体元器件特性曲线的测量”，用 Multisim 的 IV 分析仪测量二极管、三极管的特性曲线，并进行仿真结果分析。

2. 实际电路搭建调试

(1) 在电源电路中常见到整流二极管，可以将交流电转化为脉动直流电供后级电路滤波，以便得到纹波较小的直流电压。而在高频电路中某些型号的整流二极管被用于调幅信号的解调，这种二极管称为检波二极管。图 2-33 所示电路中的 1N4148 便是一种检波二极管。

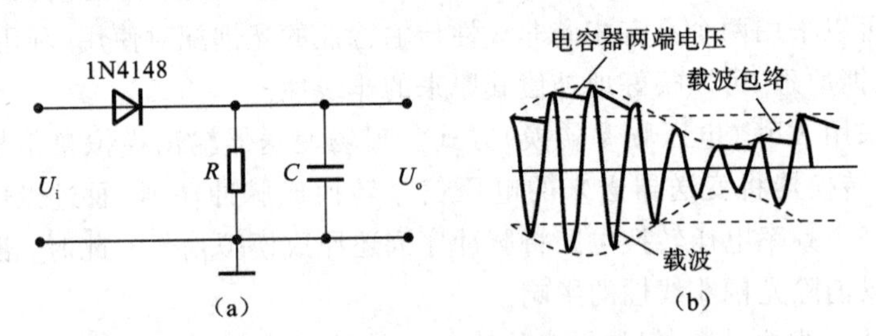

图 2-33　调幅信号解调电路及其波形

按图 2-33(a)所示搭建实验电路，输入如图 2-33(b)所示的正弦调幅信号，在电容两端便可得到解调后的低频信号。

用示波器同时观察输入、输出信号。根据载波信号的频率及调制深度选择恰当的 R、C 值，使输出的低频信号失真最小。

(2) 取两个 3DG6 三极管，先用万用表的 h_{FE} 挡分别测量每个管子的直流放大倍数，然后将它们组成达林顿管，再测试该复合管的直流放大倍数。

(3) 按图 2-34 所示搭建实验电路，将电位器 Rp 的阻值调为 780 Ω，再按下列步骤完成实验内容：

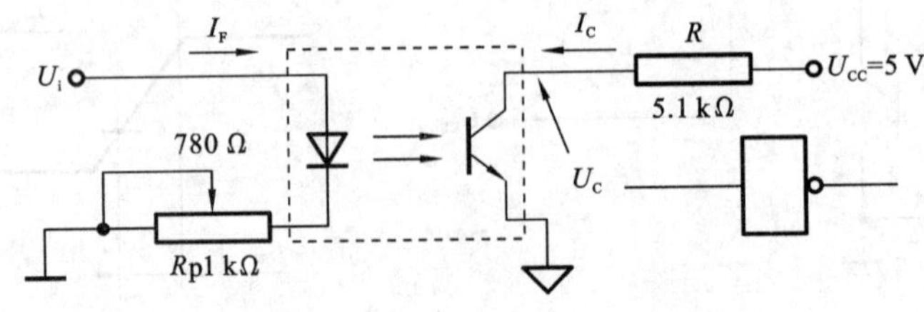

图 2-34　TLP521-1 **测试电路**

① 将信号源信号调节为频率为 1 kHz 的三角波信号（峰-峰值为 20 mV，直流偏置电压为 1.36 V），并将其接入电路输入端，不断增大输入信号的峰峰值，同时用示波器观察输入、输出信号（U_C）波形的变化。

② 将输入信号改为 0～2 V 的方波信号，不断调高输入信号的频率，同时用示波器观察输入、输出信号（U_C）波形的变化。

（六）思考题

（1）对于图 2-34 所示电路，若输入信号的载波频率为 465 kHz，调制深度为 80%，则此时 R、C 值各选多少比较恰当？请说明相关计算过程和选择理由。

（2）根据实验结果，你认为仅对于图 2-32 所示电路，TLP521-1 可传输方波信号的频率上限是多少？

（七）实验报告要求

（1）简述本次实验所用半导体元器件的工作原理。

（2）按实验内容要求书写实验报告、绘制实验电路图。

（3）按实验内容要求观察和记录实验现象。

（4）回答实验思考题。

（5）对本次实验进行总结，写出体验及其收获。

实验 3　单级阻容耦合共射放大电路

（一）实验目的

（1）掌握三极管单级共射放大电路的安装及调试技术；

（2）熟练使用 Multisim 对放大电路进行仿真，通过对仿真结果分析，理解掌握放大电路静态工作点设置及动态性能指标的测试方法；

（3）掌握万用表、直流稳压稳流电源、数字信号发生器、数字示波器在模拟电路测试中的使用方法，熟练使用电子仪器进行放大电路电路调试；

（4）掌握静态工作点对放大电路非线性失真的影响。

（二）实验器材与设备

（1）直流稳压电源。

（2）数字信号发生器。

（3）数字示波器。

（4）万用表。

（5）面包板，1 块。

（6）NPN 型三极管 3DG6，1 个。

（7）电阻器、电容器若干。

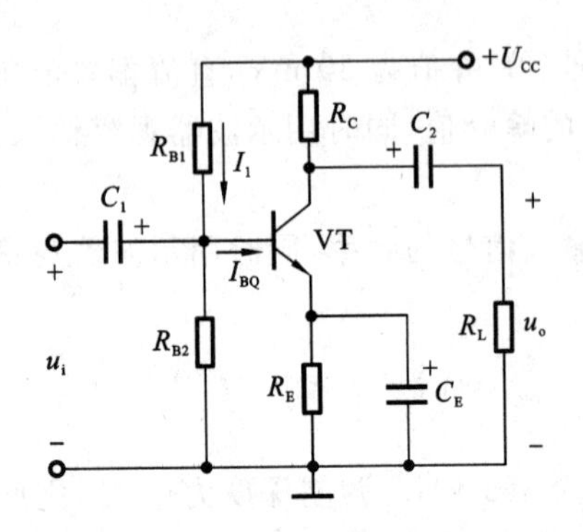

图 2-35 单级阻容耦合共射放大电路

(8) 仿真开发软件 Multisim。

(三) 实验原理

1. 工作原理

单级阻容耦合共射放大电路如图 2-35 所示，它采用的是自动稳定静态工作点的分压式偏置电路，其中三极管选用的是 I_{CEO}较小的硅管。放大电路的 Q 点主要由 R_{B1}、R_{B2}、R_E、R_C及电源电压 $+U_{CC}$所决定。该电路利用电阻 R_{B1}和 R_{B2}的分压维持基极电位 U_B基本恒定，并利用射极电阻 R_E的直流负反馈作用达到稳定静态工作点(Q点)的目的。

若满足 $I_1 \gg I_{BQ}$(I_1指从 R_{B1}流向 R_{B2}的电流)，则 U_B可近似看成由 R_{B1}和 R_{B2}的分压而得，即

$$U_B \approx \frac{R_{B2}}{R_{B1}+R_{B2}} U_{CC}$$

由上式说明，U_B 与三极管参数无关，即具有相当好的温度稳定性。

当温度上升时，稳定 Q 点可表示如下：

$$温度T\uparrow \longrightarrow I_C\uparrow \longrightarrow U_E\uparrow \xrightarrow{U_B固定不变} U_{BE}\downarrow \longrightarrow I_B\downarrow \longrightarrow I_C\downarrow$$

2. 静态工作点

若满足 $I_1 \gg I_{BQ}$(一般 I_1 为 I_{BQ}的 5～10 倍)，则它的静态工作点可用下式估算：

$$U_{BQ} = \frac{R_{B2}}{R_{B1}+R_{B2}} U_{CC}$$

$$I_{CQ} \approx I_{EQ} = \frac{U_{BQ}-U_{BEQ}}{R_E}$$

$$I_{BQ} = \frac{I_{CQ}}{\beta}$$

$$U_{CEQ} = U_{CC} - I_{CQ}(R_C+R_E)$$

实验中设置静态工作点时，为了扩大最大不失真输出电压范围，应将 Q 点设置在放大区内直流负载线的中点，即使 $U_{CEQ}-U_{CES}=U_{CC}-U_{CEQ}$，也即 $U_{CEQ} \approx \frac{1}{2}U_{CC}$，则电路的静态工作点可由下列关系式确定：

$$I_{CQ} \approx I_{EQ} = \frac{U_{CC}-U_{CEQ}}{R_C+R_E}$$

$$I_{BQ} = \frac{I_{CQ}}{\beta}$$

实验中，测量放大电路的静态工作点的过程，应在输入信号 $u_i=0$ 的情况下进行，也就是将放大电路输入端与地端短接。为了避免断开集电极测量 I_C，可以用直流电压表或示波

器测出三极管各个电极的对地电位 U_E、U_C、U_B，然后由下列公式计算出静态工作点的各个参数：

$$U_{BE}=U_B-U_E$$

$$I_C=\frac{U_{CC}-U_C}{R_C}$$

$$I_B=\frac{I_C}{\beta}$$

$$U_{CE}=U_C-U_E$$

通常，用可调电位器 Rp 代替偏置电阻 R_{B1}，以改变静态工作点。

为了减小误差，提高测量精度，应选用内阻较高的直流电压表测量各电极电位。

3. 放大器动态性能指标

放大器动态性能指标包括电压放大倍数、输入电阻、输出电阻、最大不失真输出电压等参数。

1）电压放大倍数

电压放大倍数是指输出电压和输入电压之比，即

$$A_u=\frac{u_o}{u_i}=-\frac{\beta R'_L}{r_{be}}$$

式中：$R'_L=R_C//R_L$；$r_{be}\approx 200+(1+\beta)\dfrac{26(\mathrm{mV})}{I_{EQ}(\mathrm{mA})}$。

实验中，电压放大倍数可由示波器测出 u_o 和 u_i 的峰-峰值，按下式求出：

$$A_u=\frac{u_{opp}}{u_{ipp}}$$

2）输入电阻 R_i

输入电阻 R_i 的大小决定放大电路从信号源或前级放大电路获取电流的多少，图 2-35 所示电路的输入电阻为

$$R_i=\frac{u_i}{i_i}=R_{B1}//R_{B2}//r_{be}$$

实验中，为了测量放大电路的输入电阻，通常将放大电路等效为如图 2-36 所示的形式。这样通过测量信号源电压峰峰值 u_{spp} 和输入电压峰-峰值 u_{ipp}，可以计算出输入电阻为

$$R_i=\frac{u_{ipp}}{u_{spp}-u_{ipp}}R_s$$

3）输出电阻 R_o

输出电阻 R_o 的大小表示放大电路带负载的能力。图 2-35 所示电路的输出电阻为

$$R_o\approx R_C$$

实验中，可根据图 2-37 所示的等效电路，测量出开关 S 断开（相当于让放大电路的负载电阻 R_L 开路）时，放大电路的开路输出电压峰-峰值 $u_{o开}$，再测量出开关 S 接通（相当于让放大电路接上负载电阻 R_L）时，放大电路的输出电压峰-峰值 u_{oL}，则可求得放大电路的 R_o：

$$R_o=\left(\frac{u_{o开}}{u_{oL}}-1\right)R_L$$

测量输出电阻时，应注意 R_L 接入前后输入信号的大小保持不变。

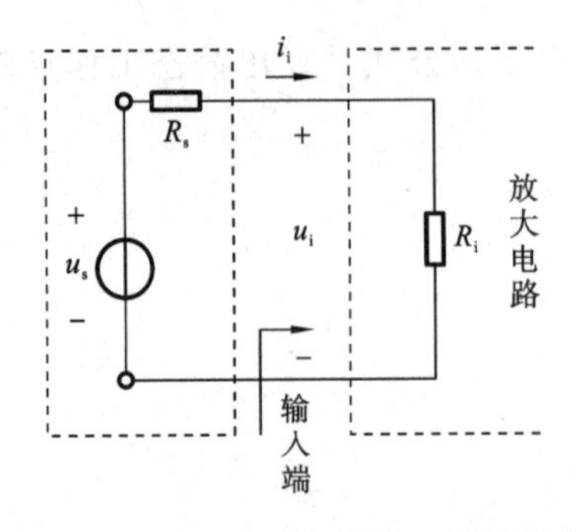

图 2-36　放大电路输入电阻测量电路

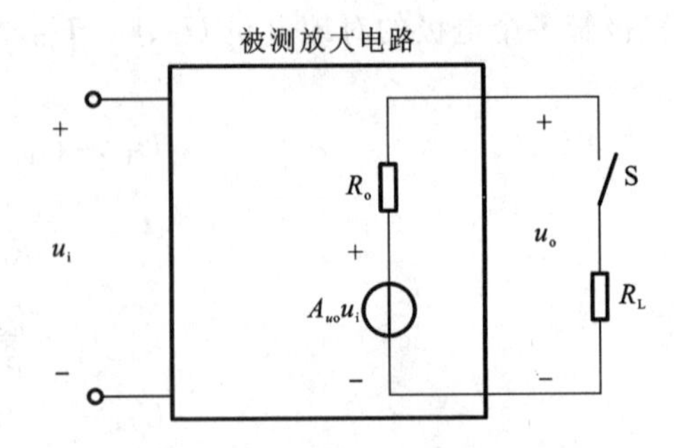

图 2-37　放大电路输出电阻测量电路

4）最大不失真输出电压 u_{opp}(最大动态范围)

放大电路的最大不失真输出电压是衡量放大电路输出电压幅值所能够达到的最大限度的重要指标,如果超出这个限度,输出波形将产生明显的失真。

实验中,为了得到最大动态范围,首先应将静态工作点调在交流负载线的中点，利用示波器可测得放大电路的最大不失真输出电压 u_{opp}。

5）频率特性和通频带

放大电路的频率特性是指放大电路的电压放大倍数 A_u 与输入信号频率 f 之间的关系,分为幅频特性和相频特性。在幅频特性曲线上,设 A_{um} 为中频电压放大倍数,通常规定电压放大倍数随频率变化下降到 0.707 A_{um} 时所对应的频率分别为下限频率 f_L 和上限频率 f_H,通频带为 $f_{bw}=f_H-f_L$。

为了进一步改善放大电路的性能,实际实验电路通常采用如图 2-38 所示的形式。

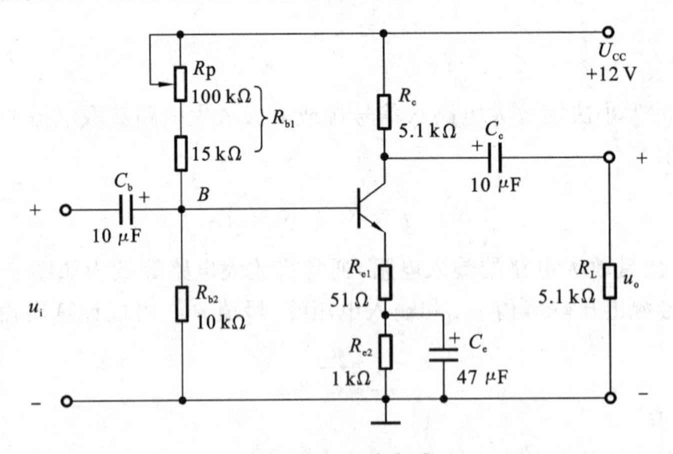

图 2-38　实验电路

(四) 实验预习

(1) 复习示波器、数字信号发生器等实验仪器的使用方法。

(2) 预习实验内容,了解测试单管共射放大电路的静态工作点及动态性能指标的方法。

(3) 复习教材中有关单管共射放大电路的工作原理,根据图 2-38 所示实验电路估算出放大器的静态工作点、电压放大倍数 A_u、输入电阻 R_i 和输出电阻 R_o。

（五）实验内容

实验电路如图 2-38 所示。

1. 电路仿真

对图 2-38 所示的实验电路进行仿真。仿真电路如图 2-39 所示。

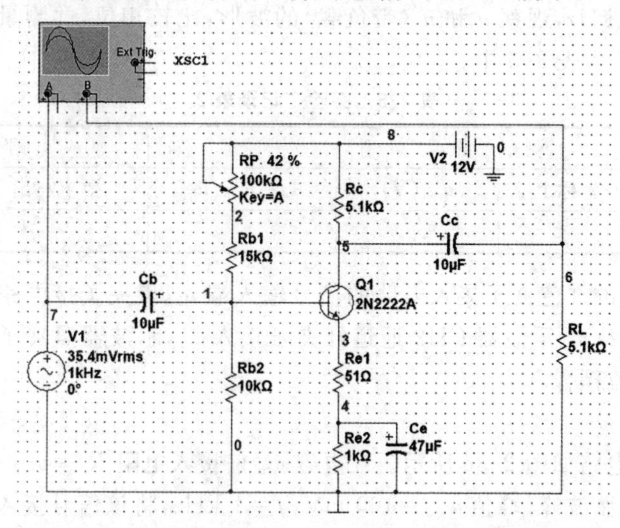

图 2-39 单级阻容耦合共射放大电路仿真电路

(1) 运行仿真，调整 Rp，当 u_o 出现最大不失真时，记录放大波形、计算电压放大倍数、测试静态工作点。

(2) 调整 Rp，使输出波形分别出现饱和失真和截止失真，观测并记录失真波形、测试静态工作点。

2. 实际电路搭建调试

1）基本内容

(1) 静态工作点的调整和测量。

按图 2-38 所示搭建电路，$U_{CC}=12$ V，由直流稳压电源提供。

令 $u_i=0$(即不接信号发生器，将放大电路输入端与地短路)，将示波器其中的一个通道 CH1(或者 CH2)接三极管的发射极 E，边调节 Rp，边观察示波器，使 $U_E\approx1.1$ V。随后，用示波器分别测出 B 点分压值 U_B 和集电极 C 电位 U_C，计算三极管各个电极的对地电位 U_{BE}、U_{CE}、I_B、I_C，将数据填入表 2-4 中。断开基极，用示波器测出 R_{b1} 和 R_{b2} 在 B 点的分压值 $U_{B'}$(对地电位)，将数据填入表 2-4 中。

表 2-4 实验 3 记录表 1

测量值				计算值			
$U_{B'}$/V（不接基极）	U_B/V（接基极）	U_E/V	U_C/V	U_{CE}/V	U_{BE}/V	I_C/mA	I_B/μA

测量完成后，将放大电路输入端与地的短接线断开，三极管的基极接回电路。

注意：用示波器测量 U_E、U_B、U_C、$U_{B'}$ 时，示波器的耦合方式用直流耦合。

(2) 动态参数测量。

① 电压放大倍数。

保持静态工作点不变(Rp 保持不变)，调节数字信号发生器，使其输出正弦波峰-峰值 $u_{ipp}=100$ mV，$f=1$ kHz，观察 u_i 和 u_o(带负载)的波形，比较相位，并测量电压大小，计算出电压放大倍数 A_u，填入表 2-5 中。

表 2-5　实验 3 记录表 2

测　　量			理论计算
u_i、u_o 的波形画在同一坐标上	u_{opp}(V)	$A_u=u_{opp}/u_{ipp}$	要求写出 A_u 表达式及结果

测试时，信号源的红色夹子接入电路的信号输入端 u_i，黑夹子接电路的接地点；示波器 CH1 通道红夹子接入 u_i、示波器 CH2 通道红夹子接入 u_o，示波器黑夹子共地；示波器通道耦合方式调节为交流耦合。

② 输入电阻。

输入电阻测量电路如图 2-36 所示。在电容 C_b 前接入电阻 $R_s=5.1$ kΩ，调节数字信号发生器，使其输出正弦波峰-峰值 $u_{spp}=100$ mV，$f=1$ kHz，将该信号接入电路信号输入端，用示波器测出三极管基极输出波形的峰-峰值，计算输入电阻 R_i，将结果填入表 2-6 中。

表 2-6　实验 3 记录表 3

测　　量			理论计算
U_{spp}	U_{ipp}	算出 R_i	要求写出 R_i 表达式及结果

③ 输出电阻。

测量输出电阻的电路如图 2-37 所示，调节数字信号发生器，使输出正弦波 $u_{ipp}=100$ mV，$f=1$ kHz，接入电路的信号输入端 u_i，用示波器测量 u_o。断开 R_L 时，令 $u_{opp}=u_{o开}$；连接 R_L 时，令 $u_{opp}=u_{oL}$；测量 $u_{o开}$、u_{oL}，算出输出电阻 R_o，并将结果填入表 2-7 中。

表 2-7　实验 3 记录表 4

测　　量			理论计算
$U_{o开}$	U_{oL}	算出 R_o	要求写出 R_o 表达式及结果

(3) 观察静态工作点对输出波形的影响。

实验电路如图 2-38 所示，接上负载 R_L。

在电路的信号输入端接入 100 mV、1 kHz 的正弦波信号，调节 Rp，观察输出 u_o 的波形，直到出现饱和失真(或截止失真)，然后断开输入信号，测量静态值 U_E、U_B、U_C，并计算出 U_{BE}、U_{CE}、I_C，将结果填入表 2-8 中。再将 100 mV、1 kHz 的正弦波信号接入电路的信号输入端，反向调节 Rp，观察输出 u_o 的波形，直到出现截止失真(或饱和失真)，然后断开输入信号，测量静态值 U_E、U_B、U_C，并计算出 U_{BE}、U_{CE}、I_C，将结果填入表 2-8 中。

表 2-8 实验 3 记录表 5

失真状态	波形	U_E/V	U_B/V	U_C/V	U_{CE}/V	U_{BE}/V	I_C/mA
饱和失真							
截止失真							

(4) 最大不失真输出电压 U_{opp} 的测量。

调节 Rp，使放大电路处于线性放大状态，然后逐步增大输入信号的幅度，并同时调节 Rp(改变静态工作点)，用示波器观察输出电压的波形，当输出波形同时出现截止和饱和失真时，说明静态工作点已调在交流负载线的中点。然后反复调整输入信号，使波形输出幅度最大，且无明显失真，此时可在示波器直接读出 u_{opp}。

2) 扩展内容

测量放大器频率特性。调节信号发生器输出信号的频率，使 $f=1$ kHz；调节输入信号 u_i 的大小，使输出电压峰-峰值 $u_{opp}=1$ V 。保持 u_i 不变，增大输入信号频率，使 u_{opp} 下降到 0.707 V 时，对应的信号频率为上限频率 f_H。按照同样的方法，保持 u_i 的大小不变，减小输入信号频率，使 u_{opp} 下降到 0.707 V 时，可以测到下限频率 f_L，最后计算出 $f_{BW}=f_H-f_L$。

(六) 思考题

(1) 放大电路中不设静态工作点行不行？为什么？

(2) 改变静态工作点对放大电路的输入电阻 R_i 是否有影响？改变外接负载电阻 R_L 对输出电阻 R_o 是否有影响？

(3) 电路的静态工作点正常，如果发现电压增益较低(只有几倍)，有可能是哪几个元件出了故障？

(七) 实验报告要求

(1) 简述图 2-38 所示实验电路的特点，列表整理测量结果，并把实测的静态工作点、电压放大倍数、输入电阻、输出电阻之值与理论计算值比较，分析产生误差的原因。

(2) 讨论静态工作点变化对放大电路输出波形的影响。

(3) 分析总结静态工作点的位置与输出电压波形的关系。

(4) 记录与分析实验过程中出现的故障现象、产生原因及解决方法。

(5) 回答实验思考题。

(6) 对本次实验进行总结，写出体会及其收获。

实验 4 共射-共集晶体管放大电路

(一) 实验目的

(1) 观察多级放大电路的级间联系和相互影响；

(2) 掌握静态工作点的合理设置和调试方法；

(3) 巩固放大电路动态性能指标(电压放大倍数、输入电阻、输出电阻)的测试方法；

(4) 进一步学习和巩固用示波器测量电压波形的幅值、相位和通频带的测试方法。

(5) 掌握用 Multisim 进行多级放大电路仿真的方法。

(二) 实验器材与设备

(1) 直流稳压电源。

(2) 数字信号发生器。

(3) 数字示波器。

(4) 万用表。

(5) 面包板,1 块。

(6) NPN 型三极管 3DG6,2 个。

(7) 电阻器、电容器若干。

(8) 仿真开发软件 Multisim。

(三) 实验原理

1. 工作原理

共射-共集组态的阻容耦合两级放大电路如图 2-40 所示,利用电容作为耦合元件将前级和后级连接起来。第一级是共射放大电路,采用的是分压式电流负反馈偏置电路。其特点是利用分压式电阻维持 U_B 基本恒定和射极电阻 R_{E1} 的电流负反馈作用。第一级放大电路的静态工作点 Q 主要由 R_{B11}、R_{B12}、R_{E1}、R_{C1} 及电源电压 $+U_{CC}$ 所决定。

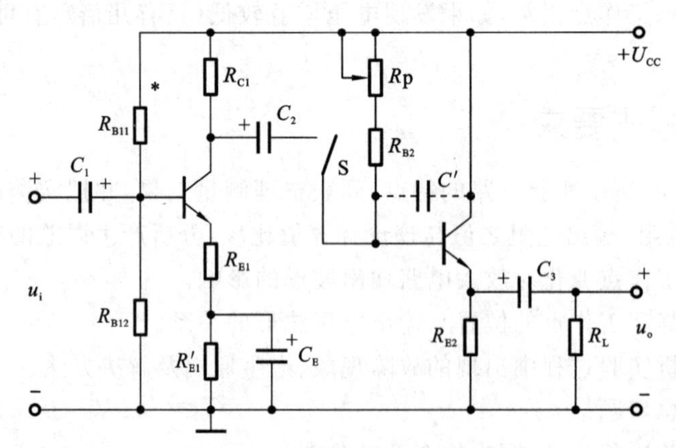

图 2-40 共射-共集放大电路

第二级是共集放大电路,其静态工作点可通过可调电阻 $R\text{p}$ 来调整,集电极是输入、输出电路的共同端点。因为是从发射极把信号输出去的,所以共集放大电路又称射极输出器。共集放大电路的电压放大倍数小(近似等于 1),它的输出电压和输入电压是同相的,因此射极输出器又称电压跟随器。

由于两级之间采用阻容耦合方式,电容具有“隔直通交”的作用,因此各级的直流电路相互独立，每一级的静态工作点是彼此独立、互不影响的，便于分析和应用电路。对于交流信号，各级之间有着密切联系。前级的输出电压是后级的输入信号，而后级的输入阻抗是前级的负载。第一级采用了共射电路，具有较高的电压放大倍数，但输出电阻较大。第二级采用共集电路，虽然电压放大倍数小（近似等于1），但输入电阻大，向第一级索取功率小，对第一级影响小，同时其输出电阻小，可弥补单级共射电路输出电阻大的缺点，使整个放大电路的带负载能力大大增强。

2. 静态工作点的设置与测试

由于第一级共射电路需要具备较高的电压放大倍数，静态工作点可适当设置得高一些。在图2-40所示电路参数中，上偏置电阻 R_{B11} 为待定电阻。第二级共集电路，可通过调节可调电阻 $R\mathrm{p}$ 改变静态工作点，使其能达到输出电压波形最大不失真。分别设置好两级的静态工作点后，即可分别测量两级的静态工作点。

两级的静态工作点是彼此独立、互不影响的。实验时可一级一级地分别调整各级的最佳工作点。在第一级静态工作点的测量过程中，静态工作点应选在输出特性曲线交流负载线的中点。工作点选得太高，易引起饱和失真，而选得太低，又易引起截止失真。测量方法是不加输入信号，将放大电路输入端（耦合电容 C_1 左端）接地。用万用表或示波器分别测量晶体管的b、e、c极对地的电压 U_{BQ}、U_{EQ} 及 U_{CQ}。如果出现 $U_{CEQ}\approx U_{CC}$，则说明晶体管工作在截止状态；如果出现 $U_{CEQ}<0.5\ \mathrm{V}$，则说明晶体管已经饱和，工作在饱和状态。调整的方法是改变放大电路上偏置电阻 R_{B11} 的大小，即调节可调电阻的阻值，同时用万用表或示波器分别测量晶体管各极的电位 U_{BQ}、U_{EQ} 及 U_{CQ}。如果 U_{CEQ} 为正几伏，说明晶体管工作在放大状态，但并不能说明放大电路的静态工作点设置在合适的位置，所以还要进行动态波形观测。给放大电路送入规定的输入信号，如 $u_i=100\ \mathrm{mV}$、$f_i=1\ \mathrm{kHz}$ 的正弦波。若放大电路的输出 u_o 的波形顶部被压缩，这种现象称为截止失真，说明静态工作点 Q 偏低，应增大基极偏置电流 I_{BQ}。如果输出波形的底部被削波，这种现象称为饱和失真，说明静态工作点 Q 偏高，应减小基极偏置电流 I_{BQ}。如果增大输入信号，输出波形无明显失真，或者逐渐增大输入信号时，输出波形的顶部和底部差不多同时开始畸变，说明静态工作点设置得比较合适。此时移去信号源，分别测量放大电路的静态工作点 U_{BQ}、U_{EQ}、U_{CEQ} 及 I_{CQ}。直接测量 I_{CQ} 时，需断开集电极回路，这样比较麻烦，所以常采用电压测量法来换算电流，即先测出 U_E（发射极对地电压），再利用公式 $I_{CQ}\approx I_{EQ}=U_E/R_E$，算出 I_{CQ}。此法虽简单，但测量精度稍差，故应选用内阻较大的电压表。

第二级静态工作点的测量类似第一级静态工作点的测量。先进行静态测量，再进行动态波形测量，最后移去信号源，分别测量放大器的静态工作点 U_{BQ}、U_{EQ}、U_{CEQ} 及 I_{CQ}。

3. 动态指标及其测量

1）电压放大倍数 A_u 的测量

电压放大倍数 A_u 是指总的输出电压与输入电压之比。实验中，需要用示波器监视放大电路输出电压的波形不失真。在波形不失真的条件下，测出 U_i（有效值）或 u_{ipp}（峰峰值）与 U_o（有效值）或 u_{opp}（峰峰值），则

$$A_u=\frac{U_o}{U_i}=\frac{u_{opp}}{u_{ipp}}$$

为了了解多级放大电路级与级之间的影响，还需要分别测量出第一级的电压放大倍数 A_{u1}、第二级的电压放大倍数 A_{u2}，则总的电压放大倍数

$$A_u = A_{u1} A_{u2}$$

对于图 2-40 所示的电路参数，电压放大倍数为

$$A_{u1} = -\beta(R_{C1} /\!/ R_{12}) / [r_{be1} + (1+\beta_1) R_{E1} \times R_{12}] \approx (R_{b2} + Rp) /\!/ \beta_2 R_L$$

$$A_{u2} \approx 1$$

$$A_u = A_{u1} A_{u2}$$

式中：R_{12} 为第二级放大电路的输入电阻。

$$R_{12} = (R_{b2} + Rp)[r_{be2} + (1+\beta_2)(R_{E2} // R_L)]$$

2）输入电阻 R_i 的测量

该放大电路的输入电阻即第一级共射电路的输入电阻，从理论上说输入电阻 R_i 可以表示为

$$R_i = R_{i1} = R_{B11} /\!/ R_{B12} /\!/ [r_{be1} + (1+\beta_1) R_{E1}]$$

而 R_i 实际测量采用图 2-41 所示的测试电路。同样，电阻 R 的值不宜取得过大，过大易引入干扰；但也不宜取得过小，太小易引起较大的测量误差。最好 R 与 R_i 的阻值为同一数量级。在输出波形不失真的情况下，用示波器分别测量出 u_i 与 u_s 的值。

3）输出电阻 R_o 的测量

该放大电路的输出电阻是第二级共集电路的输入电阻。输出电阻 R_o 的大小表示电路带负载能力的大小。输出电阻越小，带负载能力越强。从理论上来说，输出电阻 R_o 可以表示为

$$R_o = R_{o2} = R_{E2} /\!/ \{r_{be2} + [R_{C1} /\!/ (R_{B2} + Rp)] / (1+\beta_2)\}$$

在实际的实验中，输出电阻 R_o 采用图 2-42 所示的测试电路来测量。

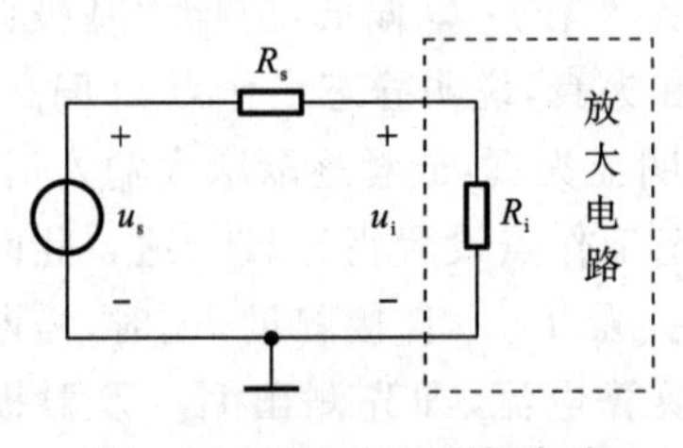

图 2-41　输入电阻测量电路

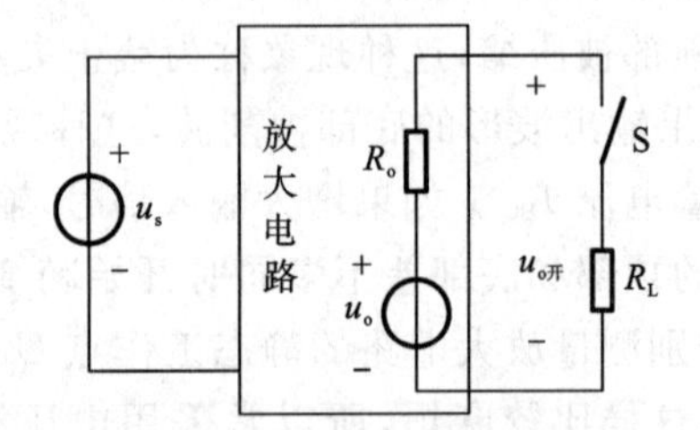

图 2-42　测量输出电阻原理图

4）通频带的测量

放大电路的放大倍数随信号频率的变化而变化，放大器的级数越多，放大倍数就越大，通频带就越窄。在保持输入信号幅值不变的情况下，改变输入信号的频率，逐点测量对应于不同频率时的电压增益，当其下降到中频电压增益的 0.707 时，所对应的频率称为该放大电路的上、下限截止频率，用 f_H 和 f_L 表示，则该放大电路的通频带为 $BW = f_H - f_L \approx f_H$。$f_H$ 为放大器的上限截止频率，主要受晶体管的结电容及电路的分布电容的限制；f_L 为放大器的下限截止频率，主要受耦合电容 C_1、C_2 及电容 C_E 的影响。

（四）实验预习

(1) 复习教材中有关多级放大电路的工作原理。

(2) 预习实验内容，了解多级放大电路静态工作点、动态性能指标及其频率响应特性的测量方法。

(3) 复习放大电路的失真状态及其消除方法。

(五) 实验内容

1. 电路仿真

用 Multisim 对图 2-43 所示共射-共集放大电路进行仿真，调整 $R\text{p}$，分别在电压输出端 u_o 获得最大不失真波形、饱和失真波形及截止失真波形，并测量相应工作状态下的静态工作点，分析多级放大电路的级间联系和相互影响。

2. 实际电路搭建调试

1) 基本内容

按图 2-43 所示电路组装共射-共基放大电路，经检查无误后，接通预先调好的直流电源(+12 V)。

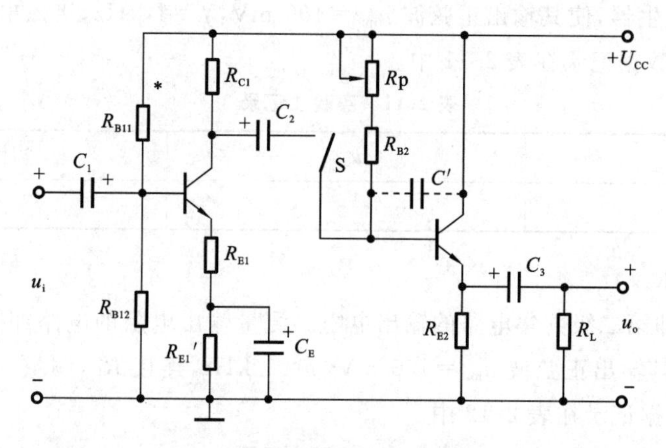

图 2-43 共射-共集放大电路

(1) 静态工作点的调试和测量。

合上开关 S，在放大电路的输入端输入 $f=1$ kHz、$u_{ipp}=100$ mV 的正弦波信号，用示波器观察输出电压 u_o 的波形。调节可调电阻 $R\text{p}$，使 u_o 达到最大不失真。关闭信号源(使 $u_i=0$)，用万用表或示波器分别测量第一级与第二级的静态工作点。将数据记录在表 2-9 中。

表 2-9 实验 4 记录 1

测量值							计算值					
U_{B1}/V	U_{E1}/V	U_{C1}/V	$R\text{p}/\Omega$	U_{B2}/V	U_{E2}/V	U_{C2}/V	U_{BE1}/V	U_{CE1}/V	I_{C1}/mA	U_{BE2}/V	U_{CE2}/V	I_{C2}/mA

(2) 动态性能指标 A_u、R_i、R_o 的测量。

① 电压放大倍数 A_u。

保持静态工作点不变($R\text{p}$ 保持不变)，打开信号源，输入 $f=1$ kHz、$u_{ipp}=100$ mV 的正弦波信号，测试多级放大电路总的电压放大倍数 A_u 和分级电压放大倍数 A_{u1}、A_{u2}，将数据记录在表 2-10 中,并测量 u_i、u_{o1}、u_{o2}的波形。选用 u_{o2}作为外触发电压,送至示波器的外触发接线端。将示波器的一个通道 CH1 接输入电压 u_i,而另一个通道 CH2 则分别接 u_{o1}和 u_{o2},用示波器分别观察它们的波形,定性比较它们的相位关系。

表 2-10 实验 4 记录 2

u_i/V	u_{o1}/V	u_{o2}/V	A_{u1}	A_{u2}	计算 A_u	u_i、u_o波形画在同一坐标系中

② 输入电阻 R_i。

该放大电路的输入电阻 R_i即第一级共射电路的输入电阻。输入电阻测量电路如图2-41所示。调节信号发生器,使其输出正弦波 $u_{ipp}=100$ mV,$f=1$ kHz,接入电阻 $R_s=5.1$ kΩ,测量并计算 R_i,将数据记录在表 2-11 中。

表 2-11 实验 4 记录 3

u_{spp}	u_{ipp}	计算 R_i

③ 输出电阻 R_o。

输出电阻 R_o即第二级共集电路的输出电阻。测量输出电阻的电路如图 2-42 所示。调节信号发生器,使其输出正弦波 $u_{ipp}=100$ mV,$f=1$ kHz,连接 R_L,测量 u_{oL},断开 R_L,测量 $u_{o开}$,计算 R_o,将数据记录在表 2-12 中。

表 2-12 实验 4 记录 4

$u_{o开}$	u_{oL}	计算 R_o

(3) 观察静态工作点对输出波形的影响。

实验电路如图 2-43 所示,连接负载 R_L,观察 u_o波形,调节可调电阻 Rp,直到出现饱和失真(或截止失真),断开输入信号,测量静态值,将数据记录在表 2-13 中;再反向调节 Rp,直到出现截止失真(或饱和失真),断开输入信号,测量静态值,将数据记录在表 2-13 中。

2) 扩展内容

测试两级放大电路的幅频特性曲线和通频带。电路输入端输入 $f=1$ kHz、$u_{ipp}=$ 100 mV的正弦波信号,调节 Rp,使输出波形最大不失真,保持输入信号幅值不变。减小输入信号频率,使输出波形电压为 $0.707u_o$,读出此时的频率,即为下限截止频率 f_L;增大输入信号频率,使输出波形电压为 $0.707u_o$,读出此时的频率,即为上限截止频率 f_H。通频带 $BW=f_H-f_L\approx f_H$。

表 2-13 实验 4 记录 5

失真状态	波形	测量值						计算值			
		U_{B1}/V	U_{C1}/V	U_{E1}/V	U_{B2}/V	U_{C2}/V	U_{E2}/V	U_{BE1}/V	U_{CE1}/V	U_{BE2}/V	U_{CE2}/V
饱和失真											
截止失真											

(六) 思考题

(1) 测量放大器输出电阻时，利用公式 $R_o=(u_{o开}-u_{oL})R_L/u_{oL}$ 计算 R_o。试问：如果负载 R_L 改变，输出电阻 R_o 会变化吗？应如何选择 R_L 的阻值，使测量误差较小？

(2) 放大电路工作点不稳定的主要因素是什么？

(3) 共集电路的电压增益小于 1(接近于 1)，它在电子电路中起什么作用？

(七) 实验报告要求

(1) 整理、完成各表格并分析实验结果。

(2) 分析两级放大电路静态工作点对放大倍数产生的影响。

(3) 分析实验过程中出现的故障及其解决方法。

(4) 对本次实验进行总结，写出体会及其收获。

(5) 回答实验思考题。

(八) 注意事项

(1) 先分别调整好稳压电源和组装好电路，经检查无误后，再接入电路，打开电源开关。

(2) 测试静态工作点时，应使 $u_i=0$。

(3) 如果电路工作不正常，应先检查各级静态工作点是否合适。如果合适，则将交流输入信号一级一级地送到放大电路中去，逐级追踪查找故障所在。

(4) 用示波器测绘多个波形时，为正确描绘它们之间的相位关系，示波器应选用外触发工作方式，并以幅值较大、频率较低的电压作为外触发电压送至示波器的外触发输入端。

实验5　基本运算放大电路及其应用

(一) 实验目的

(1) 理解集成运算放大器(运放)虚短和虚断的概念,学习常用集成运放的基本使用方法及工程知识;

(2) 掌握用集成运放构成各种基本运算电路的方法;

(3) 熟练装调基本运算电路,掌握其工作原理及调试方法;

(4) 掌握积分器输入、输出波形的测量和描绘方法;

(5) 掌握用 Multisim 对基本运放电路仿真的方法。

(二) 实验器材与设备

(1) 直流稳压电源。

(2) 数字信号发生器。

(3) 数字示波器。

(4) 万用表。

(5) 面包板,1 块。

(6) 四运放集成电路 LM324,1 片。

(7) 电阻器、电容器若干。

(8) 仿真开发软件 Multisim。

(三) 实验原理

1. 四运放集成电路 LM324

LM324 是四运放集成电路,具有真正的差分输入,它采用 14 脚双列直插塑料封装,外形如图 2-44 所示。

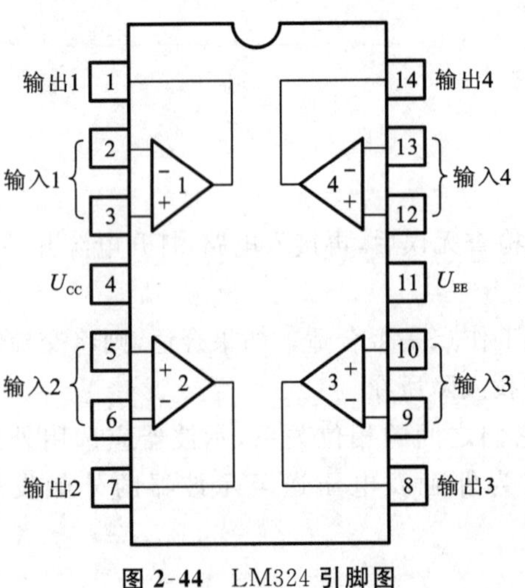

图 2-44　LM324 引脚图

它的内部包含四组完全相同的运放,除电源共用外,四组运放相互独立。每一组运放可用图 2-45 所示的图形符号来表示。

引脚 1:输出端。

引脚 2:反相输入端,标有"－"号,表示 u_N 从该端输入时,输出信号与输入信号反相。

引脚 3:同相输入端,标有"＋"号,表示 u_P 从该端输入时,输出信号与输入信号同相。

引脚 4 和引脚 11:正、负电源端,画电路图时常省略。

2. 反相比例运算电路

反相比例运算电路如图 2-46 所示。设各元件为理想元件,则此电路的放大倍数为

$$A_{uf}=\frac{u_o}{u_i}=-\frac{R_f}{R_1}$$

即输出电压为输入电压的 R_f/R_1 倍,且 u_o 与 u_i 反相。

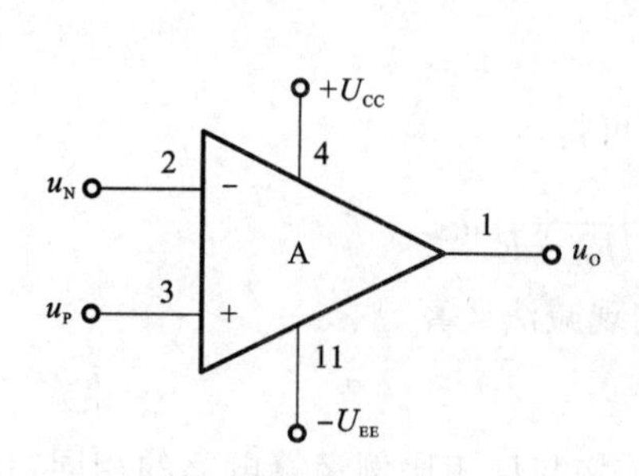

图 2-45　集成运放电路的图形符号

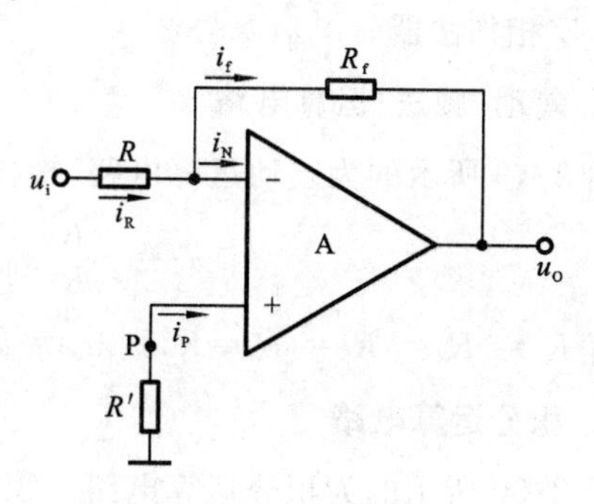

图 2-46　反相比例运算电路

3. 同相比例运算电路

图 2-47 所示的为同相比例运算电路,u_i 由同相端输入,则

$$A_{uf}=\frac{u_o}{u_i}=1+\frac{R_f}{R_1}$$

即 u_o 为 u_i 的$(1+R_f/R_1)$倍,且 u_o 与 u_i 同相。

如果 $R_1\to\infty$(断开),则

$$A_{uf}=u_o/u_i=1$$

电路成为电压跟随器,$u_o=u_i$。

4. 反相加法运算电路

图 2-48 所示的为反相加法运算电路。根据叠加原理,其输出电压与各元件参数的关系为

$$u_o=-\left(\frac{R_f}{R_1}u_{i1}+\frac{R_f}{R_2}u_{i2}+\frac{R_f}{R_3}u_{i3}\right)$$

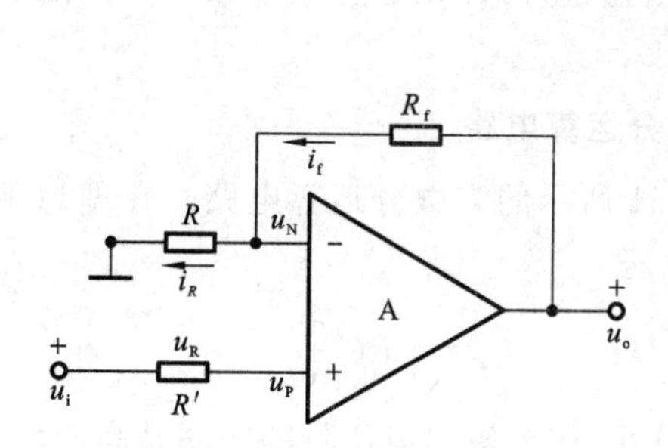

图 2-47　同相比例运算电路

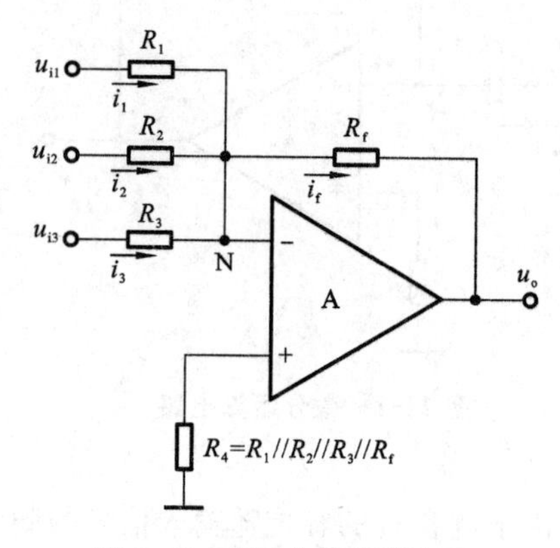

图 2-48　反相加法运算电路

当 $R_1=R_2=R_3=R$ 时，

$$u_o=-\frac{R_f}{R}(u_{i1}+u_{i2}+u_{i3})$$

当 $R_1=R_2=R_3=R_f=R$ 时，

$$u_o=-(u_{i1}+u_{i2}+u_{i3})$$

电路为反相加法器。

5. 差动(减法)运算电路

图 2-49 所示的为差动运算电路，根据原理分析可得

$$u_o=-\frac{R_f}{R_1}u_{i1}+\left(1+\frac{R_f}{R_1}\right)\frac{R'}{R_2+R'}u_{i2}$$

若 $R_1=R_2=R_3=R_f=R$，则 $u_o=u_{i2}-u_{i1}$，实现减法运算。

6. 积分运算电路

图 2-50 所示的为积分运算电路。积分电路的结构与反相比例运算电路的相同，只是用电容 C 代替了 R_f，则输出电压

$$u_o=-\frac{1}{C}\int i_C\mathrm{d}t=-\frac{1}{RC}\int u_i\mathrm{d}t$$

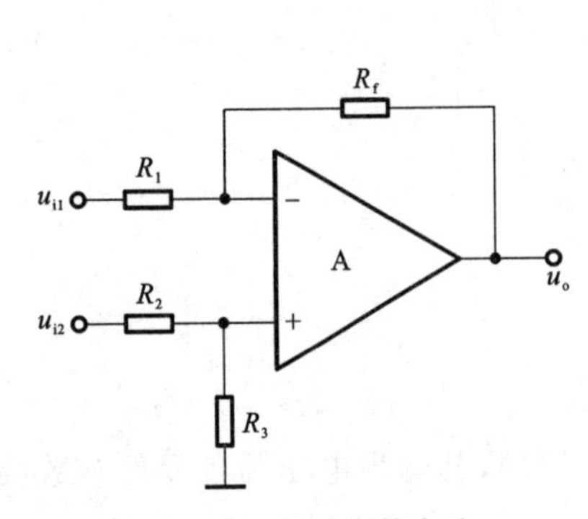

图 2-49 差动运算电路

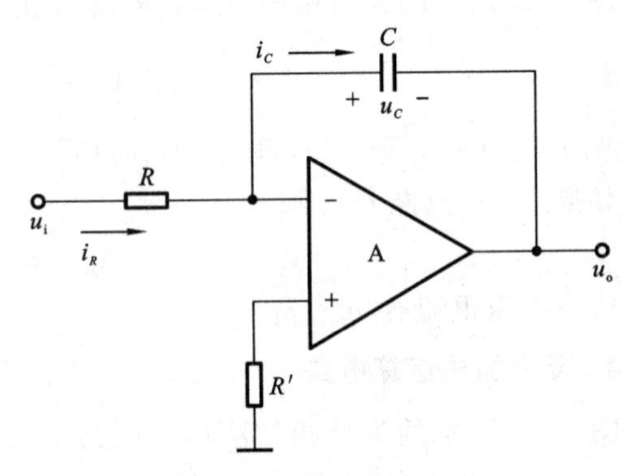

图 2-50 积分运算电路

若输入信号的频率较低，则电容容抗值较大，此时会造成电路的电压增益过大而导致集成运放工作在非线性区。为此，在实用电路中，为了防止低频信号增益过大，常在电容上并联一个电阻加以限制。

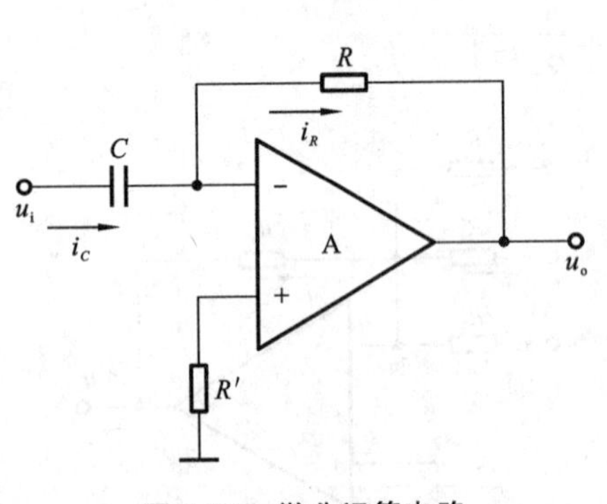

图 2-51 微分运算电路

7. 微分运算电路

图 2-51 所示的为微分运算电路。在理想条件下，输出电压

$$u_o=-RC\frac{\mathrm{d}u_i}{\mathrm{d}t}$$

由于电容 C 的容抗随输入信号的频率升高而减小，因此输出电压将随频率升高而增加。为了限制电路的高频电压增益，在输入端与电容 C 之间接入一个小电阻。

（四）实验预习

（1）复习有关集成运放构成的运算电路的相关内容，简述各实验电路的工作原理。

（2）根据实验内容，推导各电路输出电压的表达式，并计算理论值。

（3）根据积分电路的输出电压表达式，画出方波-三角波的变换波形，分析波形关系。

（4）自拟记录积分、微分运算电路实验数据和波形的表格。

（5）利用 Multisim 仿真软件绘制反相比例运算电路、反相加法运算电路、差动运算电路、积分电路。

（五）实验内容

1. 电路仿真

1）反相比例运算电路

在 Multisim 电路窗口中，创建如图 2-52 所示的反相比例电路。点击运行按钮 ▷ 或点击 F5，启动仿真，双击示波器图标，得到如图 2-53 所示的结果。

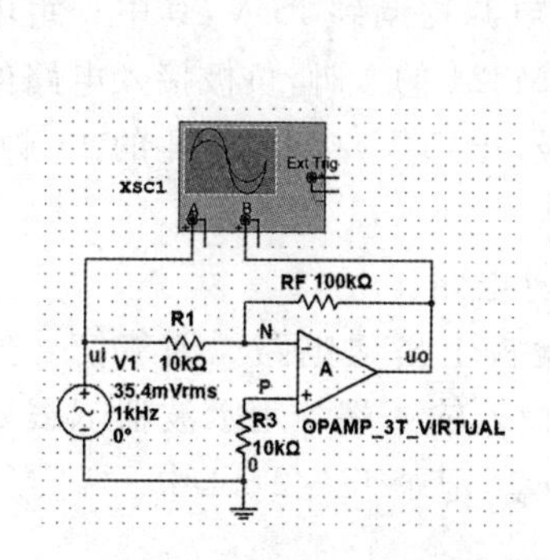

图 2-52　反相比例运算电路

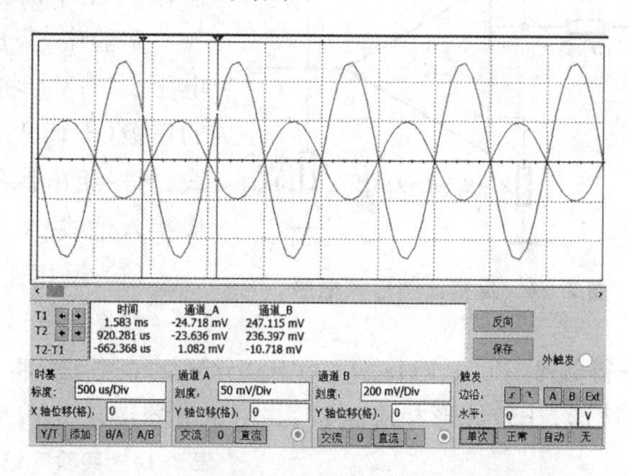

图 2-53　反相比例运算电路输入、输出波形

从图 2-53 可以看出，当输入为 −24.718 mV 时，输出电压为 247.115 mV，输出电压约为输入电压的 10 倍，且输出与输入反相，与理论相符。也可以在电路中添加探针，如图 2-54 所示。

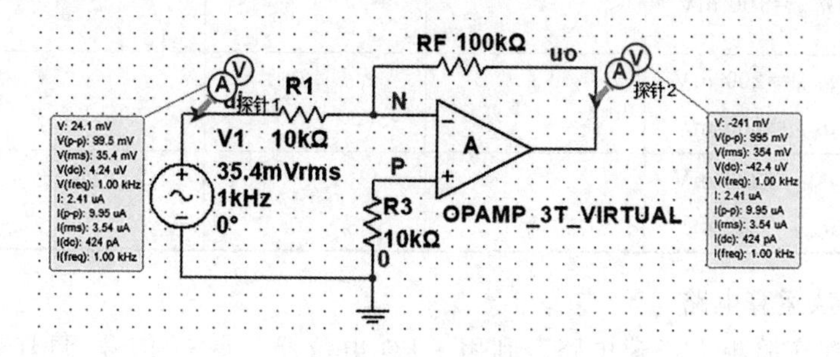

图 2-54　添加探针测量

（2）参照反相比例运算电路的仿真方法完成反相求和运算电路的仿真，如图 2-55 所示，并与理论值比对，进行数据分析。

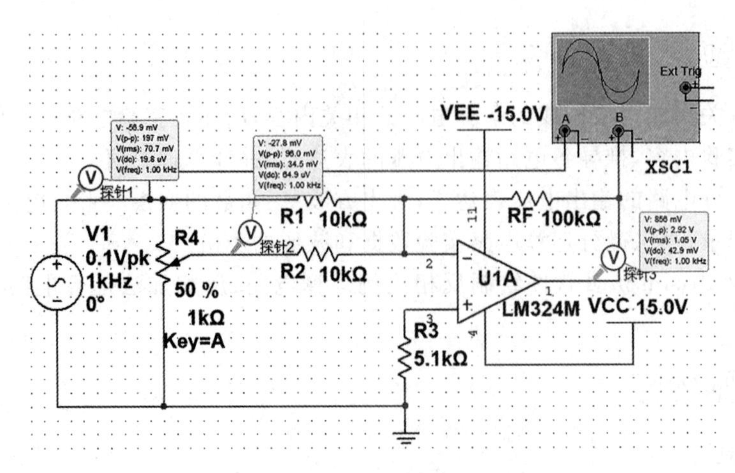

图 2-55 反相求和运算电路仿真

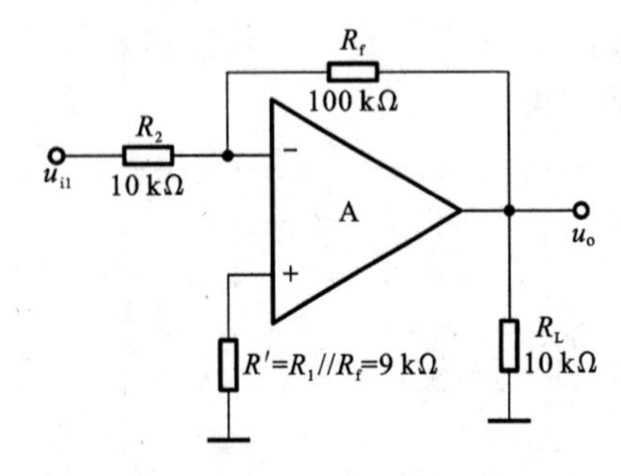

图 2-56 反相比例运算电路

2. 实际电路搭建调试

1) 基本内容

实验中,集成运放 LM324 采用双电源接法,电源电压±15 V。将两组电源均调到 15 V,其中一组电源的正极(+15 V)接 LM324 的 4 脚,负极接入电路的地线;另一组电源的负极(−15 V)接 LM324 的 11 脚,正极接入地线。

(1) 反相比例运算电路。

按图 2-56 在实验板上搭建电路。调节信号发生器,获得频率 $f=1$ kHz、$u_{ipp}=100$ mV 的正弦波,将信号接入输入端。用示波器双线观察 u_i、u_o 波形,比较波形相应关系,并用示波器读出 u_o 峰峰值 u_{opp},记录于表 2-14 中。

表 2-14 实验 5 记录

功能	u_{ipp}	u_{opp}（实测值）	u_{opp}（理论值）	在同一坐标上画出 u_i、u_o 波形
反相比例运算电路	$u_{ipp}=100$ mV			
反相加法运算电路	$u_{ipp1}=200$ mV $u_{ipp2}=100$ mV			
差动运算电路	$u_{ipp1}=200$ mV $u_{ipp2}=100$ mV			

(2) 反相加法运算电路。

按图 2-57 在实验板上搭建电路。利用 1 kΩ 电位器获得 u_{i2} 信号,调节输入 $u_{ipp1}=200$ mV、$u_{ipp2}=100$ mV、$f=1$ kHz 的正弦波,测量 u_o,比较相位,记录于表 2-14 中。

操作时,在信号发生器上设置 $u_{ipp1}=200$ mV、$f=1$ kHz 的正弦波,并接入电路的 u_{i1} 输入端;用示波器的 CH1 通道测量 u_{i1} 的波形,用示波器的 CH2 通道测 u_{i2}(接电位器的滑动端)，调节电位器，使示波器的 CH2 通道上显示出 100 mV、1 kHz 的正弦波；然后将 CH2 通道取下接入电路的输出端，观察 u_o波形，比较相位关系并用示波器的测量功能读取输出波形的峰-峰值 u_{opp}。

(3) 差动运算电路。

按图 2-58 搭建电路。利用 1 kΩ 电位器获得 u_{i2} 信号，调节输入 $u_{ipp1}=200$ mV、$u_{ipp2}=100$ mV、$f=1$ kHz 的正弦波，测量 u_o记录于表 2-14 中，并与计算值相比较。

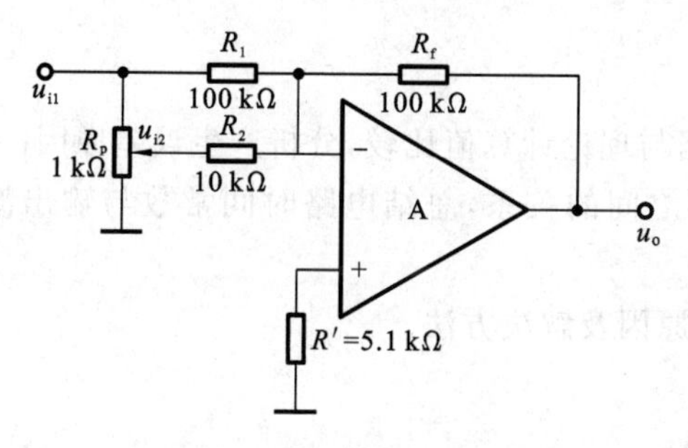

图 2-57 反相加法运算电路

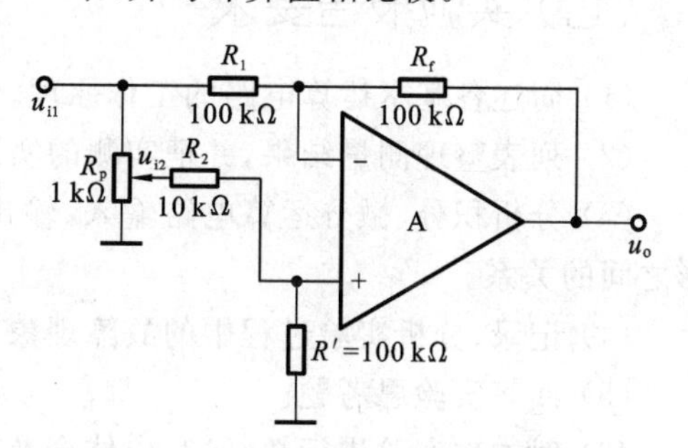

图 2-58 反相求和运算电路仿真

2) 扩展内容

(1) 积分运算电路。

按图 2-59 搭建电路。调节信号发生器，获得频率 $f=500$ Hz、$u_{ipp}=1$ V 的正方波(注：在信号源上调节直流偏置为 0.5 V)，将信号接入输入端。用示波器双通道观察 u_i、u_o波形，测绘 u_i、u_o波形、幅值和周期。

(2) 微分运算电路。

按图 2-60 搭建电路。调节信号发生器，获得频率 $f=100$ Hz、$u_{ipp}=1$ V 的正方波，将信号接入输入端。用示波器双通道观察 u_i、u_o波形。改变 u_i的频率，观察输出波形的变换，并测绘 u_i、u_o波形、幅值和周期。

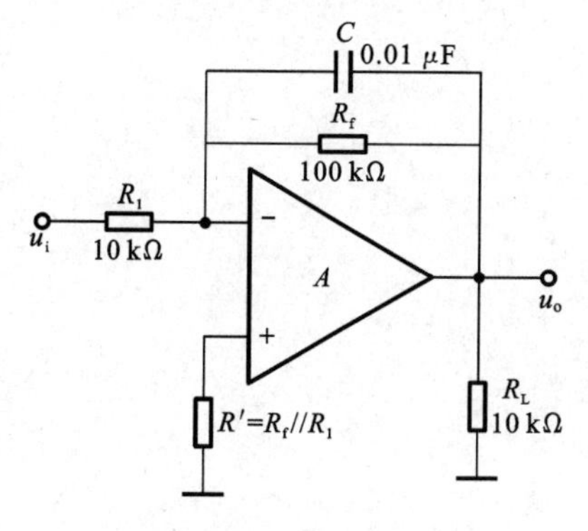

图 2-59 积分运算电路

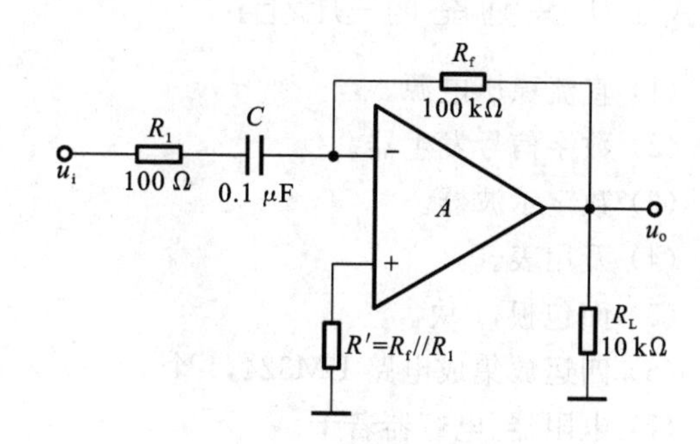

图 2-60 微分运算电路

(六) 思考题

(1) 计算各运算电路的 u_o理论值，与表 2-14 中实测值比较，并分析误差产生的原因。

(2) 差动运算电路中，若将 u_{i1} 与 u_{i2} 的输入信号反过来，即 $u_{ipp1}=100$ mV，$u_{ipp2}=200$

mV，u_o电压将是多少？

(3) 若将输入信号与集成运放的同相端连接，当信号正向增大时，运放的输出信号是正还是负？若将输入信号与集成运放的反相端连接，当信号正向增大时，运放的输出信号是正还是负？

(4) 若要将方波信号变换成三角波信号，可选用哪一种运算电路？

(七) 实验报告要求

(1) 简述各基本运算电路的工作原理。

(2) 列表整理测量结果，并把实测的实测数据与理论计算值比较，分析产生误差原因。

(3) 分析积分、微分运算电路输入、输出波形之间的关系，总结电路时间常数与输出波形之间的关系。

(4) 记录、分析实验过程中的故障现象、产生原因及解决方法。

(5) 回答实验思考题。

(6) 对本次实验进行总结，写出体会及其收获。

实验 6　RC 有源滤波电路设计

(一) 实验目的

(1) 熟悉运算放大器、电阻、电容构成的有源滤波器，理解 RC 有源滤波电路的工作原理；

(2) 掌握低通、高通等基本的二阶 RC 有源滤波器的快速设计方法；

(3) 掌握有源滤波器性能参数的测试技术；

(4) 掌握用 Multisim 对 RC 有源滤波电路进行仿真的方法。

(二) 实验器材与设备

(1) 直流稳压电源。

(2) 数字信号发生器。

(3) 数字示波器。

(4) 万用表。

(5) 面包板，1 块。

(6) 四运放集成电路 LM324，1 个。

(7) 电阻器、电容器若干。

(8) 仿真开发软件 Multisim。

(三) 实验原理

使特定频率范围内的信号通过而抑制其他频率的信号，完成这项功能的电路称为滤波电路。仅由 R、C、L 元件构成的滤波电路称为无源滤波电路。图 2-61(a)所示的电路便是

RC 无源低通滤波电路；图 2-61(b)所示，便是高通滤波电路。

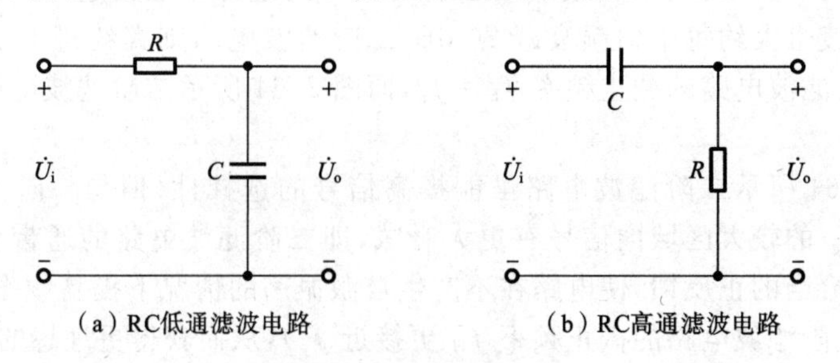

(a) RC低通滤波电路　　(b) RC高通滤波电路

图 2-61　无源滤波电路

图 2-62 所示的为低通滤波电路的幅频特性。

图 2-62(a)中$|\dot{A}_{up}|$为通带内电压放大倍数。f_p 为滤波器的截止频率，对于低通滤波器则记为上限频率 f_H，对于高通滤波器则记为下限频率 f_L。

图 2-62(b)所示的幅频特性波特图中，可以很直观地看出滤波器对不同频率信号的衰减值。

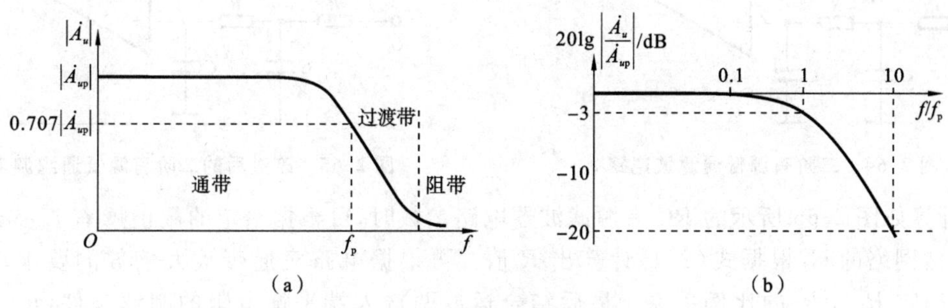

(a)　　(b)

图 2-62　低通滤波电路的幅频特性

无源滤波电路的通带放大倍数及其截止频率都随负载变化而变化，这一缺点常常不符合信号处理的要求，所以一般用于直流电源的整流、滤波。为了使负载不影响滤波特性，可在无源滤波电路和负载之间加入一个电压放大器，这样就构成了一个有源滤波电路。不过有源滤波电路只适用于信号处理，不适用于高电压、大电流的负载，并且组成电路时要注意选用带宽合适的集成运放。

1. 有源低通滤波电路

图 2-63 所示电路为一阶有源低通滤波电路，其电压放大倍数为

$$\dot{A}_u=\left(1+\frac{R_f}{R_1}\right)\frac{1}{1+j\omega RC}=\frac{A_{up}}{1+j\dfrac{f}{f_p}}$$

式中：f_p 为截止频率；A_{up} 为通带电压放大倍数，即

$$f_p=\frac{1}{2\pi RC} \tag{2-4}$$

$$A_{up}=\left(1+\frac{R_f}{R_1}\right) \tag{2-5}$$

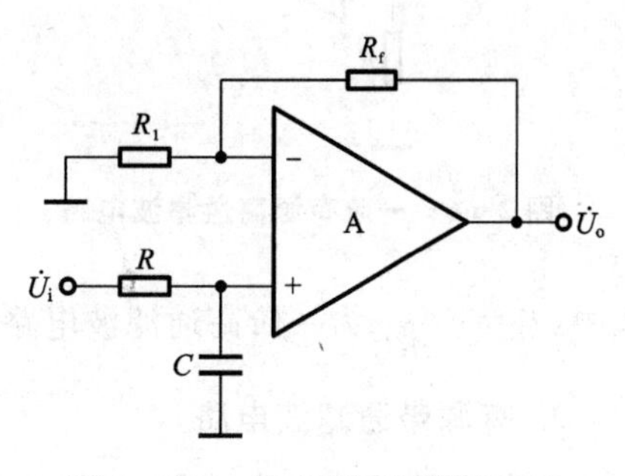

图 2-63　一阶有源低通滤波电路

滤波电路中的 RC 环节越多,则阶数越高,对信号的选择性也就越好。一阶滤波电路幅频特性曲线的过渡带大约每十倍频衰减 20 dB,二阶滤波电路则大约每十倍频衰减 40 dB。图 2-63 所示一阶滤波电路的截止频率 $f_H = f_p$,而图 2-64 所示二阶滤波电路的截止频率则为 $f_H = 0.37 f_p$。

这表明图 2-64 所示二阶滤波电路虽能提高信号的选择性,但与一阶滤波电路比较而言,在靠近频率 f_p 的较大区域内信号有更大衰减,即二阶滤波电路的通带变窄了。为了改善此缺点可引入恰当的正反馈,使电路在不产生自激振荡的情况下提高频率 f_p 附近信号的放大倍数(即使二阶滤波电路的截止频率 f_H 更接近 f_p),从而获得更理想的频率截止特性。

图 2-65 所示的是对图 2-64 所示电路改进后的二阶滤波器,可使通带内的幅频特性曲线更加平坦。

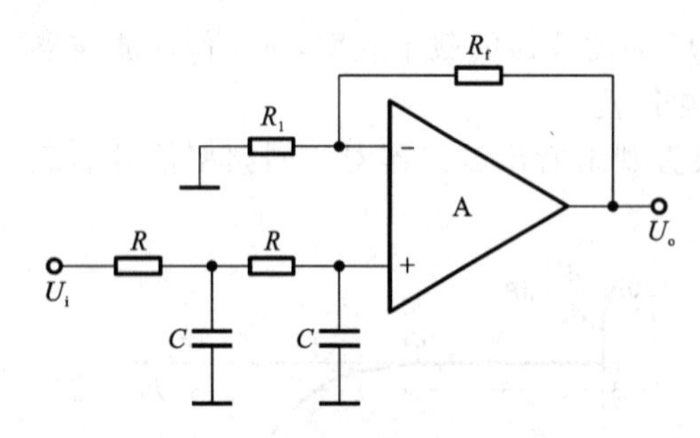

图 2-64 二阶有源低通滤波电路

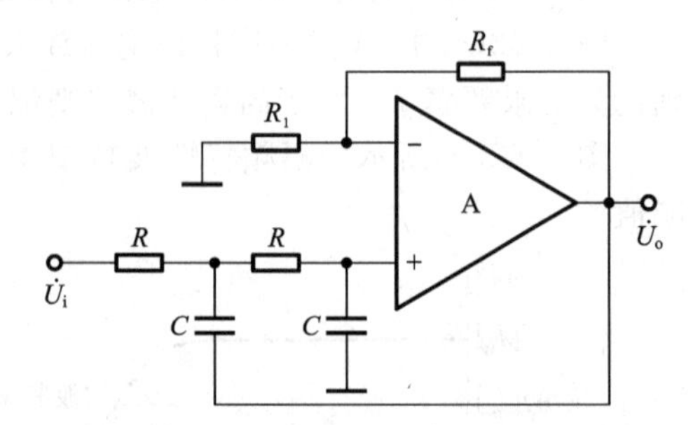

图 2-65 改进后的二阶有源低通滤波电路

计算如图 2-65 所示的 RC 有源滤波器电路参数时,可根据给定的截止频率 f_p,先选定 RC 滤波网络的 C,根据式(2-4)计算出 R 值。再根据电路对通带放大倍数的要求,由式(2-5)确定 R_f 与 R_1 的比例关系。最后结合运放两输入端平衡电阻的制约条件($R+R=R_1//R_f$)确定 R_f 与 R_1 的具体阻值。

由于滤波器性能对元器件的误差比较敏感,电路宜选用稳定而精密的电阻和电容。

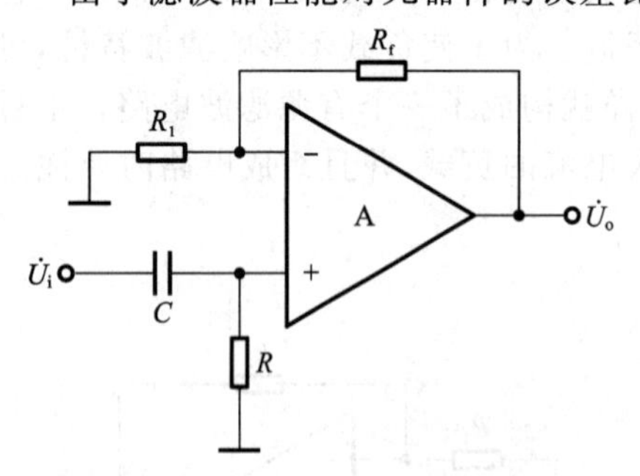

图 2-66 一阶有源高通滤波电路

2. 有源高通滤波电路

有源高通滤波电路与有源低通滤波电路具有对偶性,如果将图 2-63 所示电路中滤波环节的电容替换成电阻,电阻替换成电容,就可得一阶有源高通滤波电路,如图 2-66 所示。

电路是同相输入的,其电压放大倍数为

$$\dot{A}_u = \left(1+\frac{R_f}{R_1}\right)\frac{1}{1-j\dfrac{f_L}{f}} = \frac{A_{up}}{1-j\dfrac{f_L}{f}}$$

式中:$f_L = \dfrac{1}{2\pi RC}$为一阶高通滤波电路的截止频率;$A_{up} = 1+\dfrac{R_f}{R_1}$,为通带电压放大倍数。

3. 有源带通滤波电路

将有源低通滤波电路和有源高通滤波电路串联,如图 2-67 所示,就可得到有源带通滤波电路。设前者的截止频率为 f_H,后者的截止频率为 f_L,显然 f_L应小于 f_H,则通频带为$f_H - f_L$。实用电路中也常采用单个集成运放构成压控电压源二阶有源带通滤波电路,

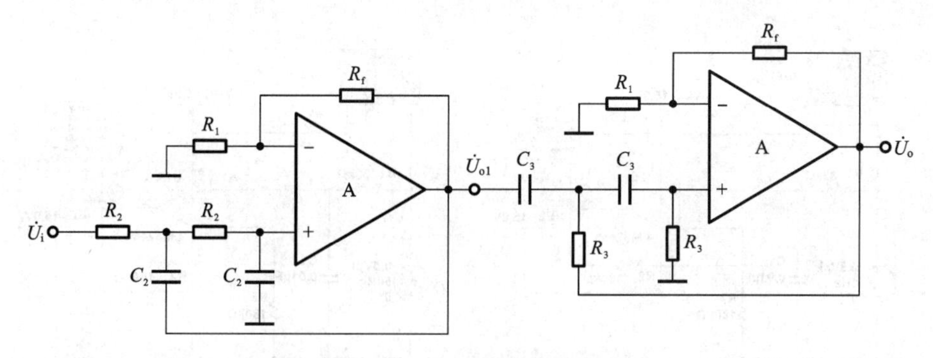

图 2-67　有源带通滤波电路

如图 2-68 所示。

(四) 实验预习

(1) 复习 RC 有源滤波电路的工作原理，并写出如图 2-65 所示二阶有源低通滤波电路的截止频率计算公式。

(2) 若设计一个二阶有源高通滤波电路，其下限频率设定为 500 Hz。根据实验原理和计算结果绘制实验电路，并在图上标明各元器件参数。

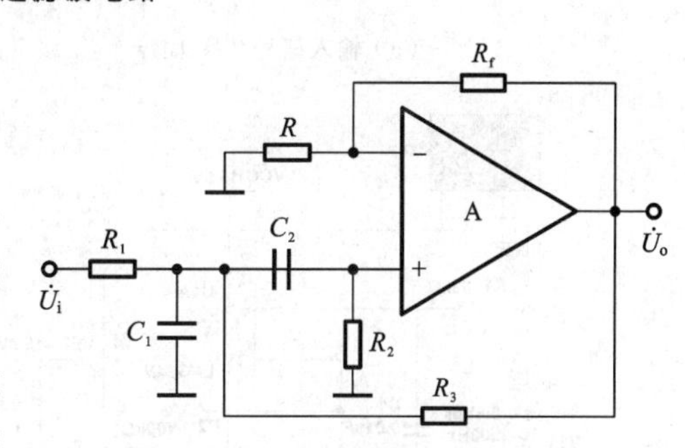

图 2-68　单个集成运放构成的有源带通滤波电路

(五) 实验内容

1. 电路仿真

1) 一阶有源低通滤波电路

按图 2-69 在 Multisim 中设计一阶有源低通滤波电路，并进行仿真。改变输入信号频率，观测并记录输出值。

从图 2-69(a)所示中探针显示的结果看，输入为 1 V，频率为 1 Hz，$V_{p\text{-}p}$ 为 1.54 V，和理论计算基本相符；当将频率更改为 50 Hz 时，其输出值基本没有发生改变，如图 2-69(b)所示；当将频率升高时，其输出幅度将会减小，如图 2-69(c)所示，符合低通滤波电路特性。双击图中波特测试仪 XBP1，可得图 2-69(d)所示波形，从波形看符合低通滤波电路特性。

2) 二阶有源低通滤波电路

按图 2-70 在 Multisim 窗口中创建二阶有源低通滤波电路，启动仿真，打开波特测试仪观测、记录，并对仿真数据进行分析。

2. 实际电路搭建调试

1) 基本内容

(1) 设计一个二阶 RC 有源低通滤波器，其上限频率设定为 482 Hz，实测偏差不超过 25%。

① 按图 2-71 搭建电路。调节数字信号发生器，使其输出 $u_{ipp}=1$ V 的正弦波信号(频率暂不设定)，并接入二阶 RC 有源低通滤波电路的输入端，用示波器的两个通道同时测量 u_i、u_o 的波形。保持 u_{ipp} 的幅度不变，逐渐改变频率，测量出不同频率下输出信号的峰-峰值 u_{opp}，完成表 2-15。

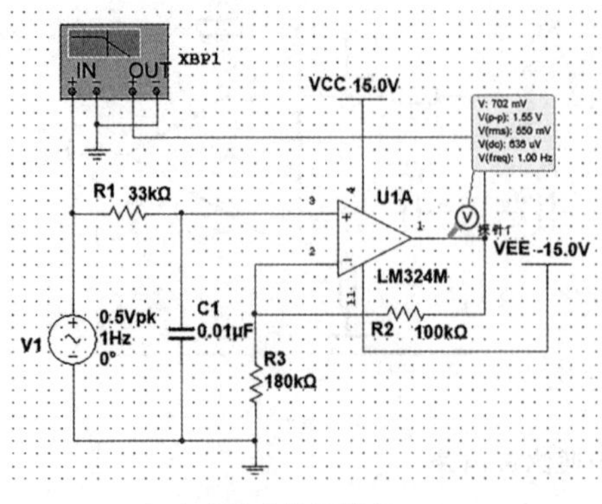

（a）输入信号频率 1 Hz

（b）输入信号频率50 Hz

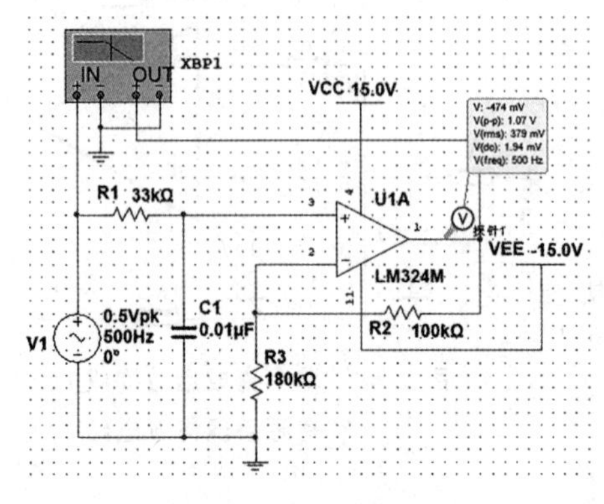

（c）输入信号频率500 Hz

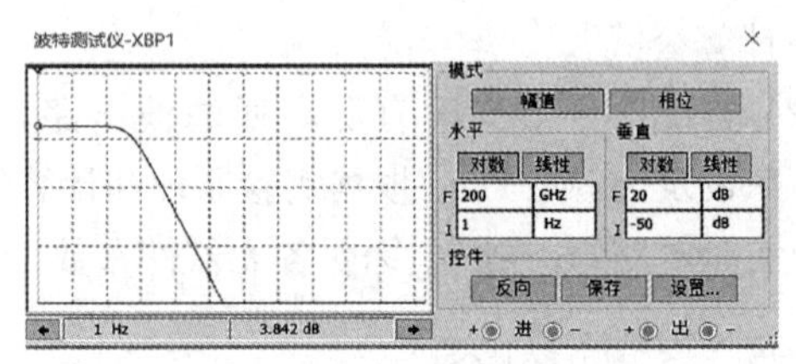

（d）幅频特性

图 2-69 一阶有源低通滤波电路仿真

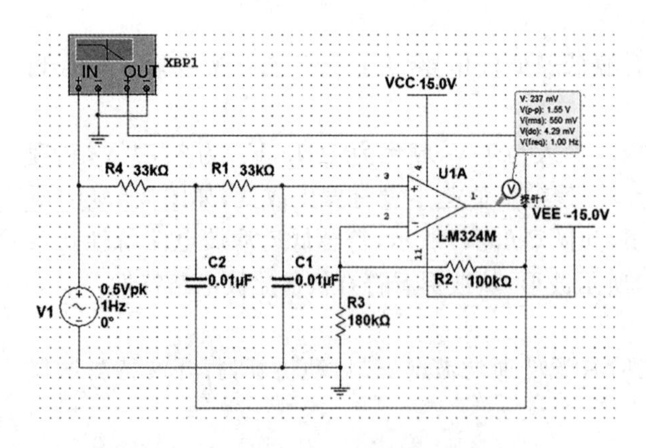

图 2-70 一阶有源低通滤波电路仿真

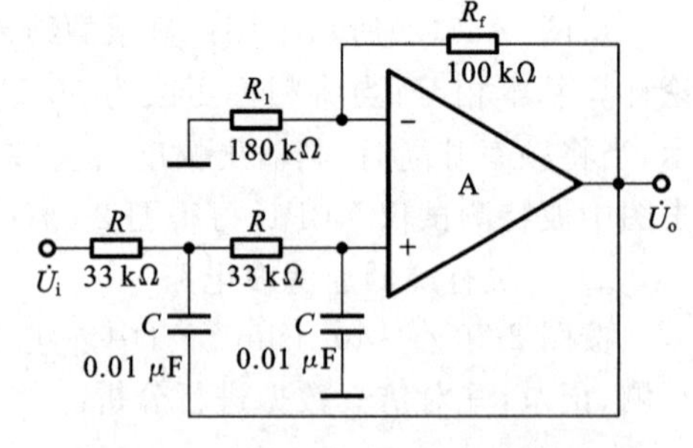

图 2-71 二阶 RC 有源低通滤波电路

表 2-15 实验 6 记录 1

频率/Hz	50	100	200	300	400	482	600	700	800	900	1×10^3	5×10^3
u_{opp}/V												
$20\lg\|U_o/U_i\|$/dB												

② 计算电压增益分贝数，利用波特图画出二阶 RC 有源低通滤波电路的幅频特性曲线，并分析信号频率上升到十倍截止频率时对应的电压增益。

(2) 设计一个二阶 RC 有源高通滤波器，其下限频率设定为 482 Hz，实测偏差不超过 25%。

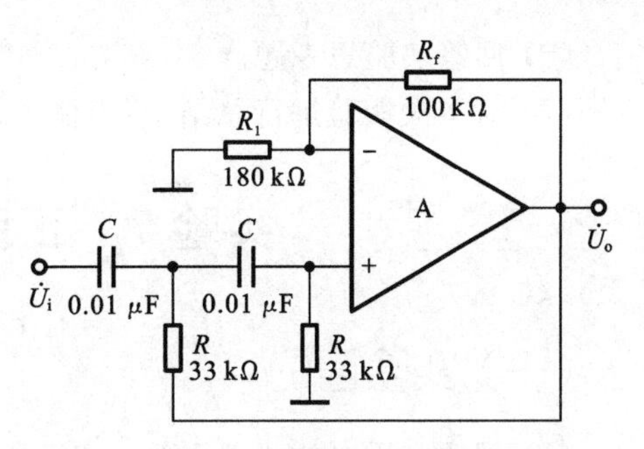

图 2-72 二阶 RC 有源高通滤波电路

① 按图 2-72 所示搭建电路。调节数字信号发生器，使其输出 $u_{ipp}=1$ V 的正弦波信号，并接入二阶 RC 有源高通滤波电路的输入端。保持 u_{ipp} 的幅度不变，逐渐改变频率，测试 u_{opp}，完成表 2-16。

表 2-16 实验 6 记录 2

频率/Hz	50	100	200	300	400	482	600	700	800	900	1×10^3	5×10^3
u_{opp}/V												
$20\lg\|U_o/U_i\|$/dB												

② 计算电压增益分贝数，利用波特图画出二阶 RC 有源高通滤波电路的幅频特性曲线，并分析信号频率下降到十倍截止频率时对应的电压增益。

2) 扩展内容

以基本内容的实验电路为基础，设计一个二阶有源带通滤波器，通带的上限截止频率设定为 482 Hz，下限截止频率设定为 146 Hz。

将一个低通滤波器和一个高通滤波器串接($f_H>f_L$)，即可构成一个带通滤波器。

自拟表格，填写实测输出电压值，计算电压增益分贝数，利用波特图画出二阶有源带通滤波电路的幅频特性曲线，并分析信号频率分别下降到十倍下限频率和上升到十倍上限频率时对应的电压增益。

(六) 思考题

(1) 若将图 2-65 所示二阶低通滤波电路的 R、C 位置互换，形成二阶高通滤波电路，且 R、C 值不变，则高通滤波电路的截止频率 f_L 等于低通滤波电路的截止频率 f_H 吗？

(2) 图 2-71 所示的二阶有源低通滤波电路，当输入频率为 482 Hz 的信号时，电路的电压增益为多少？当输入信号频率上升到 4.82 kHz 时，电路的电压增益为多少？

(七) 实验报告要求

(1) 简述 RC 有源滤波电路的工作原理，设计实验电路图。

(2) 测量表 2-15、表 2-16 中的输出电压值，计算电压增益分贝数，根据各数据绘制二阶有源低通滤波电路和二阶有源高通滤波电路的幅频特性曲线。

(3) 比较截止频率理论值与实测值，分析误差来源。

(4) 设计、调试二阶有源带通滤波器，绘制幅频特性曲线。

(5) 记录、分析实验过程中的故障现象、产生原因及其解决方法。

(6) 回答实验思考题。

(7) 对本次实验进行总结,写出体会及其收获。

实验7　正弦波产生电路设计

(一) 实验目的

(1) 理解文氏电桥式 RC 正弦波振荡电路的工作原理;掌握文氏电桥式 RC 振荡器的起振条件;

(2) 掌握电路相关参数计算及选定的方法。

(3) 掌握使用 Multisim 对正弦波产生电路仿真的方法,理解负反馈强弱对输出波形的影响;

(4) 掌握正弦波产生电路的搭建及调试技术,熟练使用电子仪器进行电路调试。

(二) 实验器材与设备

(1) 直流稳压电源。

(2) 数字信号发生器。

(3) 数字示波器。

(4) 万用表。

(5) 面包板,1 块。

(6) 四运放集成电路 LM324,1 个。

(7) 电位器(100 kΩ),1 个。

(8) 二极管 1N1418,2 个。

(9)电阻器、电容器若干。

(10) 仿真开发软件 Multisim。

(三) 实验原理

1. 正弦波振荡电路的组成

一个正弦波振荡电路一般包括以下几个基本环节:放大电路、选频网络、正反馈网络及稳幅环节,其框图如图 2-73 所示。

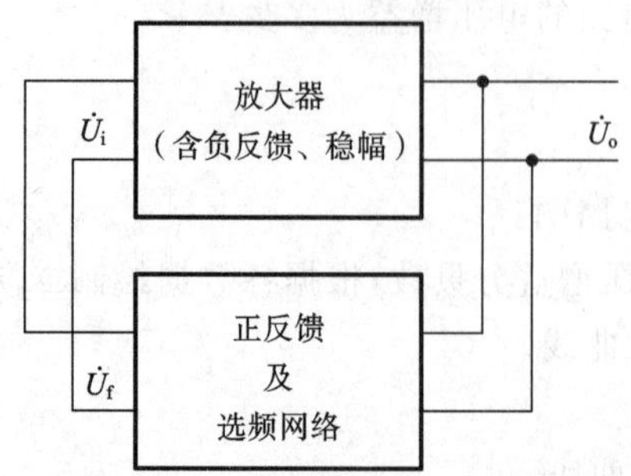

图 2-73　正弦波振荡电路的组成框图

(1) 放大电路:完成信号放大功能,使电路获得一定幅值的输出量。

(2) 选频网络:通过选频网络,保证电路只有单一频率的正弦信号。

(3) 正反馈网络:通过正反馈,使放大电路的反馈信号等于输入信号,输入信号与输出信号相互依存。在实用的振荡电路中,常将选频网络与正反馈网络合二为一。

(4) 稳幅环节：也就是非线性环节，作用是使输出信号幅值稳定。对于分立元件放大电路，可不另加稳幅环节，而依靠晶体管自身的非线性来起到稳幅作用。而欲获得不失真的振荡信号，则反馈信号最终必须经由负反馈网络来抑制输出信号的幅度。

2. RC 正弦波振荡电路

选频网络由电阻、电容构成的振荡器称为 RC 正弦波振荡电路。实用的 RC 正弦波振荡电路多种多样，其中最典型的是 RC 正弦波振荡电路，如图 2-74(a)所示。基本放大电路为同相比例运算电路，正反馈网络和选频网络由 RC 串并联网络组成，如图 2-74(b)所示。

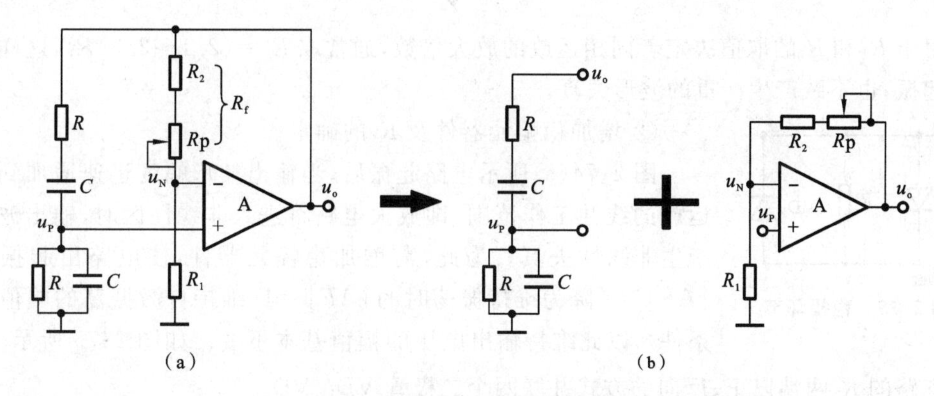

图 2-74　RC 正弦波振荡电路

为了使电路能振荡，应满足起振条件：$\dot{A}\dot{F}>1$，即既满足相位平衡条件 $\varphi_A+\varphi_F=2n\pi$，又满足幅值条件$|\dot{A}\dot{F}|>1$($A$ 为电路放大倍数，F 为正反馈系数)。

相位平衡条件：电源合闸后产生的初始电压信号 u_i 由同相输入端引入，基本放大电路的相位 $\varphi_A=0$。由于振荡电路应满足相位平衡条件 $\varphi_{AF}=\varphi_A+\varphi_F=\pm 2n\pi$，因此反馈网络的相位条件应满足 $\varphi_F=0$ 才可能产生自激振荡。由 RC 串并联网络的选频特性可知，只有频率为 $f=f_o=1/(2\pi RC)$的输出电压 u_o 才满足振荡的相位平衡条件。

幅值条件：由 RC 串并联网络的选频特性可知，当 $\omega=\omega_o$ 时，$\dot{F}=1/3$，而放大电路的电压放大倍数为 $A=1+\dfrac{R_f}{R_1}$，因此有$|\dot{A}\dot{F}|=\left(1+\dfrac{R_f}{R_1}\right)\times\dfrac{1}{3}>1$，即

$$1+\frac{R_f}{R_1}>3 \tag{2-6}$$

电路起振后输出为单一频率 $f_o=\dfrac{1}{2\pi RC}$的正弦波，改变文氏电桥参数 R、C，即可改变振荡频率 f_o。

在电路形式确定后，便可计算和确定元器件的参数：

① 根据设计任务的频率要求，确定 RC，即

$$RC=\frac{1}{2\pi f_o}$$

然后，根据现有的元器件条件确定 C(或 R)的取值，再计算 R(或 C)的值。

值得注意的是，为了使选频网络的特性尽量不受集成运放输入电阻 R_i 和输出电阻 R_o 的影响，应使 R 满足 $R_i \gg R \gg R_o$ 的条件。一般 R_i 为几百千欧及以上，而 R_o 仅为几百欧及以下，

因此 R 的取值通常在几十千欧。

② 确定 R_1 和 R_f 的值。

电阻 R_1 和 R_f 应由电路起振的幅值条件来确定，即应该满足式(2-6)的要求。此外，为了减小输入失调电流和漂移的影响，振荡器中的运放电路应满足直流平衡条件，即 $R = R_1 // R_f$。因此导出 R_1 和 R_f 的取值分别为

$$R_f > 2R_1$$

$$R_1 = \frac{3}{2}R$$

由于 R_1 和 R_f 的取值决定着同相运放的放大倍数，通常取 $R_f = (2.1 \sim 2.5)R_1$，这样既能保证起振，也不致产生严重的波形失真。

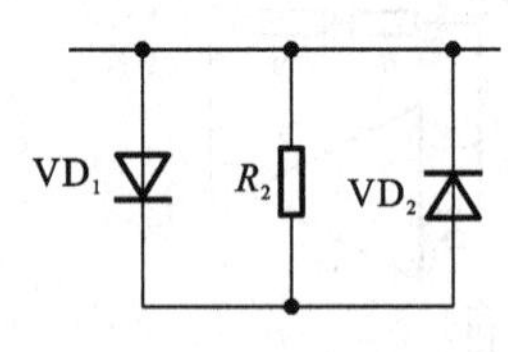

图 2-75 稳幅环节

③ 增加稳幅元器件及 R_2 的确定。

图 2-74(a)所示电路起振后，当输出波形幅度迅速增加到超过运放的线性工作范围，即放大电路将进入非线性区时，输出波形将产生非线性失真。为此，需增加稳幅元器件，使电路由起振时的 $|\dot{A}\dot{F}| > 1$ 降为维持振荡时的 $|\dot{A}\dot{F}| = 1$（维持自激振荡的幅值平衡条件），以此维持输出电压的幅值基本不变。如图 2-75 所示，在负反馈支路的 R_2 两端以正、反向的方式并联两个二极管 VD_1、VD_2。

当振荡信号幅度较小时，VD_1、VD_2 呈现很大的阻抗，R_f 的阻值约等于 $R_2 + Rp$。这时放大器负反馈小，利于起振。当振荡信号幅度增加到一定程度时，VD_1、VD_2 分别正向导通使得 R_f 减小，运放反相输入端的信号幅度增加，负反馈加强，抑制振荡信号幅度的增加，从而实现稳幅的作用。

VD_1、VD_2 应选用特性一致的二极管。R_2 的取值不能过小也不能过大：过小，则稳幅效果不明显；过大，则容易使波形失真，应使其约等于二极管刚刚正向导通时的电阻值，即 $R_2 \approx R_D$。

由于选频网络对元器件的误差比较敏感，宜选用稳定而精密的电阻和电容。

(四) 实验预习

(1) 学习电桥式 RC 正弦波振荡电路的工作原理并回答下面问题：如图 2-74(a)所示，欲使该电路起振，Rp 的阻值应调大还是调小？为什么？

(2) 设计一个电桥式 RC 正弦波振荡电路，振荡频率 f_0 设定为 1 kHz。根据实验原理和计算结果绘制最终实验电路，并在图上标明各元器件参数。若 C 取 0.01 μF，写出实验电路中元器件参数的选取及计算过程。

(五) 实验内容

1. 电路仿真

参考“仿真 5 波形产生电路”，用 Multisim 对 RC 桥式正弦波振荡电路进行仿真，观察电路起振、稳定、失真、停振，分析负反馈强弱对输出波形的影响。

2. 实际电路搭建调试

1）基本内容

设计一个电桥式 RC 正弦波振荡电路，振荡频率 f_o 设定为 1 kHz，实测偏差不超过 10%。参考电路如图 2-76 所示。

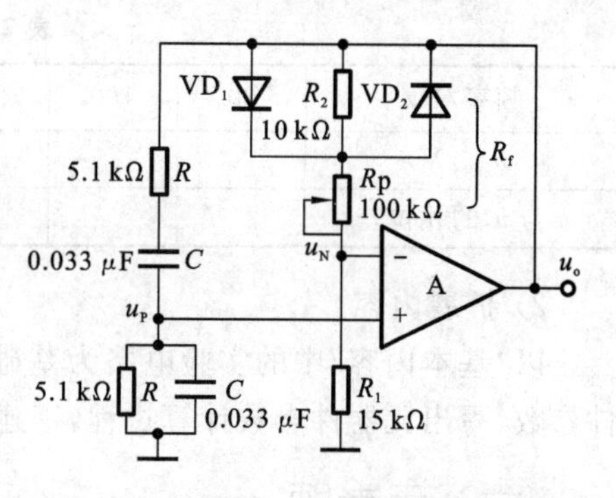

图 2-76 电桥式 RC 正弦波振荡电路

（1）正常振荡。

将示波器的 CH1 通道接入电路的输出端，调节电路中的 Rp，使 u_o 输出最大不失真正弦波，测量 u_{opp}、$f_{o实际}$；将示波器的 CH2 通道接入集成运放的同相输入端，测量 u_{ppp}；最后将 Rp 从电路中断开，用万用表测出 Rp 接入电路中的阻值 Rp；记录并计算相关数据，填入表2-17。计算 A_{uf} 理论值，反馈电阻不算 R_2。

表 2-17 实验 7 记录 1

测量				计算			
u_{opp}	u_{ppp}	$f_{o实际}$	Rp	$F=u_{ppp}/u_{opp}$	$A_{uf}=u_{opp}/u_{ipp}$	$f_{o理论}$	$A_{uf理论}$

（2）电路失真。

加大 Rp，使 u_o 输出正、负半周刚好失真；断开正反馈网络（RC 串、并联电路）与放大器同相输入端的连接，将 $f=f_o$，$u_{ipp}=200$ mV 的正弦波信号从放大器的同相端输入，测量此时同相放大器的放大倍数，填表 2-18。

表 2-18 实验 7 记录 2

u_{ipp}	f_o	测量 u_{opp}	计算 $A_{uf}=u_{opp}/u_{ipp}$	与正常振荡时 A_{uf} 比较大小
200 mV				

（3）电路停振。

减小 Rp，使 u_{opp} 输出为 0；断开正反馈网络（RC 串、并联电路）与放大器同相输入端的连接，将 $f=f_{o实际}$，$u_{ipp}=200$ mV 的正弦波信号从放大器的同相端输入，测量此时同相放大器的放大倍数，填表 2-19。

表 2-19 实验 7 记录 3

u_{ipp}	f_o	测量 u_{opp}	计算 $A_{uf}=u_{opp}/u_{ipp}$	与正常振荡时 A_{uf} 比较大小
200 mV				

（4）测试带选频网络的放大器开环幅频特性和相频特性。

在振荡器能正常起振且振荡波形不失真的前提下，断开正反馈网络与放大器输出端的连接（注意，不要断开负反馈网络与放大器输出端的连接），再从断开处向同相输入端输入与振荡波形振幅相同的正弦信号，然后不断改变频率（注意，同时保持输入信号幅值不变），测试放大电路的幅频特性、相频特性，并将相关数据填入表 2-20。

表 2-20　实验 7 记录 4

频率/Hz	30	100	200	$f_{o实测}$	400	500	600	1×10^3	2×10^3
u_{opp}/V									
u_i与 u_o的相位差									

2）扩展内容

以“基本内容”中的实验电路为基础，设计一个方波发生器。要求绘制电路图并标明元件参数，写出元器件参数计算过程，搭建电路，在坐标纸上绘制实测波形。

（六）思考题

（1）电路中 VD_1、VD_2 的作用是什么？

（2）电路中是否存在负反馈？若存在，由哪些元器件实现，属什么反馈组态？在电路中的作用是什么？

（3）在文氏电桥式 RC 振荡器中，要想正常振荡，对 A_{uf}有什么要求？

（七）实验报告要求

（1）简述电桥式 RC 正弦波振荡电路的工作原理。

（2）设计实验电路图，标明元器件参数，并说明电路元器件参数的选择及计算过程。

（3）列表整理测量结果，并把实验的实测数据与理论计算值比较，分析产生误差的原因。

（4）设计三角波发生器电路图，说明元器件参数的计算过程，绘制实测波形图。

（5）记录、分析实验过程中出现的故障现象、产生原因及其解决方法。

（6）回答实验思考题。

（7）对本次实验进行总结，写出体会及其收获。

（八）注意事项

（1）某些示波器探头电路的输入阻抗可能会影响振荡电路的参数，从而导致测量误差。为减小这种由测量仪器介入带来的误差，可在被测信号与示波器探头中间加入如图 2-77 所示的电路进行隔离。

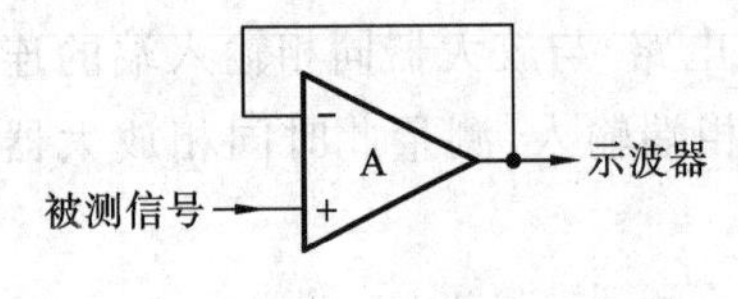

图 2-77　隔离电路

（2）测试放大器的相频特性、幅频特性时，建议示波器 CH1 通道接输入信号，CH2 通道接输出信号，并适当调小 CH2 通道电压单位，使示波器工作在 X-Y 方式下，用李萨如图形测量信号幅度及相位差。

实验 8　直流稳压电源

（一）实验目的

（1）了解直流稳压电源的基本结构及组成；

(2) 掌握整流滤波电路的一般设计原理和测试方法;

(3) 掌握固定式三端集成稳压器 7805 的使用方法;

(4) 掌握可调式三端集成稳压器 LM317 的使用方法。

(二) 实验器材与设备

(1) 直流稳压电源。

(2) 数字信号发生器。

(3) 数字示波器。

(4) 万用表。

(5) 面包板,1 块。

(6) 集成稳压器 7805,1 个。

(7) 二极管 1N4001,4 个。

(8) 电阻器、电容器若干。

(三) 实验原理

1. 直流稳压电源的基本结构

直流稳压电源在电视、计算机等领域应用广泛。它通常由电源变压器、整流电路、滤波电路和稳压电路四部分组成,其基本结构如图 2-78 所示。

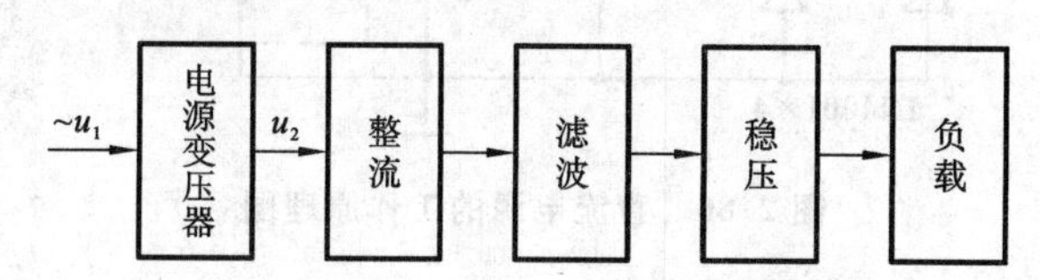

图 2-78 直流稳压电源原理框图

(1) 电源变压器:通常将电网供给的交流电压(220 V,50 Hz)变换为符合电路所需的较低的交流电压。一般要求变压器副边电压应高于所需直流电压的 1.2~1.5 倍。

(2) 整流电路:主要利用二极管的正向导通、反向截止的原理,将变压器副边交流电整流为脉动直流。实际电路多采用桥式整流电路。整流后的输出电压波形如图 2-79(b)所示。

(3) 滤波电路:利用电容和电感的充放电储能原理,将波动变化较大的脉动直流中的交流分量滤去,得到比较平直的直流电。小型直流稳压电源多采用电容滤波。整流滤波后的输出电压波形如图 2-79(c)所示。

(4) 稳压电路:输出稳定的直流电压。它是直流稳压电源的核心。整流滤波后的电压虽然已是直流电压,但它还是会随输入电网的波动或负载的变化而变化,是一种电压值不稳定的直流电压,而且纹波系数也较大,所以必须加入稳压电路。小型直流电源一般采用 78 系列三端稳压集成电路或可调式稳压集成电路 LM317。稳压电路的输出电压波形如图 2-79(d)所示。

2. 直流电源的工作原理

直流电源电路如图 2-80 所示。

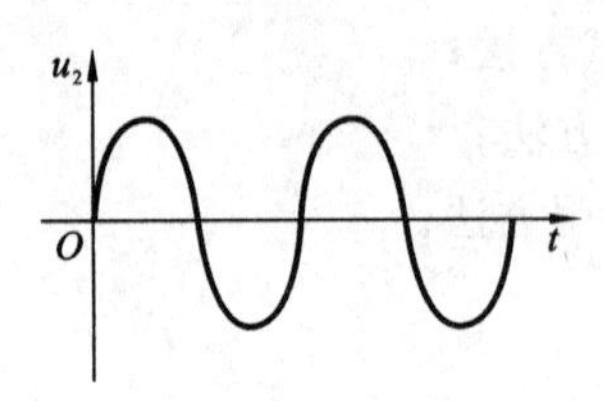

(a) 整流电路的输入电压波形

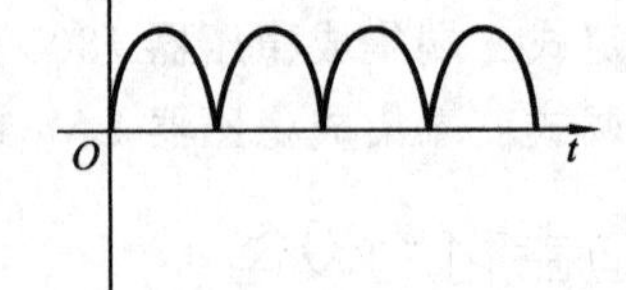

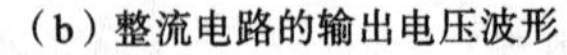
(b) 整流电路的输出电压波形

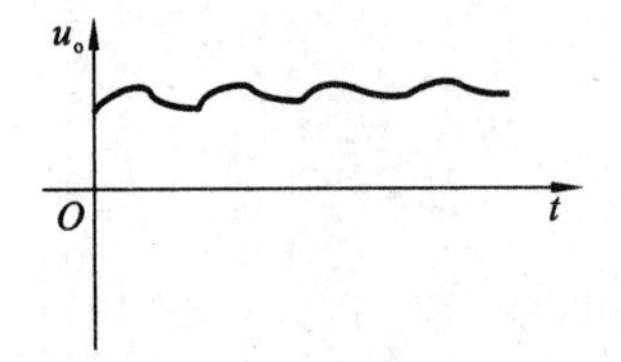

(c) 整流滤波电路的输出电压波形

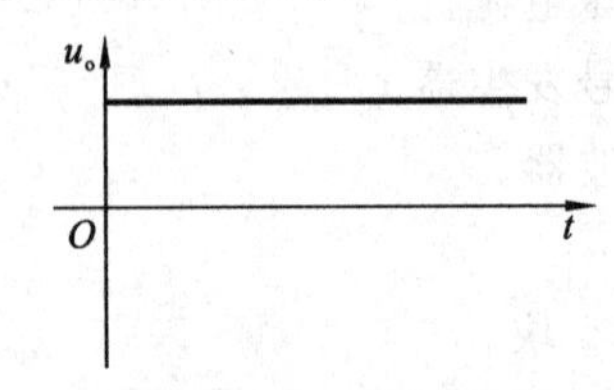

(d) 稳压电路的输出电压波形

图 2-79 整流、滤波和稳压电路的电压波形

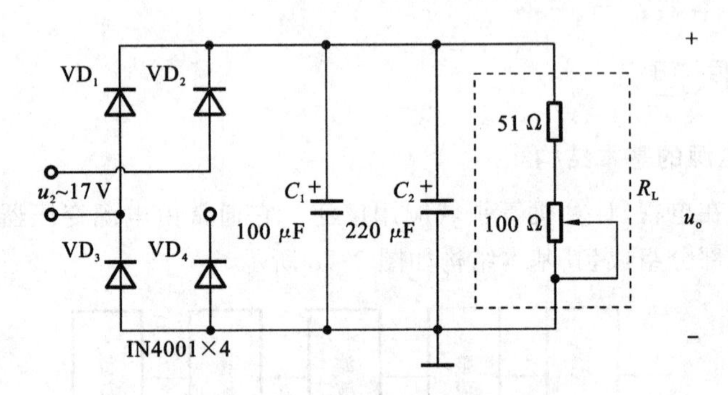

图 2-80 直流电源的工作原理图

该电路中,VD_1～VD_4组成桥式整流电路,VD_2与VD_4之间没有连接时为半波整流,半波整流的输出电压u_o为

$$u_o=\frac{\sqrt{2}}{\pi}u_2=0.45u_2$$

当VD_2与VD_4连接时为全波整流,桥式整流(全波)的输出电压u_o为

$$u_o=2\frac{\sqrt{2}}{\pi}u_2=0.9u_2$$

电容C_1、C_2起滤波作用,滤波电容的大小对滤波效果有不同的影响,一般电容越大,滤波效果越好。

电容滤波的输出电压取决于放电时间常数$\tau_{放}=R_LC$的大小,$\tau_{放}$越大,输出电压脉动越小,电压平均值越高,为此,应选择容量较大的电容器做滤波电容。在实际电路中,可参照以下公式选择电容的容量:

$$\tau_{放}=R_LC\geqslant(3\sim5)\frac{T}{2}$$

式中:T为电网交流电压的周期。

电容的耐压值应大于$\sqrt{2}U_2$。

当电路中电容器的选择满足上述要求时，输出电压平均值为

$$U_o \approx 1.2U_2$$

实际电路中，可参照下式选择二极管：

$$I_F \geqslant (2\sim3)\frac{1}{2}I_o$$

其最大反向工作电压一般为 $U_R \geqslant U_{RM} = \sqrt{2}U_2$。

3. 常用集成稳压器

目前常用集成稳压电路为 78 系列（正电压）和 79 系列（负电压）集成稳压器，其输出电压是固定的，在使用中不能调整。有 7805（+5 V）、7809（+9 V）、7812（+12 V）、7815（+15 V）及 7905（−5 V）、7909（−9 V）、7912（−12 V）、7915（−15 V）等常用型号。可调式稳压电路常用 7805 和 LM317 两种形式的电路，其外形如图 2-81 所示。

以 LM317 为例，其典型的应用电路如图 2-82 所示。LM317 内部的基准电压 U_{21} 为 1.25 V，有 50 μA 的恒定电流由调整端流出。若调整端接地，则电路为一个输出电压为 1.25 V的固定式三端稳压器。按图 2-82 接线，则 $I_{R1} = 1.25(\mathrm{V})/R_1$，$I_{R2} = I_{R1} + 50\ (\mu\mathrm{A})$，此时输出电压 $U_o = 1.25(\mathrm{V}) + I_{R2}R_2$。调整 R_2，即可调整输出电压 U_o。R_2 称为调整电阻，电容 C 起减小输出端纹波电压的作用，而二极管 VD 提供负载短路时的放电通路，防止负载短路时 C 的充电电荷通过调整端放电，破坏基准电路而损坏稳压器。

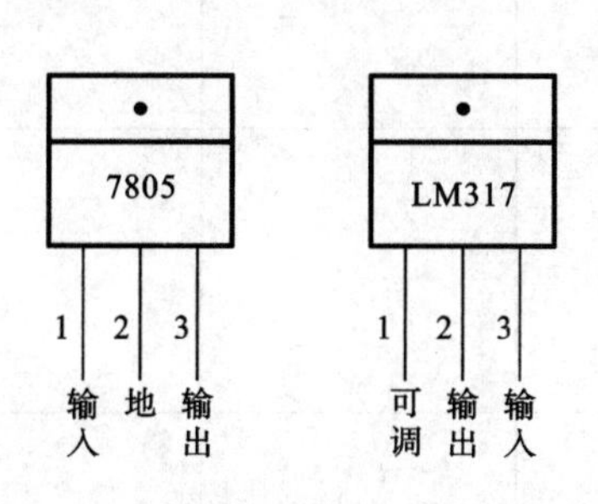

图 2-81 7805 与 LM317 的电路外形图

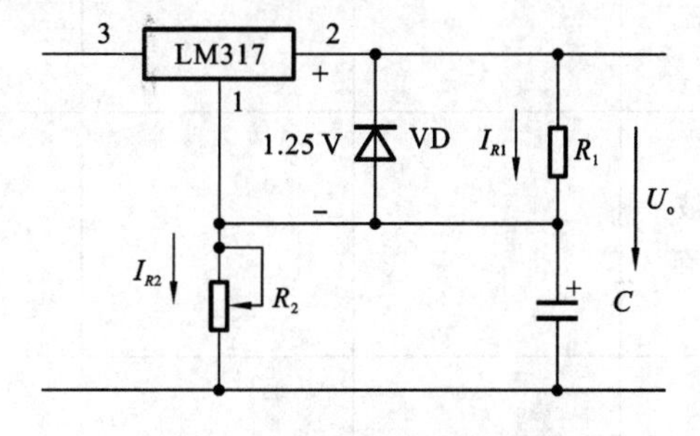

图 2-82 LM317 工作原理图

（四）实验预习

(1) 画出单相桥式整流滤波电路图，并写出输出电压值的计算公式。

(2) 理论分析并画出表 2-21 中各种情况下 u_o 的输出波形。

(3) 思考单相桥式全波整流电路中二极管的选型方法；思考滤波电路中二极管和电容的选型方法，写出计算公式。

（五）实验内容

实验电路如图 2-83 所示。

1. 基本内容

(1) 整流滤波实验。

① 参照图 2-83，连接 A—B 端左侧电路。R_L 阻值为 151 Ω，滤波电容 C_1、C_2 暂不接入。

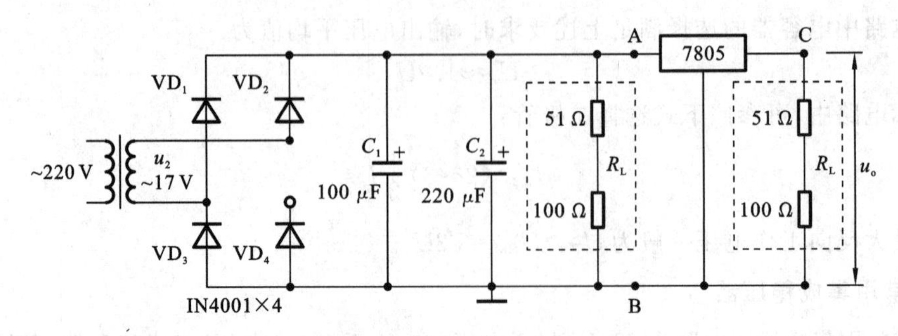

图 2-83　实验 8 电路图

② 测量电源变压器副边交流电压有效值 u_2，并将结果填入表 2-21 中。

③ 由 VD_2上端点测量半波整流输出电压 u_o，记录 u_o波形，并将结果填入表 2-21 中。

④ 连接 VD_2与 VD_4，使电路成为全波整流电路，测量电压 u_o，记录波形，并将结果填入表 2-21 中。

表 2-21　实验 8 记录 1

状　态	u_2	$R_L=151\ \Omega$	u_o	u_o波形	u_o/u_2
半波整流					
全波整流					
C_1滤波					
C_1+C_2滤波					

⑤ 接入 100 μF 滤波电容 C_1，测量 u_o电压，记录波形，并将结果填入表 2-21 中。

⑥ 再接入 220 μF 滤波电容 C_2，则滤波电容总量为 320 μF。测量电压 u_o，记录波形，并将结果填入表 2-21 中，比较滤波电容接入不同时的滤波效果。

⑦ 观察全波整流滤波电路的带负载能力。

调节负载 R_L，使 R_L获得最大(即负载最轻)、最小(即负载最重)两种不同的阻值，分别测量输出电压 u_o及其波形，并将结果填入表 2-22 中，比较其变化。

表 2-22 实验 8 记录 2

负载电阻 R_L	u_2	u_o	u_o波形
151 Ω			
51 Ω			

(2) 固定式三端集成稳压器的实验。

① 断开电源,完成图 2-83 所示电路中 A—B 右侧的连线,将三端稳压器 7805 接入电路。将 R_L移到 C、B 端,使 R_L获得最大、最小两种不同的阻值,观察稳压后的带负载能力。

② 按表 2-23 要求完成测量,并将结果填入表 2-23。

表 2-23 实验 8 记录 3

负载电阻 R_L	u_2	$u_o(u_{CB})$	u_o 波形
151 Ω			
51 Ω			

③ 在图 2-83 中,去掉三端稳压器 7805,换上 LM317,并参照图 2-82 完成电路连接。

④ 调节电阻 R_2,完成表 2-24。

表 2-24 实验 8 记录 4

$u_o(u_{CB})$	1.5 V	2.5 V	3.5 V
R_2			

2. 扩展内容

(1) 图 2-83 中,输入端 u_2 改接直流稳压电源 u_i,电压由 3 V 逐级升高至 10 V,用示波器 DC 模式测量 u_o,完成表 2-25。观察输入电源 u_i必须大于多少时,输出端才能得到稳定的电压,并继续观察在此之后,u_i继续增加时输出电压 u_o是否跟着增加。

表 2-25　实验 8 记录 5

u_i/V	3	4	5	6	7	8	9	10	11	12
u_o/V										

(2) 取 u_i为 12 V,用示波器 AC 模式测量输出电压,观察与 DC 模式的区别,并测量纹波电压。

(六) 思考题

(1) 理论上整流输出电压 u_o和变压器副边电压 u_2之间的关系为:半波整流,$u_o=0.45u_2$;全波整流,$u_o=0.9u_2$。实际上测量值符合此关系吗?如不符合,请说明主要原因。

(2) 当负载电流加大时,全波整流电容滤波电路输出电压会下降(见表 2-22),请分析原因。

(3) 稳压器 7805 两端 A、C 的电压差有多大?其差值电压到哪里去了?

(4) 负载电阻 R_L减小时,电路的负载是减轻还是加重?

(七) 实验报告要求

(1) 整理实验数据,对应画出各波形,提交完整的表 2-21、表 2-22、表 2-23,要求数据及波形准确。

(2) 总结桥式整流滤波电路的特点。

(3) 分析实验中出现的故障及其排除方法。

(4) 回答实验思考题。

(八) 注意事项

(1) 直流稳压电源电路实验输入电压为 220 V 的单相交流强电,实验时必须注意人身和设备安全,必须严格按照规定操作。接线、拆线时不带电,测量、调试和进行排除故障时人体绝不能触碰带强电的导体。

(2) 接线时必须十分认真、仔细、反复检查,确认组装和连接正确无误后才能通电测试。

(3) 变压器的输出端、整流电路和稳压器的输出端都绝不允许短路,以免烧坏元器件。

实验 9　TTL 与非门特性测试与分析

(一) 实验目的

(1) 掌握 TTL 与非门的基本结构以及工作原理,了解 TTL 与非门各参数的意义;

(2) 掌握 TTL 与非门主要参数的测试方法;

(3) 掌握 TTL 与非门电压传输特性的测试方法,加深对 TTL 与非门传输特性及逻辑功能的认识。

(二) 实验器材与设备

(1) 直流稳压电源。

(2) 数字信号发生器。

(3) 数字示波器。

(4) 万用表。

(5) 集成四 2 输入与非门:74LS00,1 片(外脚排列如图 2-84 所示)。

(6) 电阻:5.1 kΩ、500 Ω、1 kΩ、100 Ω 各 1 个。

(7) 电位器:1 kΩ,1 个。

(8) 面包板 1 块。

(9) 仿真开发软件 Multisim。

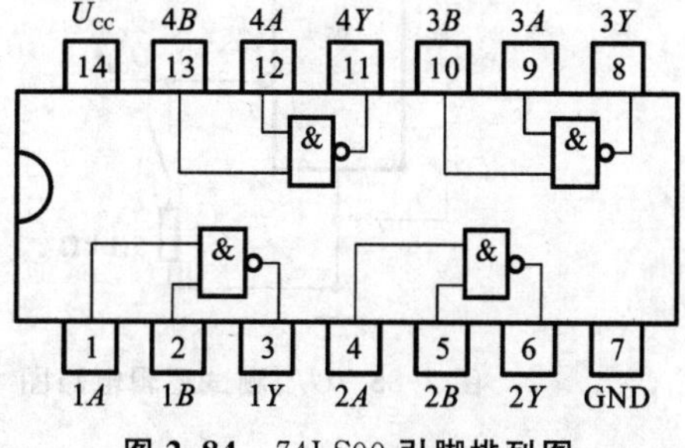

图 2-84　74LS00 引脚排列图

(三) 实验原理

TTL 与非门是数字电路中的一种基本逻辑门,它的输入、输出部分主要由晶体管组成,所以也称晶体管-晶体管逻辑电路,简称 TTL 电路。由于 TTL 与非门具有较高的工作速度、较强的抗干扰能力、较大的输出幅度和带负载能力等优点,因而得到了较为广泛的应用。

在本实验中,主要采用 74LS00 与非门进行相关测试。74LS00 是一个四 2 输入与非门,逻辑表达式为

$$F=\overline{A \cdot B}$$

其真值表如表 2-26 所示。

表 2-26　与非逻辑功能

输　入		输　出
A	B	F
0	0	1
0	1	1
1	0	1
1	1	0

1. TTL 与非门的主要参数

1) 输出高电平 U_{OH}

输出高电平是指与非门有一个或一个以上的输入端接地或接低电平时与非门的输出电平值。输出端空载时,输出高电平 U_{OH} 必须大于标准高电平($U_{SH}=2.4$ V),输出端接有拉电流负载时,输出高电平 U_{OH} 将下降。输出高电平 U_{OH} 的测试逻辑电路如图 2-85 所示。

2) 输出低电平 U_{OL}

输出低电平是指与非门的所有输入端都接高电平时与非门的输出电平值。输出端空载时,输出低电平 U_{OL} 必须低于标准低电平($U_{SL}=0.4$ V),当输出端接有灌电流负载时,输出

低电平 U_{OL} 将上升。输出低电平 U_{OL} 的测试逻辑电路如图 2-86 所示。

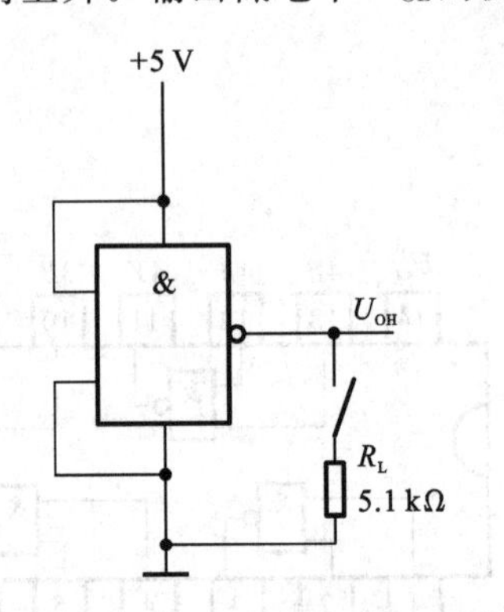

图 2-85 U_{OH} 测试逻辑电路图

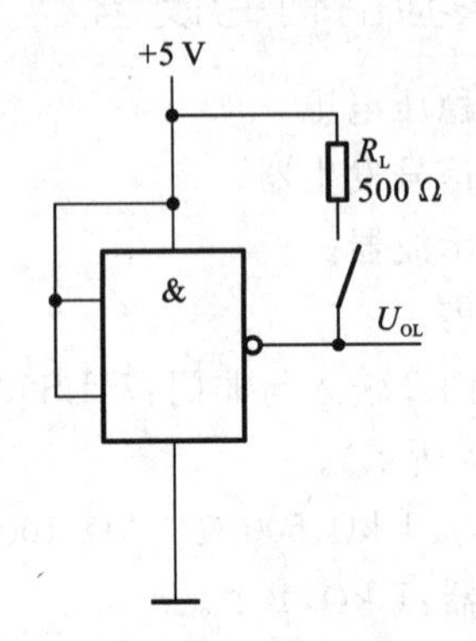

图 2-86 U_{OL} 测试逻辑电路图

3）输入短路电路 I_{IS}

输入短路电流 I_{IS} 是指被测输入端接地，其余输入端悬空时，由被测输入端流出的电流。当前级输出低电平时，后级门的 I_{IS} 就是前级的灌电流负载。I_{IS} 关系到前一级门电路能带动负载的个数。一般输入短路电流小于 1.6 mA，典型值为 1.4 mA。输入短路电路 I_{IS} 的测试逻辑电路如图 2-87 所示。

4）输入漏电流 I_{IH}

输入漏电流 I_{IH} 是指当一个输入端接高电平，其他输入端接地，流过接高电平输入端的电流。主要作用是作为前级门输出为高电平时的拉电流。当 I_{IH} 太大时，会使前级门输出高电平降低。输入漏电流 I_{IH} 的测试逻辑电路如图 2-88 所示。

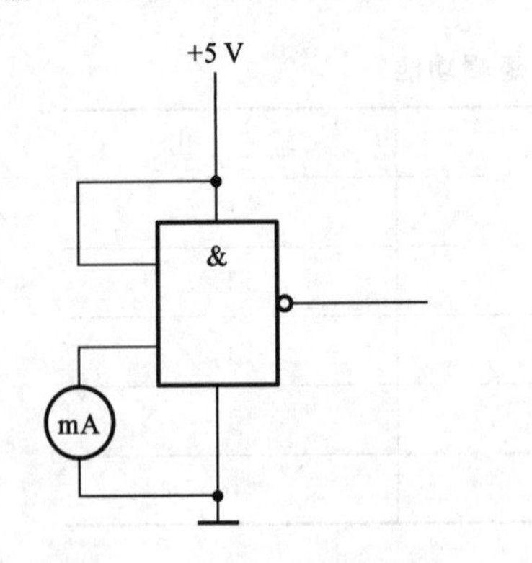

图 2-87 I_{IS} 测试逻辑电路图

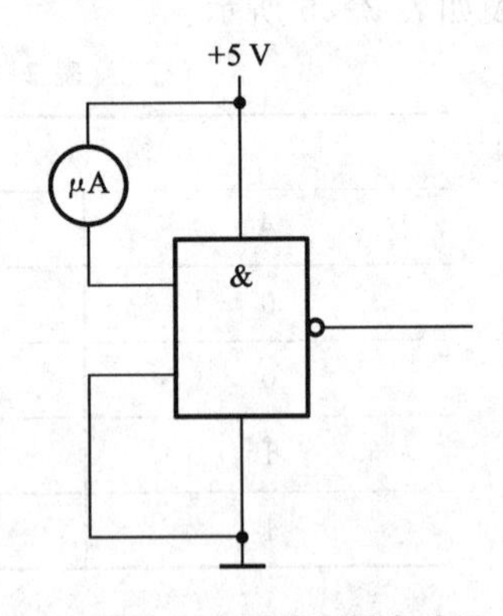

图 2-88 I_{IH} 测试逻辑电路图

5）扇出系数 N

扇出系数 N 是指输出端最多能驱动同类门电路的数目，是衡量电路带负载能力的重要指标，它反映了与非门的最大带负载能力。N 的大小主要受输出低电平时，输出端允许灌入的最大电流的限制，如灌入负载电流超出该数值，输出低电平将被抬高，造成下一级逻辑电路的错误动作。一般情况下，$N>8$ 被认为是合格。扇出系数测试逻辑电路如图 2-89 所示。

6）关门电平 U_{OFF} 和开门电平 U_{OH}

关门电平 U_{OFF} 是指保证与非门输出为高电平状态时所允许的最大输入电平（输入低电

平的最大值)。它是输出最小高电平 $U_{OH}=2.4$ V 时对应的输入电平。

开门电平 U_{OH} 是指保证与非门输出为低电平状态时所允许的最小输入电平(输入高电平的最小值)。它是输出最大低电平 $U_{OL}=0.4$ V 时所对应的输入电平。

关门电平 U_{OFF} 和开门电平 U_{OH} 表明的是正常工作情况下,输入信号变化的极限值。要使与非门处于截止状态,输出高电平,输入电平必须小于 U_{OFF};要使与非门处于导通状态,输出低电平,输入电平必须大于 U_{OH}。

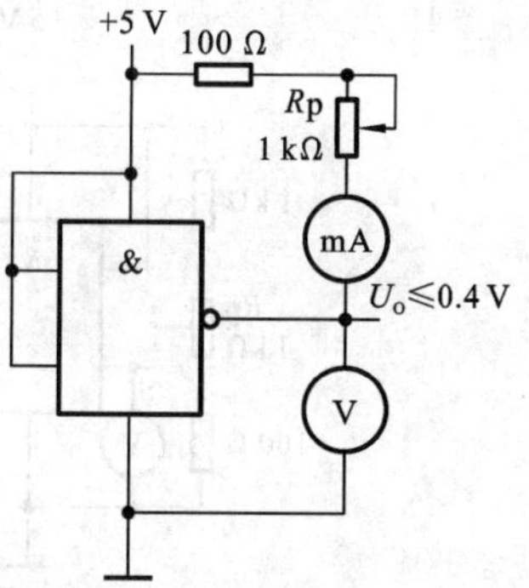

图 2-89 扇出系数 N 测试逻辑电路图

7) 阈值电压 U_T

阈值电压 U_T 是指输出电压随输入电压改变而急剧变化,转折区中点所对应的输入电压。阈值电压 U_T 是电路截止和导通的分界线,也是输出高、低电平的分界线,也称门槛电压或门限电压。

8) 噪声容限

在实际应用中由于外界干扰、电源波动等原因,输入电平可能偏离规定值。为了保证电路可靠工作,应对干扰电压的幅度有一定的限制,称为噪声容限。

低电平噪声容限 U_{NL} 是指在保证输出高电平的前提下,允许叠加在输入低电平上的最大干扰电压。低电平噪声容限 U_{NL} 满足:

$$U_{NL}=U_{OFF}-U_{SL}$$

高电平噪声容限 U_{NH} 是指在保证输出低电平的前提下,允许叠加在输入高电平上的最大干扰电压。高电平噪声容限 U_{NH} 满足:

$$U_{NH}=U_{SH}-U_{ON}$$

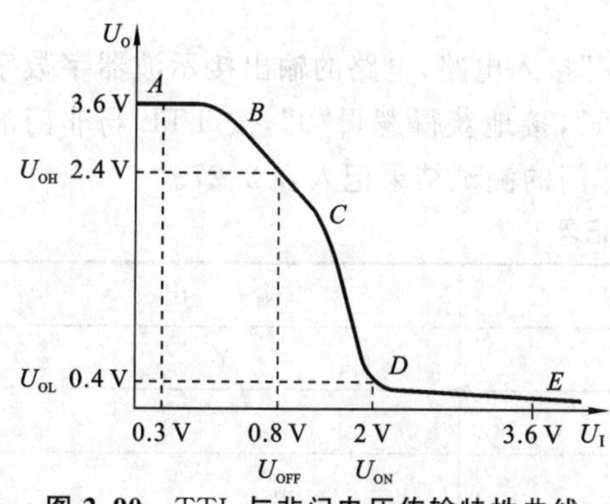

图 2-90 TTL 与非门电压传输特性曲线

2. TTL 与非门电压传输特性

TTL 与非门的电压传输特性是指 TTL 与非门的输出电压随输入电压变化的曲线。具体为输入电压从零电平逐渐升高到高电平时,输出电压的变化。通过特性曲线不仅可直接读出 TTL 与非门主要的静态参数,还可以检查和判定 TTL 与非门的好坏。图 2-90 所示的是 TTL 与非门电压传输特性曲线。TTL 与非门电压传输特性测试逻辑电路图如图 2-91 所示。

(四) 实验预习

(1) 理解并掌握 TTL 与非门的结构以及工作原理。

(2) 理解并掌握 TTL 与非门的主要参数的定义和意义。

(3) 熟悉各种相关测试电路,了解测试原理和基本方法。

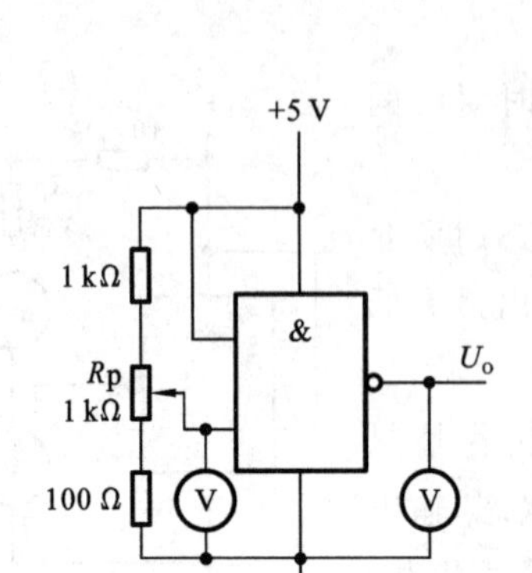

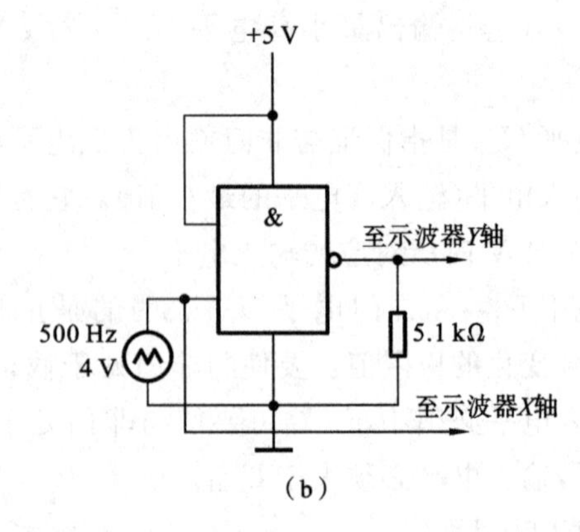

(a)　　　　　　　　(b)

图 2-91　TTL 与非门电压传输特性测试逻辑电路

(五) 实验内容

1. 电路仿真

(1) 用与非门实现 A、B 的或运算。画出逻辑电路图,用 Multisim 进行仿真,自拟表格记录实验结果。

(2) 用集成器件 74LS00N 实现非运算,输入信号 A 为 1 kHz 正方波,用虚拟示波器观察记录输入输出波形。

具体操作参考"仿真 6 门电路的仿真分析"。

2. 实际电路搭建调试

1) 基本内容

(1) TTL 与非门逻辑功能测试。

在面包板上搭建实验电路。将稳压电源"+5 V"接入电路,电路的输出接示波器字数字万用表;待测与非门的输入端接"+5 V"获得逻辑"1",接地获得逻辑"0",按 TTL 与非门的真值表验证 74LS00 的逻辑功能,并将其中一组与非门的测试结果记入表 2-27。

表 2-27　实验 9 记录 1

输　入		输　出
A	B	Y

注意:用示波器测输出电压时,应采用直流耦合方式。

(2) TTL 与非门主要静态参数测试。

① U_{OH}和 U_{OL}测试。

按图 2-85 和图 2-86 在面包板上搭建电路;将稳压电源(+5 V)接入电路,将电路的输出接示波器或数字万用表；测量开关断开（空载）和开关闭合（带负载）两种情况下的 U_{OH} 和 U_{OL}，并将数据填入表 2-28 中。

表 2-28 实验 9 记录 2

输出电平/V	空　载	带　负　载
U_{OH}		
U_{OL}		

② I_{IS} 和 I_{IH} 测试。

按图 2-87 和图 2-88 所示电路搭建电路，用万用表测量 I_{IS} 和 I_{IH}。

③ 扇出系数 N 测试。

按图 2-89 在面包板上搭建电路；将稳压电源（+5 V）接入电路，调节电位器 Rp，使输出电压 U_o＝0.4 V，通过数字万用表读出此时的最大负载电流 I_{OL}；按式 I_{OL}/I_{IS} 求出扇出系统 N。

(3) TTL 与非门电压传输特性测试。

按图 2-91(a)在面包板上搭建电路；将稳压电源（+5 V）接入电路，利用电位器 Rp 调节输入电压，按表 2-27 对输入电压的取值要求逐点测试输出电压，填入表 2-29 中；根据表 2-29实测数据绘制电压传输特性曲线，从曲线上读出 U_{OH}、U_{OL}、U_{OFF}、U_{ON}、U_T。计算低电平噪声容限 U_{NL} 和高电平噪声容限 U_{NH}。

表 2-29 实验 9 记录 3

u_i/V	u_o/V
0.3	
0.5	
1.0	
1.2	
1.3	
1.35	
1.4	
1.5	
2.0	
2.4	
2.5	
3.0	

通常对典型 TTL 与非门电路要求 $U_{OH}>3$ V（典型值为 3.5 V），$U_{OL}<0.35$ V，$U_{ON}=1.4$ V，$U_{OFF}=1.0$ V。

2) 扩展内容

按图 2-91(b)所示重新测试电压传输特性。其中输入信号为频率为 500 Hz、幅值为4 V的三角波。要求自行设计实验步骤,在示波器上观察并绘制与非门的电压传输特性。

(六) 思考题

(1) TTL 与非门不用的输入端应如何处理？为什么？

(2) 多个 TTL 与非门的输出端能否连起来用,以实现“线与”?

(3) 图 2-92 所示电路为测试 TTL 与非门逻辑功能的电路,试对应画出:

① A 接 1 kHz 的正方波,B 接+5 V 电压时的输出 F 波形。

② A 接 1 kHz 的正方波,B 接地时的输出 F 波形。

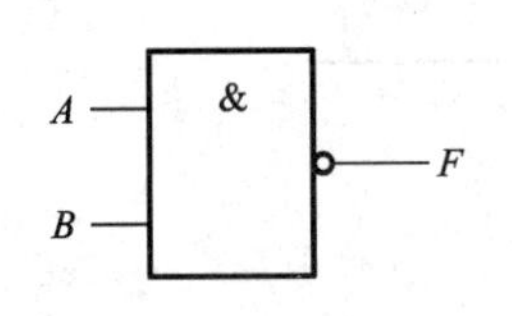

图 2-92　TTL 与非门逻辑功能测试电路

(七) 实验报告要求

(1) 完成实验预习。

(2) 整理记录所测得的实验数据。

(3) 绘制 TTL 与非门的电压传输特性曲线,标出 U_{OH}、U_{OL}、U_{OFF}、U_{ON}、U_{T},算出 U_{NH} 和 U_{NL}。

(4) 分析设计中出现的故障及其解决方法。

(5) 回答实验思考题。

(6) 对本次实验进行总结,写出体验及其收获。

(八) 注意事项

(1) TTL 与非门对电压的稳定性要求较严,只允许以 5 V 为基准有±10%的波动。电源电压超过 5.5 V,易使器件损坏;低于 4.5 V,又易导致器件的逻辑功能不正常。

(2) TTL 与非门不用的输入端允许悬空,但最好接高电平,否则易受到干扰信号干扰。

(3) TTL 与非门的输出端不允许直接接电源电压或地,也不能并联使用。

实验 10　组合逻辑电路的设计

(一) 实验目的

(1) 掌握组合逻辑电路的设计方法及标准与非门实现逻辑电路的变换技巧;

(2) 熟练使用 Multisim 进行组合电路设计,掌握虚拟仪器的使用方法,会使用虚拟示波器进行电路测试;

(3) 掌握数字集成电路的使用规则,会用面包板搭建数字电路;

(4) 熟练掌握万用表、直流稳压稳流电源、数字信号发生器、数字示波器在数字电路测试中的使用方法,掌握用电子仪器进行组合电路调试的技巧。

(二)实验器材与设备

(1) 直流稳压电源。

(2) 数字信号发生器。

(3) 数字示波器。

(4) 万用表。

(5) 面包板,1 块。

(6) 集成四 2 输入与非门 74LS00,2 个(引脚排列如图 2-93 所示)。

(7) 三 3 输入与非门 74LS10,1 个(引脚排列如图 2-94 所示)。

(8) 发光二极管,1 个。

(9) 仿真开发软件 Multisim。

(三)实验原理

组合逻辑电路是常见的逻辑电路,其特点是在任一时刻的输出信号仅取决于该时刻的输入信号,而与信号作用前电路所处的状态无关。

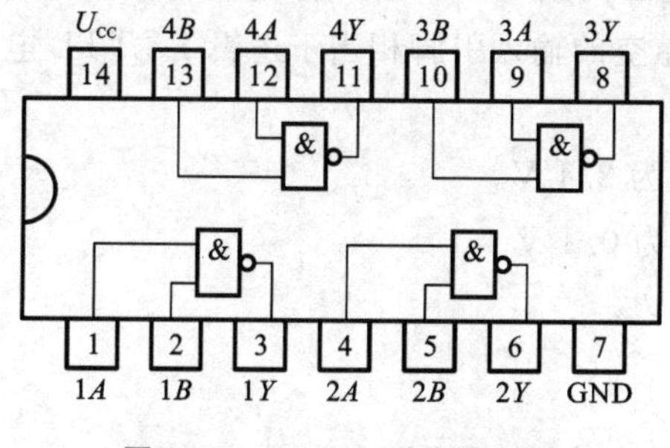

图 2-93 74LS00 引脚排列图

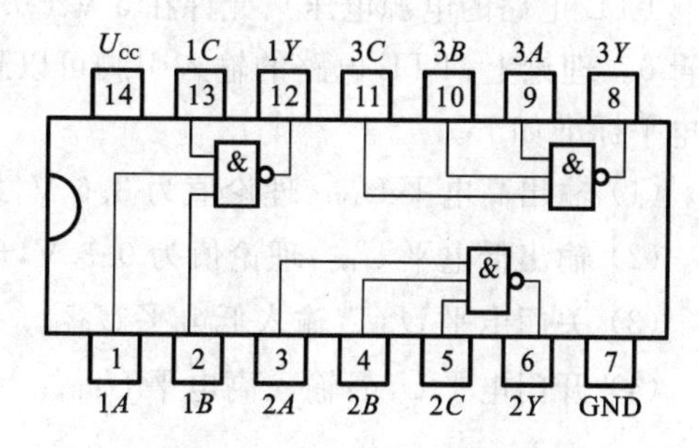

图 2-94 74LS10 引脚排列图

1. 组合逻辑电路的一般设计方法

组合逻辑电路的设计任务是根据给定的逻辑问题,设计出能实现该逻辑功能的逻辑电路,最后画出实现逻辑功能的电路图。在面包板上搭建此电路,并进行调试。其设计应遵循如下的基本步骤。

(1) 了解、分析设计要求,进行逻辑抽象。

一般逻辑问题的叙述可有两种方式,一是用逻辑函数式直接表示,二是将设计要求用文字说明。在后一种情况下,首先要通过分析,确定输入信号和输出信号,进而分析输入、输出之间的逻辑关系。题中常常不是直接将一切情况完全讲清,而仅说明一些重要条件和结果,这就要求设计者去领会,理解一切可能的情况,从而推出那些未明确规定的条件是属于一般意义,还是无关最小项。

(2) 用真值表表示设计要求。

用英文字母表示输入、输出变量,用 0、1 表示信号的有关状态,根据设计要求列出真值表。列真值表时必须注意一切可能的情况。

(3) 根据真值表写出逻辑表达式。

(4) 用卡诺图或代数法化简，求出最简的与或表达式。

(5) 变换最简与或表达式，求出所需要的最简式，并根据最简式画出逻辑电路图。

注意，这里所说的“最简”是指电路所用的器件数最少，器件的种类最少，而且器件之间的连线也最少。

2. 用与非门实现基本逻辑变换的方法

本实验采用TTL集成元器件74LS00，它包含四个独立的2输入端与非门，封装为双列直插式，每个与非门的逻辑表达式为

$$F=\overline{A \cdot B}$$

利用74LS00的两个与非门，就可以实现两个输入量的与逻辑关系：

$$F=A \cdot B=\overline{\overline{A \cdot B}}$$

利用74LS00的三个与非门，可以实现两个输入量的或逻辑关系：

$$F=A+B=\overline{\overline{A} \cdot \overline{B}}$$

3. TTL电路的主要参数

TTL电路的电源电压只允许在5 V±0.5 V范围内波动，5 V相当于逻辑1，0 V相当于逻辑0。理论上，TTL电路的输入引脚可以悬空，悬空的输入引脚相当于逻辑1。TTL电路的电平标准如下。

(1) 输出高电平U_{OH}：理论值为3.6 V，最小值为2.4 V。

(2) 输出低电平U_{OL}：理论值为0.3 V，最大值为0.4 V。

(3) 关门电平U_{OFF}：输入低电平$U_{IL(max)}=0.8$ V。

(4) 开门电平U_{ON}：输入高电平$U_{IH(min)}=2$ V。

(四) 实验预习

(1) 用2输入与非门构成反相器，画出逻辑图。

(2) 表2-30所示的为1位数值比较器的真值表，仔细阅读后完成以下要求：

表2-30 1位数值比较器真值表

A	B	$L_1(A>B)$	$L_2(A<B)$	$L_3(A=B)$
0	0	0	0	1
0	1	1	1	0
1	0	0	1	0
1	1	0	1	1

① 改正真值表中的错误。

② 1位数值比较器的逻辑表达式如下。仅用2输入与非门实现该逻辑电路，画出逻辑图。

$$L_1 = \overline{A}\overline{B} + AB$$

$$L_2 = \overline{A}B$$

$$L_3 = A\overline{B}$$

(3) 设计一个 3 输入的表决电路,要求用与非门实现。

(4) 设计一个数据选择器电路,该电路有三路不同的数字信号输入端(D_1、D_2、D_3)、两个地址选择端(A、B)、一个输出端 L。当 $A=B=0$ 时,L 恒为低电平;$A=0$、$B=1$ 时,L 输出为 D_1;$A=1$、$B=0$ 时,L 输出 D_2;$A=1$、$B=1$ 时,L 输出为 D_3。用与非门设计该电路,写出设计过程,画出逻辑图。

(五) 实验内容

1. 电路仿真

利用 74LS00 及 74LS10 设计一个三输入的表决器,要求输出电平与输入电平中多数电平一致。写出设计的全过程,画出逻辑电路图,用 Multisim 进行仿真,记录实验结果,填入表 2-31 中。

表 2-31 实验 10 记录表 1

A	B	C	Y
0	0	0	
0	0	1	
0	1	0	
0	1	1	
1	0	0	
1	0	1	
1	1	0	
1	1	1	

2. 实际电路搭建调试

1) 基本内容

用 74LS00 设计一个 1 位数值比较器,实现对两个 1 位二进制数 A 与 B 大小的比较。用 L_1、L_2、L_3 分别表示三种状态,即 $L_1(A>B)$、$L_2(A<B)$、$L_3(A=B)$。要求写出设计的全过程,画出逻辑电路图,在面包板上搭建实验电路并调试。实验结果记入表 2-32 中。

表 2-32 实验 10 记录 2

A	B	$L_1(A>B)$	$L_2(A<B)$	$L_3(A=B)$
0	0			
0	1			

续表

A	B	$L_1(A>B)$	$L_2(A<B)$	$L_3(A=B)$
1	0			
1	1			

注意：电路中用到两片 74LS00，每片 74LS00 的 VCC(14 脚)均应接电源+5 V，GND(7 脚)均应接地；将 A、B 接地，获得低电平逻辑“0”，将 A、B 接入电源+5 V，获得高电平逻辑“1”；用示波器测输出电压时，应采用直流耦合方式。

2) 扩展内容

设计一个三选一的数据选择器。以两个逻辑输入量 A、B 作为选择条件，以三个不同波形的信号(D_1 为+5 V 直流电源、D_2 为 50 Hz 正方波、D_3 为 1 kHz 正方波)作为待选数据。当输入为某种状态时，选择器则输出相应的波形信号。利用 74LS10 搭建电路并调试，用示波器观察实验结果。

要求设计实验步骤，在面包板上搭建实验电路并调试，记录实验波形，记入图 2-95 中。

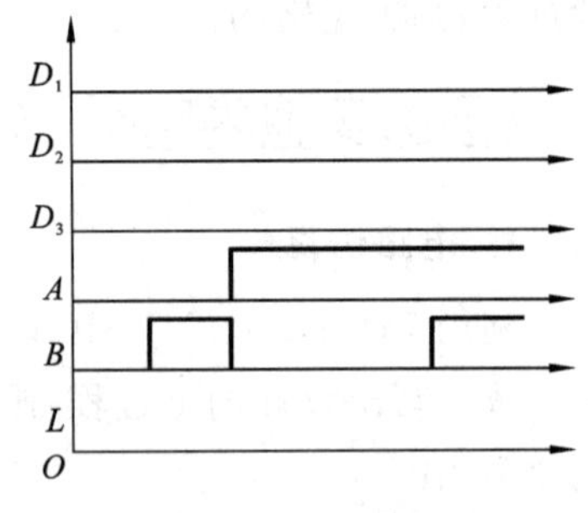

图 2-95　三选一数据选择器实验波形

(六) 思考题

(1) 用发光二极管观察实验结果时，电路输出端是否可以直接与发光二极管连接？为什么？

(2) 数据选择器实验中，如果 D_3 为与 D_2 频率相同的负脉冲，则电路该如何修改？画出逻辑图。

(3) 通过具体的设计体验后，你认为组合逻辑电路设计的关键点或关键步骤是什么？

(七) 实验报告要求

(1) 整理实验数据及波形，要求数据及波形正确。

(2) 记录实验过程中的故障现象并分析错误原因，写出解决方法。

(3) 回答思考题。

(4) 对本次实验进行总结，写出体验及其收获。

(八) 注意事项

集成电路器件的接插和布线方法应遵循以下一般规则：

(1) 在面包板上插接集成器件时，把器件的缺口端朝左方，先对准插孔的位置，然后用力将其插牢，防止集成器件管脚弯曲或折断。

(2) 布线时应注意导线不易太长，最好贴近底板并在集成器件周围走线。切忌导线跨跃集成器件的上方，以及杂乱地在空中搭成网状。

(3) 数字电路的布线应整齐美观，这样既提高了电路的可靠性，又便于检查、排除故障及更换器件。导线连接顺序是：先接固定电平的连线，如电源正极（一般用红色导线）、地线（一般用黑色导线）、门电路的多余输入端及电平固定的某些输入端，然后按照电路中的信号流向顺序对划分的子系统逐一布线、调试，最后将各子系统连接起来。

实验 11 JK 触发器及其应用设计

（一）实验目的

（1）熟悉并验证触发器的逻辑功能及相互转换；
（2）掌握集成 JK 触发器逻辑功能的测试方法；
（3）学习用 JK 触发器构成简单时序逻辑电路；
（4）熟练掌握使用 Multisim 进行时序电路设计及仿真的方法；
（5）进一步熟悉用双踪示波器测量多个波形的方法。

（二）实验器材与设备

（1）直流稳压电源。
（2）数字信号发生器。
（3）数字示波器。
（4）万用表。
（5）面包板，1 块。
（6）集成双 JK 触发器 CC4027，2 个。
（7）仿真开发软件 Multisim。

（三）实验原理

一个逻辑电路在任一时刻的稳定输出不仅与该时刻的输入信号有关，而且和过去时刻的电路状态有关，这样的逻辑电路称为时序逻辑电路。触发器是构成各种时序逻辑电路的基本单元，电路中有无触发器也是组合逻辑电路与时序逻辑电路的区分标志。触发器具有两个稳定状态，即“0”状态和“1”状态，只有在触发信号作用下，才能从原来的稳定状态转变为新的稳定状态。

1. 时序逻辑电路设计原则和步骤

时序逻辑电路的设计原则是：当选用小规模集成电路时，所用的触发器和逻辑门电路的数目应最少，而且触发器和逻辑门电路的输入端数目也应为最少，所设计出的逻辑电路应力求最简，并尽量采用同步系统。

（1）逻辑抽象。首先，分析给定的逻辑问题，确定输入变量、输出变量以及电路的状态数；然后，定义输入、输出逻辑状态的含义，并按照题意列出状态转换图或状态转换表，即把给定的逻辑问题抽象为一个时序逻辑函数来描述。

（2）状态化简。状态化简的目的在于将等价状态尽可能合并，以得出最简的状态转换图。

(3) 状态编码。时序逻辑电路的状态是用触发器状态的不同组合来表示的。因此,首先要确定触发器的数目 n。而 n 个触发器共有 2^n 种状态组合,所以为了获得 M 个状态组合,必须根据 $2^{n-1}<M\leqslant 2^n$ 来确定需要的触发器数目 n。每组触发器的状态组合都是一组二值代码,称状态编码。为便于记忆和识别,一般选用的状态编码都遵循一定的规律。

(4) 选定触发器的类型,并求出状态方程、驱动方程和输出方程。具有不同逻辑功能的触发器驱动方式不同,所以用不同类型触发器设计出的电路也不一样。因此,在设计具体电路前必须根据需要选定触发器的类型。

(5) 根据驱动方程和输出方程画出逻辑电路图。

(6) 检查设计的电路能否自启动。当电路因为某种原因(例如干扰)而进入某一无效状态时,能自动地由无效状态返回到有效状态,则电路能自启动。

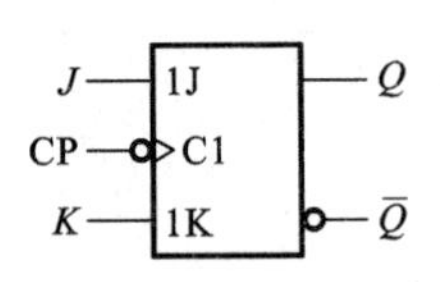

图 2-96 JK 触发器的逻辑符号

2. JK 触发器逻辑功能描述

JK 触发器的逻辑符号如图 2-96 所示,有两个互补输出信号 Q、$\overline{Q}$,一个时钟信号 CP,两个激励信号 J 和 K。CP 端若有小圆圈,表示下降沿触发;若无小圆圈,表示上升沿触发。

JK 触发器的特性方程和功能表如表 2-33 所示。

表 2-33 JK 触发器特性方程和功能表

类　　型	特性方程	功能表		
		J	K	Q^{n+1}
JK 触发器	$Q^{n+1}=J\overline{Q^n}+\overline{K}Q^n$	0	0	Q^n
		0	1	0
		1	0	1
		1	1	$\overline{Q^n}$

图 2-97 所示的是 JK 触发器的时序图。时钟脉冲 CP 和激励输入 J、K 的波形是给定的,触发器的起始状态为 0。可先标出 CP 触发沿,再标出触发沿前一个瞬间 J、K、Q(即 Q^n)的值,然后根据 JK 触发器的特性或者 JK 触发器的特性方程、特性表、状态转换图,确定触发器的状态是保持原来的状态,还是等于激励输入 J 的状态,还是翻转。遵循这种方法,从起始状态开始,便可以一步一步地画出 JK 触发器的时序图。

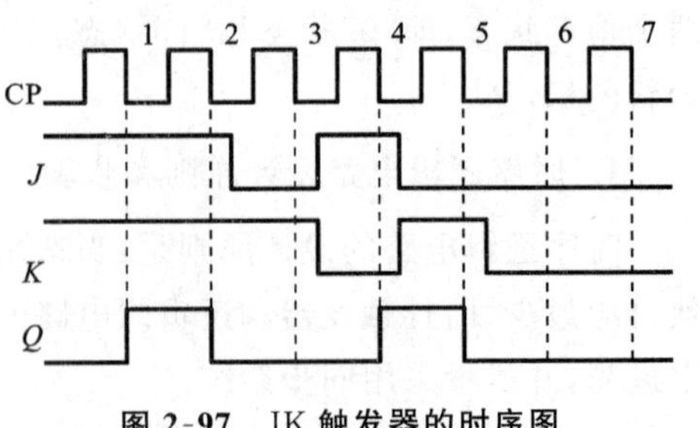

图 2-97 JK 触发器的时序图

从图 2-97 可以看出,判断触发器次态的依据是下降沿前瞬间激励输入 J 和 K 的状态。在第 1、2 个 CP 脉冲下降沿,$J=K=1$,触发器翻转;在第 3、5 个 CP 脉冲下降沿,$J=0$、$K=$

1，触发器置 0；在第 4 个 CP 脉冲下降沿，$J=1$、$K=0$，触发器置 1；在第 6、7 个 CP 脉冲下降沿，$J=K=0$，触发器保持原状态不变。

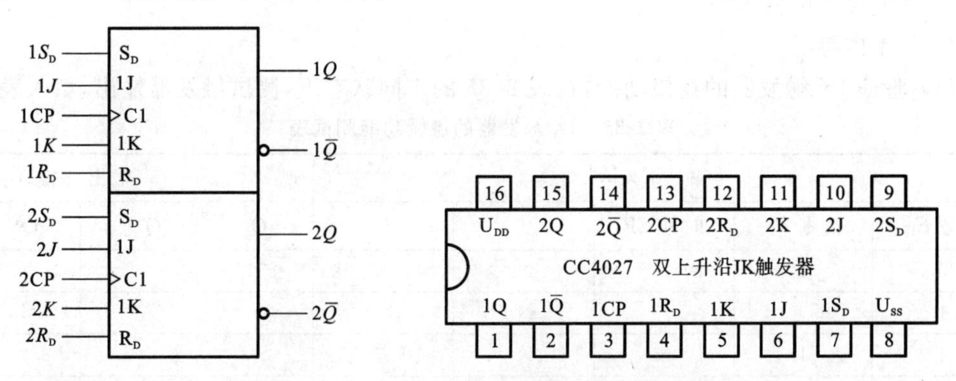

图 2-98　CC4027 的逻辑符号和引脚排列图

本实验选用 CMOS 的双 JK 触发器 CC4027，其逻辑符号和引脚排列如图 2-98 所示。其中 S_D 和 R_D 分别为异步置位端和异步复位端。从图 2-98 可见，CC4027 属于上升沿触发的触发器；两个触发器分居左右两边且从上至下各信号的排列顺序相同；电源的排列与常用的大多数集成电路的相同，正负端分布在右上角和左下角。CC4027 的逻辑功能如表 2-34 所示。

表 2-34　CC4027 功能表

输　入					输　出	
预置 S_D	清零 R_D	时钟 CP	J	K	Q^{n+1}	$\overline{Q^{n+1}}$
0	1	×	×	×	0	1
1	0	×	×	×	1	0
1	1	×	×	×	1	1
0	0	↓	×	×	Q^n	$\overline{Q^n}$
0	0	↑	0	0	Q^n	$\overline{Q^n}$
0	0	↑	0	1	0	1
0	0	↑	1	0	1	0
0	0	↑	1	1	$\overline{Q^n}$	Q^n

（四）实验预习

（1）预习 JK 触发器及 D 触发器的逻辑功能。

（2）用 JK 触发器设计二分频、四分频、三分频电路，画出逻辑图。

（五）实验内容

1. 电路仿真

用集成 JK 触发器设计四分频电路，输入信号为 1 kHz 正方波，观察记录输入输出波形、频率。具体操作参考“仿真 7 时序逻辑电路的仿真分析”。

2. 实际电路搭建调试

1）基本内容

(1) 验证 JK 触发器的逻辑功能，在表 2-35 的不同状态下，测试触发器输出，填入表中。

表 2-35　JK 触发器的逻辑功能测试表

输入					现态	输出(次态)	
预置 S_D	清零 R_D	时钟 CP	J	K	Q^n	Q^{n+1}	$\overline{Q^{n+1}}$
0	1	×	×	×	×		
1	0	×	×	×	×		
1	1	×	×	×	×		
0	0	↑	0	0	0		
0	0	↑	0	1	0		
0	0	↑	1	0	0		
0	0	↑	0	0	1		
0	0	↑	1	1	1		
0	0	↑	1	1	0		
0	0	↑	1	0	1		
0	0	↑	0	1	1		

(2) 设计二分频电路和四分频电路：第一个 JK 触发器的 J、K 端连接在一起接高电平(+5 V)，第二个 JK 触发器的 J、K 端连接在一起接到第一个 JK 触发器的输出端 Q，两个触发器的 CP 端连接在一起并接入 1 kHz 方波。画出实验电路图，并完成组装、调试。

测绘 CP、1Q、2Q 的电压波形，标出幅值和周期，理解二分频、四分频的概念。

2）扩展内容

设计一个同步三分频电路，其输出波形如图 2-99 所示。要求写出设计过程，画出逻辑电路图。

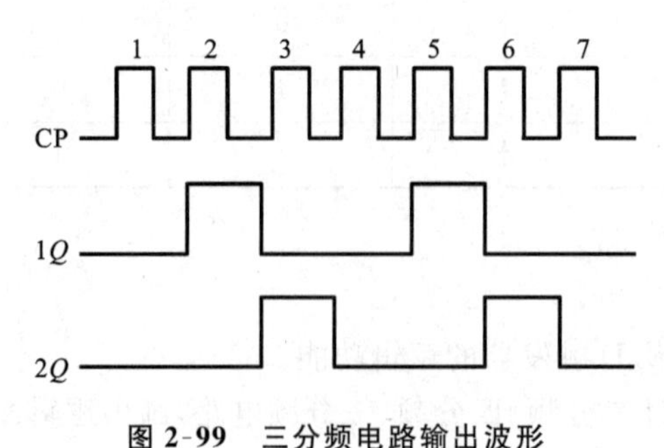

图 2-99　三分频电路输出波形

(六) 思考题

(1) 如何将 JK 触发器转换成 T 触发器和 D 触发器？

(2) D 触发器和 JK 触发器的逻辑功能和触发方式有何不同?
(3) 在本实验中,能用负方波代替时钟脉冲吗?为什么?

(七) 实验报告要求

(1) 整理实验数据及波形,要求数据及波形正确。
(2) 记录实验过程中的故障现象并分析发生故障的原因,写出解决方法。
(3) 回答思考题。
(4) 对本次实验进行总结,写出体验及其收获。

(八) 注意事项

(1) U_{DD}接电源正极,U_{SS}接电源负极(通常接地),电源绝对不允许反接。CC4000 系列的电源电压允许在+3~+18 V 范围内选择。实验一般要求为+5 V 电源。
(2) 所有输入端一律不准悬空。输入端悬空不仅会造成逻辑混乱,且会导致器件损坏。不使用的输入端应按照逻辑要求直接接 U_{DD}或 U_{SS}。
(3) 输出端不允许直接与 U_{DD}或 U_{SS}连接,否则会导致器件损坏。
(4) 用示波器观察多个波形时,注意选用频率最低的电压作触发电压。

实验 12 集成计数器、译码及显示电路设计

(一) 实验目的

(1) 掌握集成计数器的功能和使用方法;
(2) 学习用反馈清零法和预置数法构成 *N* 进制计数器的方法;
(3) 学习 BCD 译码器和共阴极七段显示器的使用方法;
(4) 熟练使用 Multisim 进行数字电路设计,掌握虚拟仪器的使用方法;
(5) 学习集成数字电路的组装和测试方法。

(二) 实验器材与设备

(1) 直流稳压电源。
(2) 数字信号发生器。
(3) 数字示波器。
(4) 万用表。
(5) 面包板,1 块。
(6) 集成计数器 74LS161,2 个(芯片引脚排列如图 2-100 所示)。
(7) 集成译码器 CC4511,2 个(芯片引脚排列如图 2-101 所示)。
(8) 共阴极七段显示器,2 个(芯片引脚排列如图 2-102 所示)。
(9) 集成四 2 输入与非门 74LS00,2 个。
(10) 仿真开发软件 Multisim。

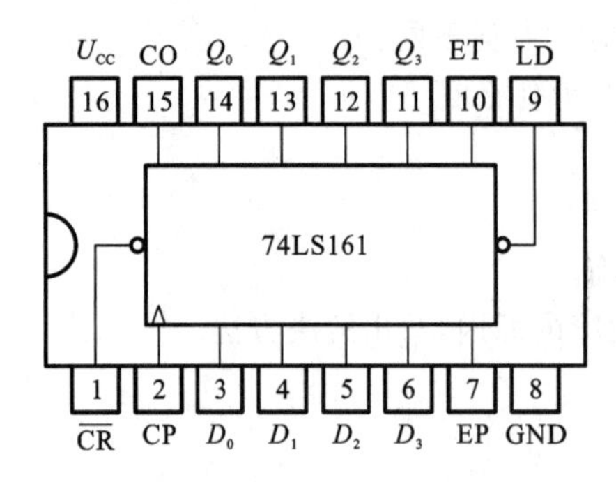

图 2-100　74LS161 引脚排列图

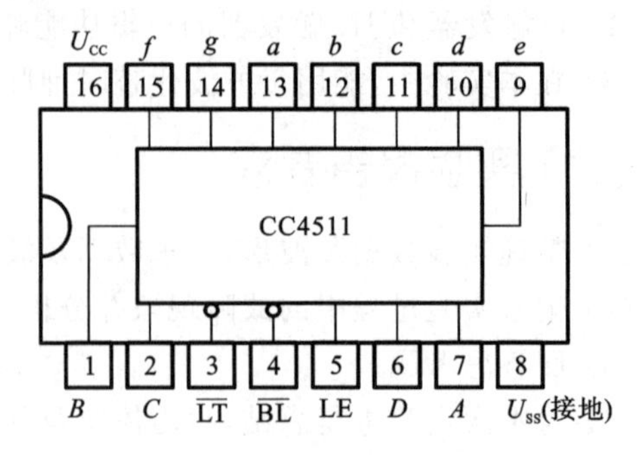

图 2-101　CC4511 引脚排列图

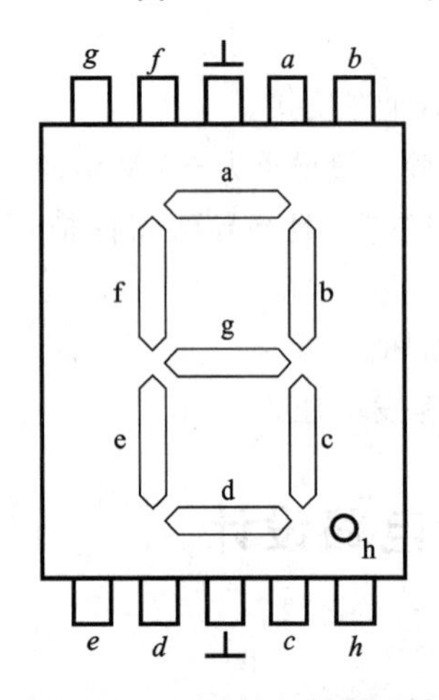

图 2-102　共阴极七段显示器引脚排列图

(三) 实验原理

1. 计数器

计数器是数字系统中必不可少的组成部分,它不仅用来计输入脉冲的个数,还大量用于分频、程序控制及逻辑控制等。

计数器按照计数脉冲输入方式不同,可分为同步计数器和异步计数器两大类。同步计数器内所有触发器都共用一个输入时钟脉冲信号源,在同一时刻翻转。其计数速度快、工作频率高,译码时不会产生尖峰信号。而异步计数器中的计数脉冲是逐级传送的,高位触发器的翻转必须等低一位触发器翻转后才发生。其计数速度慢,在译码时输出端会出现不应有的尖峰信号,但其内部结构简单,连线少,成本低,因此,在一般低速场合中应用。

常用集成计数器均有典型产品,不必自己设计,只需合理选用即可。下面介绍几种常用的集成计数器。

1) 集成 4 位二进制同步计数器(74LS161)

集成 4 位二进制同步加法计数器 74LS161 的功能表如表 2-36 所示。它具有异步清零、同步置数、计数及保持四种功能。

表 2-36　74LS161 功能表

CP	$\overline{R}_D$	$\overline{LD}$	EP	ET	操　　作
×	0	×	×	×	清零
↑	1	0	×	×	置数
↑	1	1	1	1	计数
×	1	1	0	×	保持
×	1	1	×	0	保持

异步清零是指不需要时钟脉冲作用,只要该使能端具有有效电平,就可直接完成清零任务。而同步置数是指除了该使能端具有有效电平外,还必须有时钟脉冲的作用,对应功

能才可实现。当使能端 ET＝EP＝1 时，计数器计数。当使能端 ET＝0 或 EP＝0 时，计数器禁止计数，为保持状态。另外 74LS161 在加计数到 15 时，进位输出 RCO＝1，平时 RCO＝0。

74LS161 的时序图如图 2-103 所示。

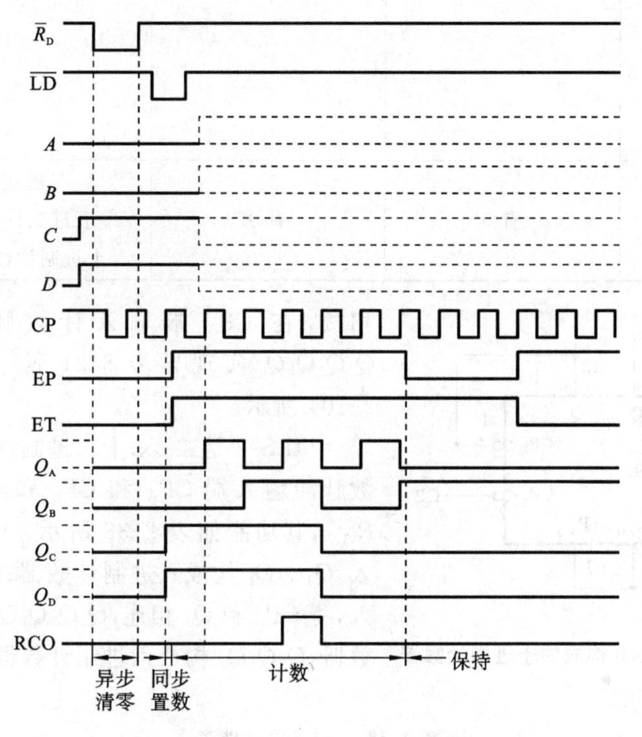

图 2-103　74LS161 的时序图

由时序图可以观察到 74LS161 的功能和各控制信号间的时序关系。首先加入清零信号 $\bar{R}_D=0$，使各触发器的状态为 0，即计数器清零。$\bar{R}_D$ 变为 1 后，加入置数控制信号 $\overline{LD}=0$，该信号需维持到下一个时钟脉冲的正跳变到来后。在这个置数信号和时钟脉冲上升沿的共同作用下，各触发器的输出状态与预置的输入数据相同（图中为 $DCBA=1100$），置数操作完成。接着是 EP＝ET＝1，在此期间 74LS161 处于计数状态。这里是从预置的 $DCBA=1100$ 开始计数，直到 EP＝0，ET＝1，计数状态结束，转为保持状态，计数器输出保持 EP 负跳变前的状态不变，图中为 $DCBA=0010$，RCO＝0。

2）异步计数器（74LS90/92）

74LS90 是二-五-十进制计数器，它有两个计数脉冲输入端 CP_A 和 CP_B，两个清零端 $R_{0(1)}$、$R_{0(2)}$，两个置 9 端 $R_{9(1)}$、$R_{9(2)}$，其功能如表 2-37 所示。

当清零端 $R_{0(1)}$、$R_{0(2)}$ 都为 1 而置 9 端 $R_{9(1)}$、$R_{9(2)}$ 至少有一个为 0 时，计数器被置为 0；当置 9 端 $R_{9(1)}$、$R_{9(2)}$ 都为 1 时，计数器被置为 9。清零和置 9 不受 CP 控制，因而是异步清零和异步置 9。既不清零也不置 9，即在 $R_{9(1)}\cdot R_{9(2)}=0$ 和 $R_{0(1)}\cdot R_{0(2)}=0$ 同时满足的前提下，可在计数脉冲下降沿作用下实现加计数。若在 CP_A 端输入计数脉冲 CP，则输出 Q_0 实现二进制计数；若在 CP_B 端输入脉冲 CP，则输出 $Q_3Q_2Q_1$ 实现异步五进制计数；若将 CP_B 端与 Q_0

表 2-37　74LS90 功能表

时钟		清零输入		置 9 输入		输出			
CP_A	CP_B	$R_{0(1)}$	$R_{0(2)}$	$R_{9(1)}$	$R_{9(2)}$	Q_3	Q_2	Q_1	Q_0
×	×	1	1	0	×	0	0	0	0
×	×	1	1	×	0	0	0	0	0
×	×	0	×	1	1	1	0	0	1
×	×	×	0	1	1	1	0	0	1
CP↓	0	有 0		有 0		二进制计数，Q_0 输出			
0	CP↓					五进制计数，$Q_3Q_2Q_1$ 输出			
CP↓	Q_0↓					十进制计数，$Q_3Q_2Q_1Q_0$ 输出			

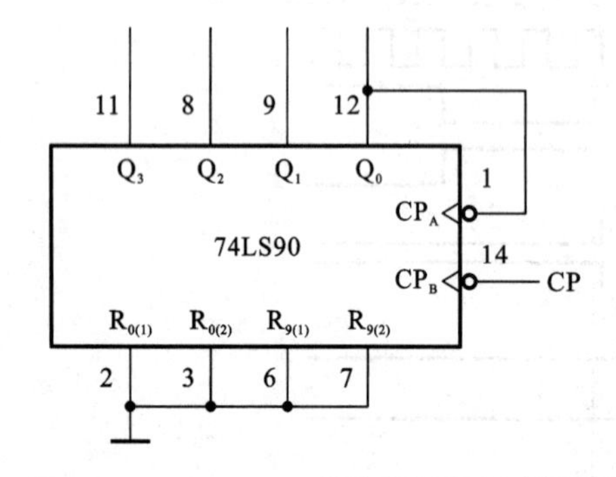

图 2-104　用 74LS90 构成的十进制计数器

相接，在 CP_A 端输入计数脉冲 CP，则输出 $Q_3Q_2Q_1Q_0$ 实现异步 8421 码十进制计数，如图 2-104 所示。

74LS92 是二-六-十二进制计数器，它有两个计数脉冲输入端 CP_A 和 CP_B 和两个清零端 $R_{0(1)}$、$R_{0(2)}$，其功能如表 2-38 所示。CP 脉冲由 CP_B 输入，$Q_3Q_2Q_1$ 构成六进制计数器；CP 脉冲由 CP_A 输入，将 CP_B 和 Q_0 相连，$Q_3Q_2Q_1Q_0$ 构成十二进制计数器，$Q_2Q_1Q_0$ 构成六进制计数器。74LS92 的计数时序如表 2-39 所示。

表 2-38　74LS92 功能表

$R_{0(1)}$	$R_{0(2)}$	Q_3	Q_2	Q_1	Q_0
1	1	0	0	0	0
0	×	计 数			
×	0				

表 2-39　74LS92 计数时序

CP	Q_3	Q_2	Q_1	Q_0
0	0	0	0	0
1	0	0	0	1
2	0	0	1	0
3	0	0	1	1
4	0	1	0	0
5	0	1	0	1
6	1	0	0	0

续表

CP	Q_3	Q_2	Q_1	Q_0
7	1	0	0	1
8	1	0	1	0
9	1	0	1	1
10	1	1	0	0
11	1	1	0	1

3）加/减同步计数器(74LS190/191)

74LS190 和 74LS191 是单时钟 4 位加/减同步可逆计数器，其中 74LS190 为 8421BCD 码十进制计数器，74LS191 是二进制计数器，两者的引脚排列图和引脚功能完全一样，其功能如表 2-40 所示。74LS190 一般用于构成 BCD 码十进制计数器，而 74LS191 通过编程可构成任意进制计数器。

表 2-40　74LS190/191 功能表

CP	$\overline{CT}$	$\overline{LD}$	$\overline{U}/D$	操　作
×	0	0	0	置数
↑	0	1	0	加计数
↑	0	1	1	减计数
×	1	×	×	保持

2. 构成任意进制计数器的方法

1）反馈清零法

反馈清零法适用于有清零输入端的集成计数器。在计数过程中，将某个中间状态 N_1 反馈到清除端，舍掉计数序列的后几个状态，使计数器返回到零重新开始计数。这样可将模较大的计数器作为模较小(模为 N)的计数器使用。若是异步清零，则 $N=N_1$，有毛刺；若是同步清零，则 $N=N_1+1$，且无毛刺。

2）反馈置数法

反馈置数法适用于具有预置数功能的集成计数器。反馈置数法可分为如下三种。

① 方法一：将数据输入端全部接地(所置数为零)，然后将某个中间状态 N_1 反馈到置数端，当计数到 N_1 时，置数端为有效电平，将预先预置的数(零)送到输出端，即计数器全部回零(若为同步置数，则计数器的模 $N=N_1+1$；若为异步置数，则 $N=N_1$)。

② 方法二：将模为 N_1 的计数器的进位信号反馈到置数端，并将数据输入端置成最小数 N_2。若为同步置数，则 $N=N_1-N_2$；若为异步置数，则 $N=N_1-N_2-1$。

③ 方法三：将数据输入端置成最小数 N_2，再将计数过程的某一中间状态 N_1 反馈到置数端。计数计到 N_1 后再从 N_2 开始重新计数。如为同步置数，构成计数序列为 N_2 到 N_1、模 $N=N_1-N_2+1$ 的计数器；如为异步置数，则构成计数序列为 N_2 到 N_1-1、模 $N=N_1-N_2$ 的计数器。

3）级联

当一级计数器的模 N 小于所要求的模 M 时，或当集成计数器的计数状态不符合代码要求时，就需要用两级或多级集成计数器级联实现。用两种方式构成的 8421BCD 码六十进制计数器级联如图 2-105 所示。

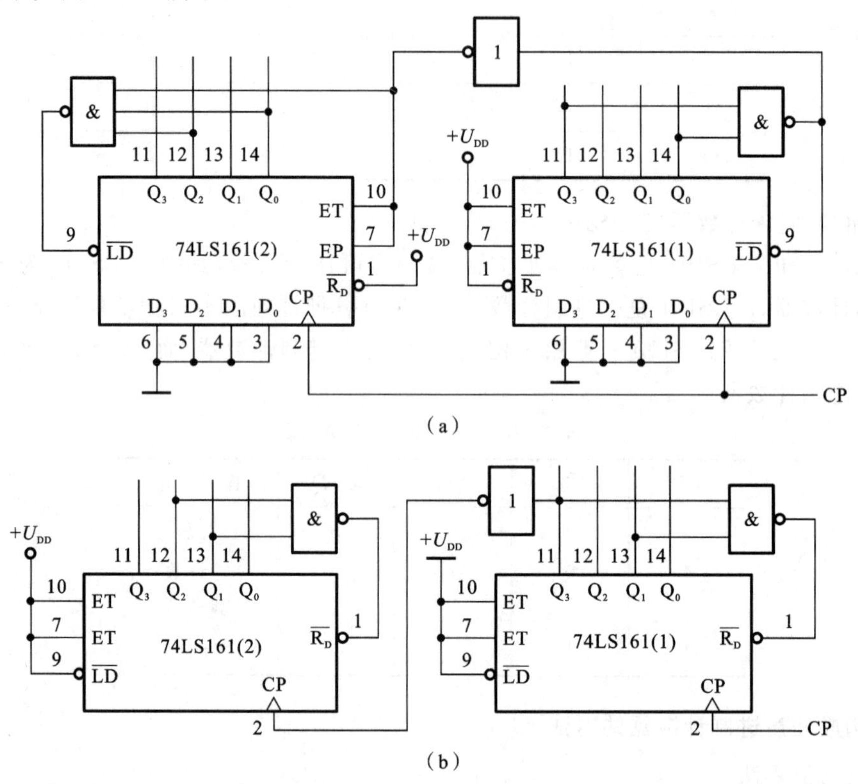

图 2-105　8421BCD 码六十进制计数器

3. 显示译码/驱动器

在数字系统中，常用数码显示器来显示系统的运行状态及工作数据，目前常用的数码显示器有发光二极管(LED)显示器、液晶显示器(LCD)等。由于这些数码显示器的材料、电路结构及性能参数相差很大，因此在选用数码显示驱动器时一定要注意，不同品种的显示器应配用相应的显示译码驱动器。

1）数码显示器

本实验选用共阴极的七段发光二极管数码显示器 BS201/202，发光二极管的阴极都连到一起接地，与其配套的译码器输出高电平为有效，它可直接显示出译码器输出的十进制数。共阴极七段发光二极管显示器的外形、等效电路及数字符号显示分别如图 2-106(a)、(b)、(c)所示。

2）译码器

这里所说的译码器是指将二进制数译成十进制数的器件。实验选用的 4511 是 4-7 段锁存译码器/驱动器，它是输出高电平有效的 CMOS 显示译码器，其输入为 8421BCD 码。4511 的逻辑功能如表 2-41 所示。

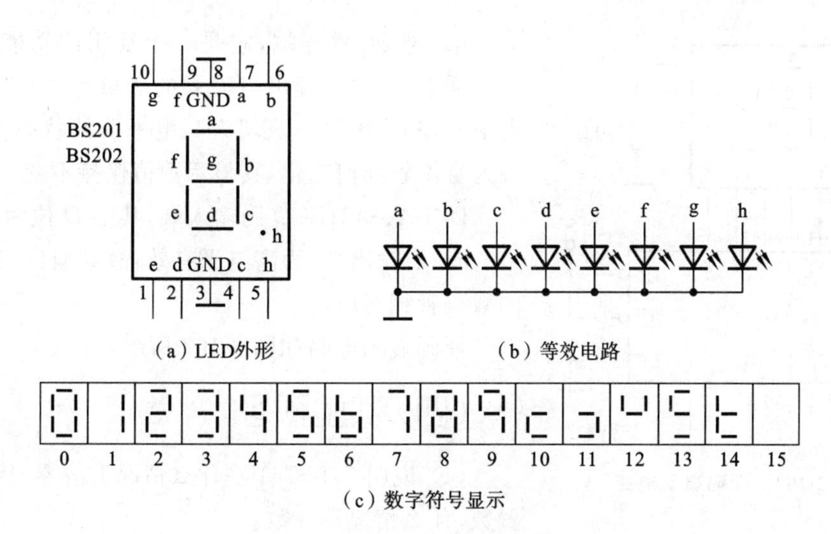

（a）LED外形　　（b）等效电路

（c）数字符号显示

图 2-106　共阴极发光二极管显示器

表 2-41　4511 功能表

输入							译码输出							
使能输入			变量输入											
$\overline{LT}$	$\overline{BL}$	LE	D	C	B	A	a	b	c	d	e	f	g	显示
1	1	0	0	0	0	0	1	1	1	1	1	1	0	0
1	1	0	0	0	0	1	0	1	1	0	0	0	0	1
1	1	0	0	0	1	0	1	1	0	1	1	0	1	2
1	1	0	0	0	1	1	1	1	0	0	1	1	1	3
1	1	0	0	1	0	0	0	1	1	0	0	1	1	4
1	1	0	0	1	0	1	1	0	1	1	0	1	1	5
1	1	0	0	1	1	0	0	0	1	1	1	1	1	6
1	1	0	0	1	1	1	1	1	0	0	0	0	1	7
1	1	0	1	0	0	0	1	1	1	1	1	1	1	8
1	1	0	1	0	0	1	1	1	1	0	0	1	1	9
0	×	×	×	×	×	×	1	1	1	1	1	1	1	
1	0	×	×	×	×	×	1	1	1	1	1	1	0	
1	1	1	×	×	×	×	※	※	※	※	※	※	※	※

注　※表示状态锁定在 LE=0 时，D～A 的状态。

$\overline{LT}$：试灯端，低电平有效，当其为低电平时，所有笔画全部亮，如不亮，则表示该笔画有问题。

$\overline{BL}$：灭灯端，低电平有效，当其为低电平时，不管输入的数据状态如何，其输出全为低电平，即所有笔画熄灭。

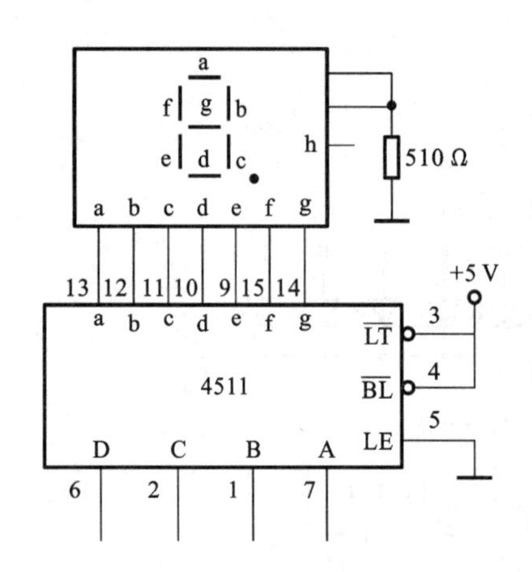

图 2-107　译码显示电路

LE:选通/锁存端,它是一个复用的功能端。当输入为低电平时,其输出与输入的变量有关;当输入为高电平时,其输出仅与该端为高电平前的状态有关,并且输入端不管如何变化,其显示数值保持不变。

DCBA:8421BCD 码输入端,其中 D 位为最高位。

a~g:输出端,为高电平有效,故其输出应与其阴极的数码管相对应。

译码显示电路如图 2-107 所示。

(四) 实验预习

(1) 说明 74LS161 在什么情况下清零、什么情况下置数、什么情况下计数。

(2) 分别利用清零法和置数法,用 74LS161 设计十进制计数器。画出逻辑电路图。

(3) 用 4511 和共阴极七段显示器构成的译码显示电路如图 2-107 所示。回答以下问题:

① 若要检测数码管是否全亮,4511 的控制端该如何接?

② 如果让数码管熄灭,4511 的控制端该如何接?

③ 如果显示 3,则 4511 的译码输入端及控制端又该如何接?

(五) 实验内容

1. 电路仿真

(1) 按图 2-108 所示在 Multisim 窗口中建立该电路,启动仿真,观测现象及输出波形,分析电路功能。

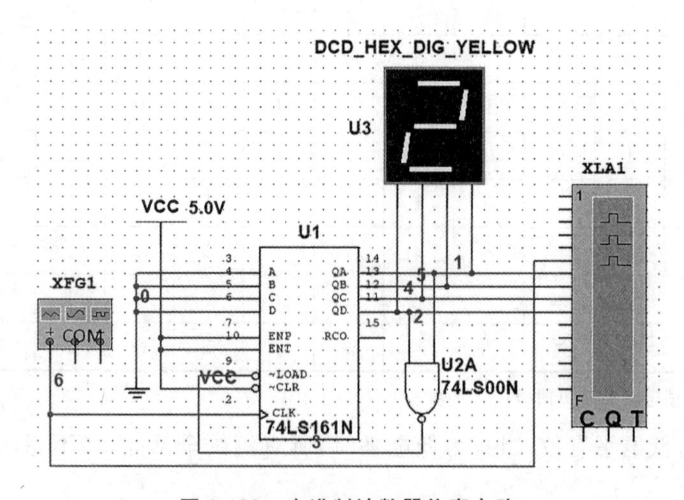

图 2-108　十进制计数器仿真电路

图 2-108 中,XLA1 为逻辑分析仪,将函数发生的频率设置为 1 kHz,双击打开逻辑分析

仪,即可看到输出波形,如图 2-109 所示。

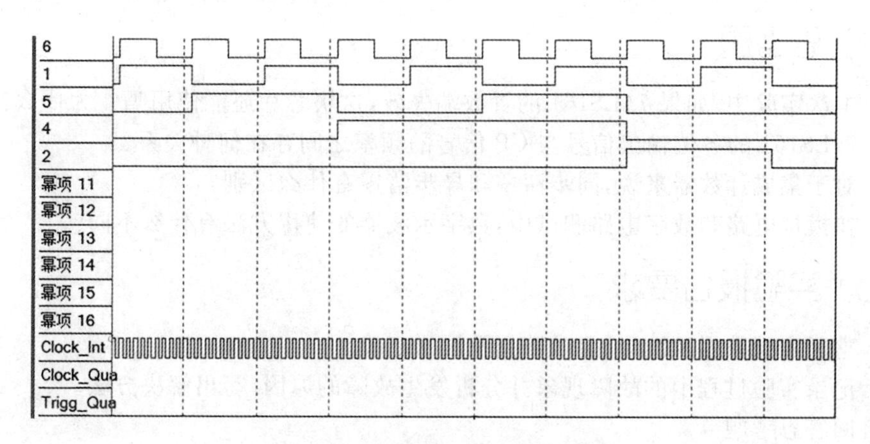

图 2-109　十进制计数器输出波形

(2) 将图 2-108 所示电路改为用异步清零方式实现,用 Multisim 仿真,将输出波形与图 2-109 所示波形进行比对,分析用同步置数和异步清零设计任意进制计数器的异同。

2. 实际电路搭建调试

1) 基本内容

(1) 用 74LS161 的置数方式搭建十进制计数器。时钟脉冲选用 1 kHz 正方波,测绘十进制计数器的输出波形及 CP 的波形,比较它们的时序关系。

实验步骤如下:

① 在面包板上搭建十进制计数器电路。

② 将稳压电源(+5 V)接入电路。同时,将 74LS161 芯片的使能端 ET、EP 及清零端 $\overline{R}_D$ 接+5 V,置数输入端 DCBA 接地。

③ 从信号发生器的 TTL 端输出 1 kHz 正方波,接入计数器电路的 CP 端。

④ 将示波器两个通道线的红色鳄鱼夹分别接 CP 和 Q_3,黑色鳄鱼夹接地(尽量采用一点接地),并将示波器调整为直流耦合方式,同时选用频率低的信号为触发源,调整至波形稳定,观察并记录此时的 CP 和 Q_3 波形。

⑤ 改变示波器输入端,分别观察并记录 Q_2、Q_1、Q_0 的波形。

(2) 将用 74LS161 组装的十进制计数器接入译码显示电路。时钟脉冲选择 1 Hz 正方波。观察电路的计数、译码、显示过程。

实验步骤如下:

① 搭建译码显示电路。4511 的试灯端 LT、灭灯端 BL 接+5 V,锁存端 LE 接地;数码显示器的 3 脚、8 脚并联接 100 Ω 接地;将 4511 的输出端 a~g 与数码显示器的 a~g 依次相连。

② 接电源及控制信号。

③ 将计数器 74LS161 的四个输出端 $Q_3Q_2Q_1Q_0$ 依次与 4511 的 DCBA 相连。

④ 将信号发生器输出的方波频率调整为 1 Hz,接入 CP。

⑤ 观察七段显示器,体会计数、译码、显示过程。

2) 扩展内容

采用并行进位方式,设计并组装六十进制计数器。时钟脉冲选择 1 Hz 正方波。要求设计实验步骤,在面包板上搭建实验电路并调试,观察电路的计数、译码、显示过程。

(六) 思考题

(1) 本次实验中,如果74LS161的置数端失效,这块芯片还能使用吗?为什么?
(2) 74LS161的各位输出信号与CP信号的频率之间存在何种关系?
(3) 对于集成计数器来说,同步清零和异步清零有什么区别?
(4) 在模拟电路和数字电路测试中,数字示波器的使用方法有什么不同?

(七) 实验报告要求

(1) 整理实验数据及波形,要求数据及波形正确。
(2) 记录实验过程中的故障现象并分析发生故障的原因,写出解决方法。
(3) 回答思考题。
(4) 对本次实验进行总结,写出体验及其收获。

(八) 注意事项

(1) 器件CC4511为CMOS集成电路,因此,闲置的输入端不能悬空。
(2) 用示波器观察多个波形时,注意选用频率最低的电压作触发电压。
(3) 计数器电路的测试方法。

计数器电路的静态测试主要是测试电路复位、置位功能。动态测试是指在时钟脉冲作用下测试计数器各输出状态是否满足计数功能表的要求,可用示波器观测各输出端的波形,并记录这些波形与时钟脉冲之间的波形关系。

(4) 译码器显示电路的测试方法。

首先测试数码管各段工作是否正常,如共阴极发光二极管显示器,可以将阴极接地。其次将各段通过1 kΩ电阻接电源正极U_{DD},各段应该亮。再次将译码器的数据输入端依次输入0001～1001,则显示器对应显示出数字1～9。

译码器显示电路的常见故障如下:

① 数码显示器上某个字总是亮而不灭。这可能是译码器的输出幅度不正常或译码器的工作不正常。

② 数码显示器上某个字总是不亮。这可能是数码管或译码器的连线不正确或接触不良。

③ 数码管字符显示模糊,而且不随输入信号变化。这可能是译码器的电源电压不正常、连线不正确或接触不良。

④ 数码管某段总是不亮。这可能是数码管本身有问题,需更换新的。

实验13　集成加法器、译码器、数据选择器应用设计

(一) 实验目的

(1) 了解加法器、译码器等中规模集成组合逻辑电路的性能及使用方法;
(2) 能够灵活应用集成加法器和译码器等集成组合逻辑电路实现符合要求的应用

电路；

（3）掌握代码转换电路、函数产生器等电路的一般设计方法。

（4）熟练使用 Multisim 进行数字电路设计，掌握虚拟仪器的使用方法；

（5）熟练掌握数字电路的组装以及采用电子仪器进行电路调试的方法。

（二）实验器材与设备

（1）直流稳压电源。

（2）数字信号发生器。

（3）数字示波器。

（4）万用表。

（5）集成 4 位二进制并行加法器 74LS283，1 个（外引线排列图如图 2-110 所示）。

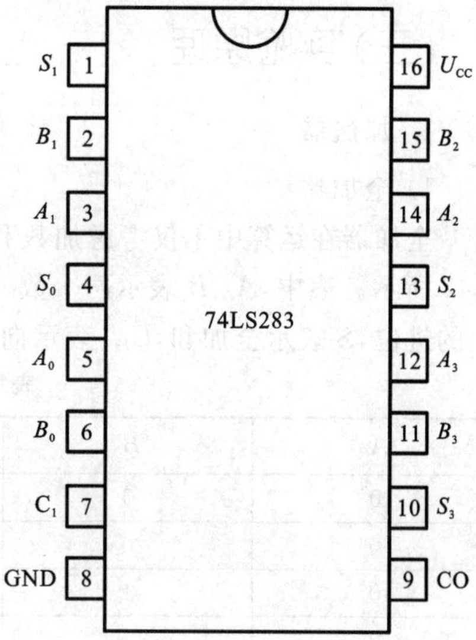

图 2-110 74LS283 外引线排列图

（6）集成二进制译码器 74LS138，1 个（外引线排列图如图 2-111 所示）。

（7）集成八选一数据选择器 74LS151，1 个（外引线排列图如图 2-112 所示）。

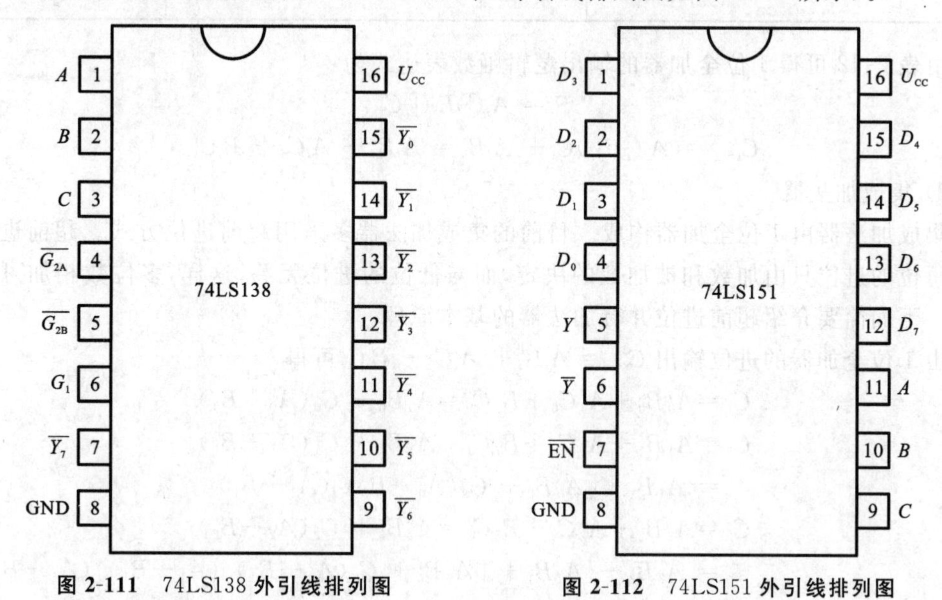

图 2-111 74LS138 外引线排列图　　图 2-112 74LS151 外引线排列图

（8）集成显示译码器 CC4511，1 个。

（9）共阴极七段显示器，1 个。

（10）集成四 2 输入与非门 74LS00，2 个。

（11）集成三 3 输入与非门 74LS10，3 个。

（12）仿真开发软件 Multisim。

(三) 实验原理

1. 加法器

1) 全加器

全加器在运算中不仅考虑加数和被加数,而且要考虑低位进位。全加器的真值表如表2-42所示。表中,A_i、B_i表示两个数A和B的第i位,C_i表示数A和B的第$i-1$位相加产生的进位,S_i表示全加和,C_{i+1}表示向$i+1$位的进位。

表 2-42 1位全加器真值表

A_i	B_i	C_i	S_i	C_{i+1}
0	0	0	0	0
0	0	1	1	0
0	1	0	1	0
0	1	1	0	1
1	0	0	1	0
1	0	1	0	1
1	1	0	0	1
1	1	1	1	1

由表2-42可得1位全加器的输出逻辑函数表达式为

$$S_i = A_i \oplus B_i \oplus C_i$$

$$C_{i+1} = (A_i \oplus B_i)C_i + A_iB_i = A_iB_i + A_iC_i + B_iC_i$$

2) 集成加法器

集成加法器由1位全加器构成。目前的集成加法器多采用超前进位方式。超前进位加法器每位的进位只由加数和被加数的决定,而与低位的进位无关,这样,多位数相加可同时进行。下面简要介绍超前进位并行加法器的基本原理。

由1位全加器的进位输出$C_{i+1}=A_iB_i+A_iC_i+B_iC_i$可得

$$C_1 = A_0B_0 + A_0C_0 + B_0C_0 = A_0B_0 + C_0(A_0+B_0)$$

$$C_2 = A_1B_1 + A_1C_1 + B_1C_1 = A_1B_1 + C_1(A_1+B_1)$$

$$= A_1B_1 + [A_0B_0 + C_0(A_0+B_0)](A_1+B_1)$$

$$C_3 = A_2B_2 + A_2C_2 + B_2C_2 = A_2B_2 + C_2(A_2+B_2)$$

$$= A_2B_2 + \{A_1B_1 + [A_0B_0 + C_0(A_0+B_0)](A_1+B_1)\}(A_2+B_2)$$

$$C_4 = A_3B_3 + A_3C_3 + B_3C_3$$

$$= A_3B_3 + [A_2B_2 + \{A_1B_1 + [A_0B_0 + C_0(A_0+B_0)](A_1+B_1)\}(A_2+B_2)](A_3+B_3)$$

由C_1、C_2、C_3、C_4的输出表达式易得,只要给出$A_3A_2A_1A_0$、$B_3B_2B_1B_0$以及C_0,便可直接得出C_1、C_2、C_3、C_4。因此,如果用组合逻辑电路实现上述逻辑关系,形成超前进位电路,并将该电路的输出送到相应全加器的进位输入端,就能同时得到各位的全加和,从而大大提高运算速度。图2-113为4位二进制超前进位加法器的逻辑结构示意图。

74LS83/74LS283是典型的4位二进制超前进位加法器,采用TTL工艺制造,适用于高

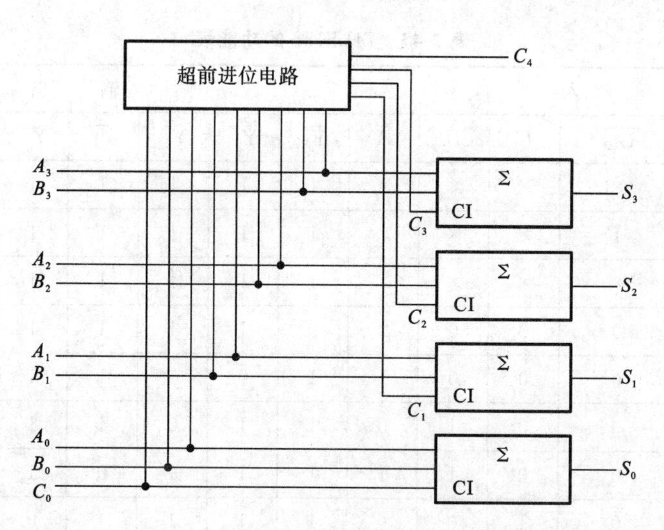

图 2-113　4 位二进制超前进位加法器的逻辑结构示意图

速数字计算、数据采集及控制系统。图 2-114 所示的是 74LS283 的逻辑符号。

A_3、A_2、A_1、A_0 和 B_3、B_2、B_1、B_0 为两组 4 位二进制加数；S_3、S_2、S_1、S_0 为相加产生的 4 位和；CI 为最低位的进位输入，CO 为最高位的进位输出。

2. 译码器

译码器是数字电路最常用的组合逻辑部件之一。译码是编码的逆操作，是将每个代码所代表的信息翻译出来，还原成相应的输出信息。译码器大致可以分为两类，一类是通用译码器（二进制译码器、二-十进制译码器等），另一类是显示译码器。

二进制译码器是全译码的电路，在其输出端提供了输入变量的全部最小项，即二进制译码器的每一个输出端都唯一对应输入变量的一个最小项。二-十进制译码器是将十进制的二进制编码翻译成对应的十个输出信号的电路。

显示译码器是将显示器和译码器配合使用，利用译码器驱动显示器，用于把数字、字符等的二进制编码翻译成人们习惯的形式并显示出来的电路。

74LS138 是一种通用二进制译码器。其逻辑符号如图 2-115 所示。

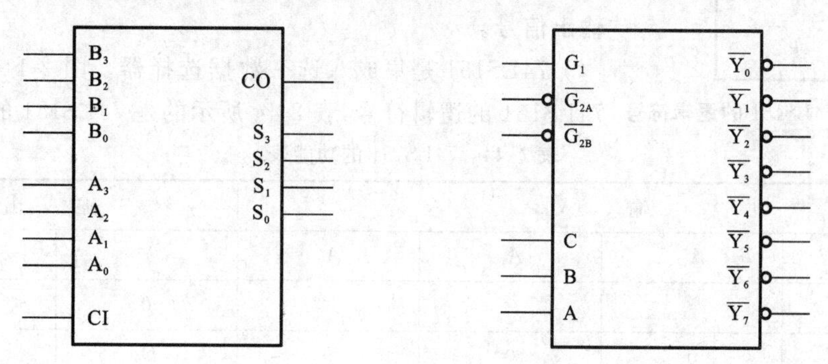

图 2-114　74LS283 的逻辑符号　　**图 2-115**　74LS138 的逻辑符号

图 2-115 中，C、B、A 为输入端，G_1，$\overline{G_{2A}}$，$\overline{G_{2B}}$为使能端，$\overline{Y_0}$，$\overline{Y_1}$，…，$\overline{Y_7}$为译码输出端。

表 2-43 所示的是 74LS138 的功能表。

表 2-43　74LS138 的功能表

输入						输出							
G_1	$\overline{G_{2A}}$	$\overline{G_{2B}}$	C	B	A	$\overline{Y_0}$	$\overline{Y_1}$	$\overline{Y_2}$	$\overline{Y_3}$	$\overline{Y_4}$	$\overline{Y_5}$	$\overline{Y_6}$	$\overline{Y_7}$
×	1	×	×	×	×	1	1	1	1	1	1	1	1
×	×	1	×	×	×	1	1	1	1	1	1	1	1
0	×	×	×	×	×	1	1	1	1	1	1	1	1
1	0	0	0	0	0	0	1	1	1	1	1	1	1
1	0	0	0	0	1	1	0	1	1	1	1	1	1
1	0	0	0	1	0	1	1	0	1	1	1	1	1
1	0	0	0	1	1	1	1	1	0	1	1	1	1
1	0	0	1	0	0	1	1	1	1	0	1	1	1
1	0	0	1	0	1	1	1	1	1	1	0	1	1
1	0	0	1	1	0	1	1	1	1	1	1	0	1
1	0	0	1	1	1	1	1	1	1	1	1	1	0

由 74LS138 的功能表可得，74LS138 的每一路输出，实际上是各输入变量组成函数的一个最小项的反函数，即在译码器正常工作($G_1=1,\overline{G_{2A}}=0,\overline{G_{2B}}=0$)时，译码器的输出端满足

$$\overline{Y_i}=\overline{m_i}$$

这样，利用其中部分输出端输出的与非关系，也就是它们相应的最小项的或逻辑关系式，就能十分方便地实现组合逻辑函数。

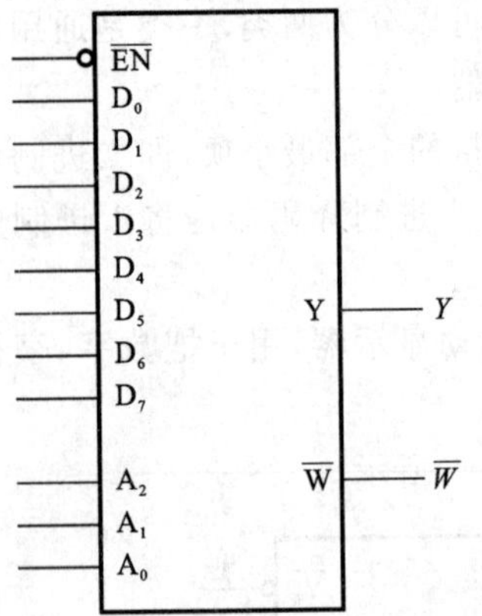

图 2-116　74LS151 的逻辑符号

3) 数据选择器

数据选择器是一种能从多路输入数据中选择 1 路输出的组合逻辑电路。它有 n 位地址输入、2^n 路数据输入、1 路输出。在地址输入信号的控制下，从多路输入中选择 1 路数据作为输出信号。

74LS151 是集成八选一数据选择器。图 2-116 所示的是 74LS151 的逻辑符号，表 2-44 所示的是 74LS151 的功能表。

表 2-44　74LS151 的功能表

输入				输出	
$\overline{EN}$	A_2	A_1	A_0	Y	$\overline{W}$
1	×	×	×	0	1
0	0	0	0	D_0	$\overline{D_0}$
0	0	0	1	D_1	$\overline{D_1}$
0	0	1	0	D_2	$\overline{D_2}$

续表

输　入				输　出	
$\overline{EN}$	A_2	A_1	A_0	Y	$\overline{W}$
0	0	1	1	D_3	$\overline{D_3}$
0	1	0	0	D_4	$\overline{D_4}$
0	1	0	1	D_5	$\overline{D_5}$
0	1	1	0	D_6	$\overline{D_6}$
0	1	1	1	D_7	$\overline{D_7}$

由 74LS151 的功能表可得，74LS151 具有两个互补输出端，且输出端 Y 满足

$$Y = \sum_{i=0}^{7} m_i D_i$$

式中：m_i 为 A_2、A_1、A_0 所对应的最小项。

如将式中的 m_i、D_i 都看作变量，则利用 74LS151 就能方便地实现组合逻辑函数。

(四) 实验预习

(1) 进一步熟悉并掌握加法器、译码器以及数据选择器的功能和基本使用方法。

(2) 用 4 位二进制并行加法器 74LS283 实现两个 8 位二进制数的加法运算，设计并绘制逻辑电路图。

(3) 掌握 BCD 码的概念，在此基础上写出余 3 码到 8421 码的转换真值表。

(4) 分别用译码器 74LS138 和数据选择器 74LS151 实现组合逻辑函数 $F(A,B,C) = \sum_m (1,5,7)$，绘制逻辑图。

(5) 仔细分析以下“基本内容(2)”的设计要求，写出真值表，绘制逻辑电路图。

(五) 实验内容

1. 电路仿真

(1) 用 Multisim 对图 2-117 所示电路进行仿真。其中，译码器 74LS138 的输入端可接三个开关，提供输入的不同组合；74LS151 的地址输入端也可接三个开关，提供地址输入的不同组合；74LS151 的输出 F 可接发光二极管。

观察发光二极管的亮灭情况，记录输出状态，通过输出状态分析图 2-117 所示电路的基本功能。

(2) 用并行加法器 74LS283 设计一个可控 4 位二进制加/减法器。绘出逻辑电路图，用 Multisim 进行仿真。

2. 实际电路搭建调试

1) 基本内容

(1) 用加法器 74LS283 设计一个代码转换电路。通过 4 位开关输入余 3 码，在输出端输出 8421BCD 码，并用七段显示器显示出来。

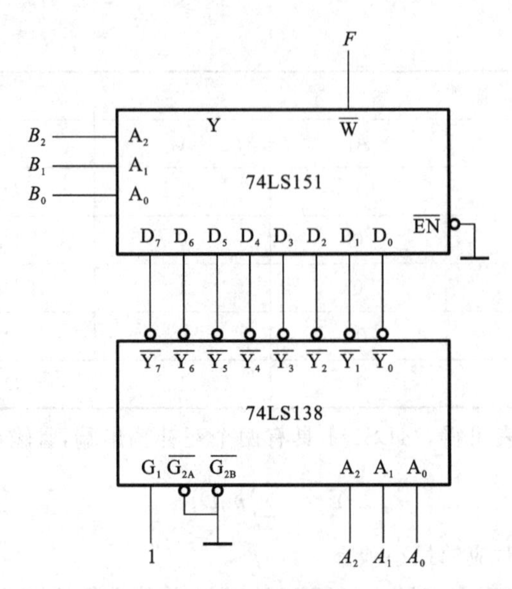

图 2-117　74LS151 的逻辑符号

实验步骤如下：

① 根据实验内容要求搭建代码转换电路及译码显示电路。

② 将稳压电源(+5 V)接入电路。

③ 从 74LS283 的两组 4 位二进制加数端的其中一个(如从 A 组)接入 4 位开关，用于输入余 3 码。

④ 将 74LS283 的 4 位和输出接入译码显示电路。

⑤ 从开关输入不同的余 3 码，观察七段显示器，验证电路结果。

(2)用译码器 74LS138 和适当的逻辑门(与非门)设计一个检测设备工作状态的逻辑电路。满足以下要求：有三台设备 A、B、C，用红(R)、黄(Y)、绿(G)三种颜色的信号灯表示设备的工作状态。当三台设备都处于正常工作状态时，绿灯亮；有两台设备工作不正常时，黄灯亮；有一台设备工作不正常时，红灯亮；三台设备工作都不正常时，红灯和黄灯亮。

设用数据开关的 1、0 分别表示灯亮和灭的状态，以及设备正常和不正常的状态，设计并组装该逻辑电路，并记录实验结果。

实验步骤如下：

① 在面包板上搭建该组合逻辑电路。

② 将稳压电源(+5 V)接入电路。

③ 将译码器 74LS138 的使能端 G_1 接电源(+5 V)，$\overline{G_{2A}}$、$\overline{G_{2B}}$ 接地；输入端接三个开关，用作输入 ABC 的不同组合；该电路的输出经限流电阻接发光二极管。

④ 通过开关输入不同的 ABC 组合，观察发光二极管的亮灭情况，验证电路的正确。

记录实验结果，填入表 2-45 中。

2) 扩展内容

(1) 用译码器 74LS138 设计一个 4 路数据分配器。要求自行设计实验步骤，绘出逻辑电路图，在面包板上搭建实验电路，调试，验证逻辑功能，注意观察输入信号波形和输出信号波形的关系。

表 2-45　实验 13 记录

A	B	C	R	Y	G
0	0	0			
0	0	1			
0	1	0			
0	1	1			
1	0	0			
1	0	1			
1	1	0			
1	1	1			

(2) 利用八选一数据选择器 74LS151 实现一个 4 位奇偶校验电路。要求自行设计实验步骤，列出真值表，绘制逻辑电路图，在实验板上搭建实验电路，调试，验证逻辑功能。

(六) 实验思考题

(1) “基本内容(1)”的实验电路中，能否输入 0011～1100 以外的二进制编码，为什么？如想在该电路加入伪码识别部分，实现当输入 0011～1100 以外的二进制编码时，显示译码器停止显示，如何实现？

(2) 如利用 4 位并行加法器实现 8421BCD 码与 5421BCD 码之间的相互转换，如何设计？画出逻辑电路图。

(3) 用 4 位并行加法器完成两个二进制数的加法运算，其和如何得到？请简要分析。

(4) 用单个译码器 74LS138 最大能够实现几变量的逻辑函数？如果逻辑函数的变量个数超过了，那么该如何实现？

(七) 实验报告要求

(1) 完成“实验预习”。

(2) 根据实验内容要求，写出实验步骤并绘制完整的实验电路图。

(3) 整理记录数据。

(4) 记录实验过程中的故障现象并分析发生故障的原因，写出解决方法。

(5) 回答实验思考题。

(6) 对本次实验进行总结，写出体验及其收获。

(八) 注意事项

(1) TTL 与非门多余的输入可接入高电平，以防引入干扰信号。

(2) 器件 CC4511 为 CMOS 集成电路，因此，闲置的输入端不能悬空。

(3) 正确使用加法器的进位输入端和进位输出端。对于最低位加法来说，相当于进行半加操作,因为没有更低位了,因此,其进行全加时的进位输入相当于0,在进行连接时,应该接低电平。

(4) 正确连接译码器 74LS138 输入使能端。如果不能正常译码,应首先检查使能端的设置是否正确。

(5) 接入发光二极管时要连接限流电阻,否则发光二极管很容易被烧坏。

实验 14 集成计数器、数值比较器、数据选择器应用设计

(一) 实验目的

(1) 进一步熟悉并掌握集成计数器的功能和使用方法;

(2) 进一步熟悉并掌握译码器以及数据选择器的功能和使用方法;

(3) 能够综合应用集成计数器、译码器、数据选择器等集成电路实现符合要求的应用电路;

(4) 掌握脉冲序列产生的一般方法。

(5) 能够熟练使用电子仪器对数字电路进行调试。

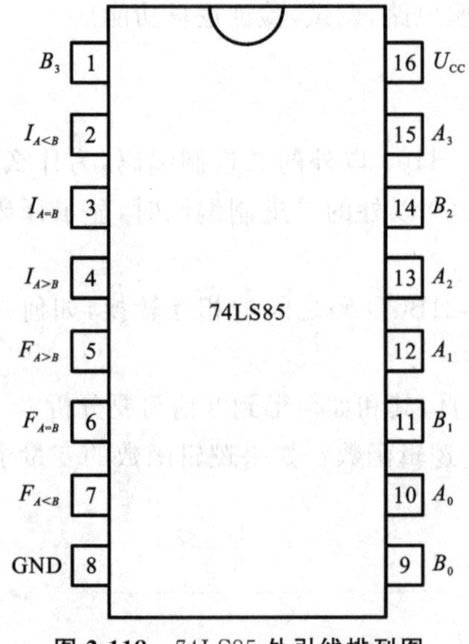

图 2-118 74LS85 外引线排列图

(二) 实验器材与设备

(1) 直流稳压电源。

(2) 数字信号发生器。

(3) 数字示波器。

(4) 万用表。

(5) 面包板,1 块。

(6) 集成计数器 74LS161,1 个。

(7) 集成比较器 74LS85,1 个(外引线排列如图 2-118 所示)。

(8) 仿真开发软件 Multisim。

(三) 实验原理

1. 计数器

计数器是一类非常典型的时序逻辑电路,在数字电路中应用广泛。利用集成计数器(74LS161),可以构成任意进制的计数器。关于 74LS161 的功能及使用方法在实验集成计数器、译码及显示电路设计中有较为详细的介绍,在这里就不再进行论述。

2. 数值比较器

数值比较器是对两个数 A、B 进行比较,以判断其大小的逻辑电路。把实现数值比较功能的电路集成在一个芯片上,就构成了集成数值比较器。74LS85 是一类典型的具有 4 位并

行比较结构的二进制数值比较器。图 2-119 所示的是 74LS85 的逻辑符号，表 2-46 所示的是 74LS85 的功能表。

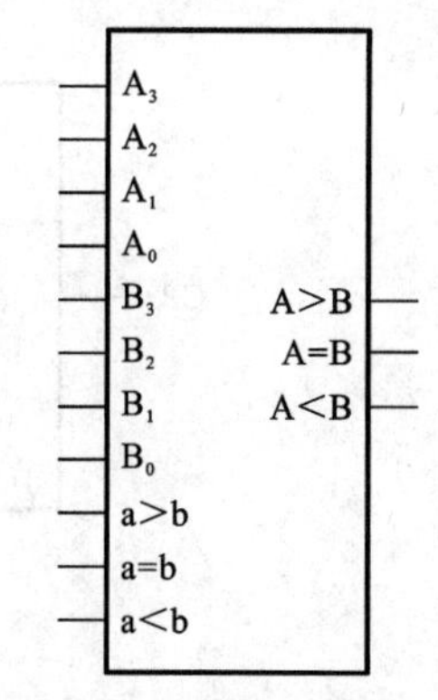

图 2-119 74LS85 的逻辑符号

3. 数据选择器

数据选择器也是一类十分典型的组合逻辑部件，在数字电路中应用较为广泛。利用数据选择器可以构成函数发生器、脉冲序列信号发生器等相关电路。

4. 脉冲序列信号发生器

脉冲序列信号发生器能够产生一组在时间上有先后的脉冲序列，利用这组脉冲可以形成所需的各种控制信号。从组成结构上区分，脉冲序列信号发生器大致可分为移存型序列信号发生器和计数型序列信号发生器。移存型序列信号发生器电路较为简单，有时需要较多的触发器，而且一个电路只能形成一种序列信号，而计数型序列信号发生器克服了这些缺点。

表 2-46 74LS85 的功能表

比较输入				级联输入			输出		
A_3 B_3	A_2 B_2	A_1 B_1	A_0 B_0	$a>b$	$a<b$	$a=b$	$A>B$	$A<B$	$A=B$
$A_3>B_3$	×	×	×	×	×	×	H	L	L
$A_3<B_3$	×	×	×	×	×	×	L	H	L
$A_3=B_3$	$A_2>B_2$	×	×	×	×	×	H	L	L
$A_3=B_3$	$A_2<B_2$	×	×	×	×	×	L	H	L
$A_3=B_3$	$A_2=B_2$	$A_1>B_1$	×	×	×	×	H	L	L
$A_3=B_3$	$A_2=B_2$	$A_1<B_1$	×	×	×	×	L	H	L
$A_3=B_3$	$A_2=B_2$	$A_1=B_1$	$A_0>B_0$	×	×	×	H	L	L
$A_3=B_3$	$A_2=B_2$	$A_1=B_1$	$A_0<B_0$	×	×	×	L	H	L
$A_3=B_3$	$A_2=B_2$	$A_1=B_1$	$A_0=B_0$	H	L	L	H	L	L
$A_3=B_3$	$A_2=B_2$	$A_1=B_1$	$A_0=B_0$	L	H	L	L	H	L
$A_3=B_3$	$A_2=B_2$	$A_1=B_1$	$A_0=B_0$	L	L	H	L	L	H

计数型序列信号发生器由计数器产生组合逻辑电路所需的输入信号，计数器的模等于序列信号的长度，而对计数器的状态变化一般不作要求，然后通过组合逻辑电路产生所需的输出序列。图 2-120 所示的为计数型序列信号发生器的结构框图。

计数型序列信号发生器的设计步骤如下：

(1) 根据输出序列信号的长度，确定计数器的模 M。如要求输出序列为 110011110011……则计数器的模为 6，如要求输出序列为 100111011……则计数器的模为 9。

(2) 列出状态转移表。若对计数器状态没有规定，在确定模 M 的情况下，n 位二进制计数器的 2^n 个状态可任选 M 个($M\leqslant 2^n$)，为了简化设计，则一般按二进制数(从全零开始)的顺

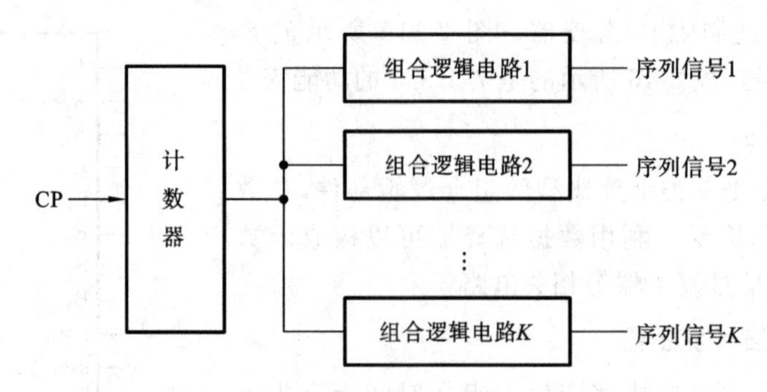

图 2-120 计数型序列发生器结构框图

序排列;若有规定,则按规定状态顺序排列,并对每个状态按序列信号的要求分配一个输出值。

(3) 根据步骤(1)所确定的模设计 M 进制计数器。

(4) 按输出序列要求设计组合逻辑电路。

(5) 将计数器部分和组合逻辑电路部分组合成一个完整的电路。

(四) 实验预习

(1) 进一步熟悉并掌握数值比较器、数据选择器及计数器的功能和使用方法。

(2) 利用数据选择器 74LS151 实现函数 $F(A,B,C,D)=\sum_m(1,5,7,8,11)$,画出逻辑电路图。

(3) 分别用集成计数器 74LS161 的清零和置数功能,设计十二进制计数器。画出逻辑电路图。

(4) 用集成计数器 74LS161 设计模可变计数器,实现十进制、十六进制两种进制之间的相互转换,画出逻辑电路图。

(5) 用 74LS161 和与非门实现一个脉冲序列信号发生器,要求输出序列 1010010100……列出对应的真值表,画出逻辑电路图。

(五) 实验内容

1. 电路仿真

用集成计数器 74LS161 设计模可变计数器,要求能在十进制和十六进制之间相互转换。采用 Multisim 绘制电路图并仿真,设置合适的频率,观察记录计数过程及仿真波形。

2. 实际电路搭建调试

1) 基本内容

(1) 用集成计数器 74LS161 设计十二进制计数器。时钟脉冲选用 1 Hz、幅值为 5 V 的正方波,观察发光二极管的变化状态,验证电路逻辑功能。

实验步骤如下:

① 在面包板上搭建十二进制计数器电路。

② 将稳压电源(+5 V)接入电路。同时，将 74LS161 的使能端 ET、EP 以及清零端 R_D 接+5 V，置数输入端 DCBA 接地。

③ 调节信号发生器输出频率为 1 Hz、幅值为 5 V 的正方波，接入计数器电路的 CP 端。

④ 74LS161 的四个状态输出端接 4 个发光二极管。观察二极管的变化情况。

(2) 分析电路基本功能。

按图 2-121 所示的逻辑电路图在面包板上连接电路。将稳压电源(+5 V)接入电路；从信号发生器的 TTL 端输出频率为 1 Hz、幅值为 5 V 的正方波，接入计数器电路的 CP 端；74LS85 的三个输出端各接 1 只发光二极管。

观察、记录发光二极管的亮灭状态，填入表 2-47 中。分析该电路的基本功能。

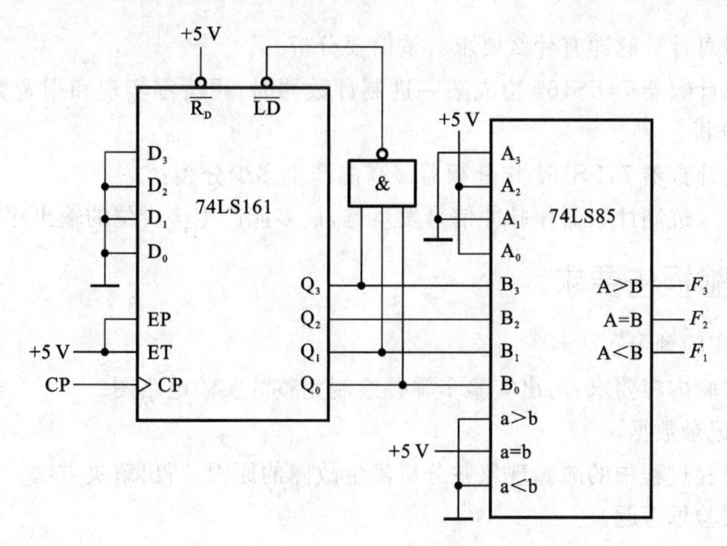

图 2-121 实验电路图

表 2-47 实验 14 记录

输入				输出		
Q_3	Q_2	Q_1	Q_0	F_3	F_2	F_1

2）扩展内容

(1) 用计数器74LS161和适当的逻辑门设计一个模可变计数器。要求计数器的模在五进制、十进制和十六进制之间进行相互转换。自行设计实验步骤和逻辑电路图，在实验板上搭建电路，调试，验证逻辑功能。

(2) 用计数器74LS161和数据选择器74LS151设计一个序列信号发生器，要求在时钟脉冲的作用下，能周期性输出011001111001。要求自行设计实验步骤和逻辑电路图，在面包板上搭建实验电路，调试，验证逻辑功能。

（六）实验思考题

(1) 计数器对计数脉冲有什么要求？请简要分析。

(2) 用集成计数器74LS161构成某一进制计数器时，用清零实现和用置数实现有什么不同？请简要分析。

(3) 用集成计数器74LS161作分频器最高能产生多少分频？

(4) 用4位二进制计数器作脉冲信号发生器，最多能产生多少位的输出序列？

（七）实验报告要求

(1) 完成“实验预习”。

(2) 根据实验内容要求，写出实验步骤并绘制完整的实验电路图。

(3) 整理、记录数据。

(4) 记录实验过程中的故障现象并分析发生故障的原因，写出解决方法。

(5) 回答实验思考题。

(6) 对本次实验进行总结，写出体会及其收获。

（八）注意事项

(1) TTL逻辑门和CMOS逻辑门对闲置输入的要求。

(2) 集成计数器74LS161的计数使能端的正确使用。处于正常计数状态时，两个计数使能端必须同时处于高电平，否则不能正常计数。

实验15　数/模转换及计数器的应用

（一）实验目的

(1) 掌握数/模(D/A)转换的基本原理；

(2) 掌握数/模转换器(DAC)的基本结构、基本功能；

(3) 掌握数/模转换器的工作原理及其相应电路的基本分析方法，并以此为基础进一步学习相应电路的基本应用方法；

(4) 进一步加强电路分析、设计、测试以及排除故障的能力。

（二）实验器材与设备

(1) 直流稳压电源。

(2) 数字示波器。

(3) 万用表。

(4) 数字信号发生器。

(5) 面包板，1 块。

(6) 集成数模转换器 DAC0808，1 个。

(7) 电阻：100 kΩ，2 个；10 kΩ、5.1 kΩ、4.7 kΩ 各 1 个。

(8) 电容：0.01 μF、0.1 μF、30 μF 各 1 个。

(9) 仿真开发软件 Multisim。

（三）实验原理

1. D/A 转换

集成数模转换器(DAC)的基本功能是将输入的 N 位数字信号转换为与之成正比的模拟电压或者模拟电流。其输出电压与输入的数字值 N_D 的一般关系为

$$U_o = \pm(U_{REF}/2^n)N_D = \pm U_{LSB}N_D \tag{2-7}$$

式中：U_{REF} 是参考电压；U_{LSB} 是 DAC 分辨最小输出电压的能力，称为分辨电压，是衡量 DAC 性能的重要静态参数。

集成 DAC 的结构主要由倒 T 形电阻网络和模拟开关组成，在使用时一般外接运放。图 2-122 所示的为 n 位倒 T 形电阻网络 DAC 的原理图。

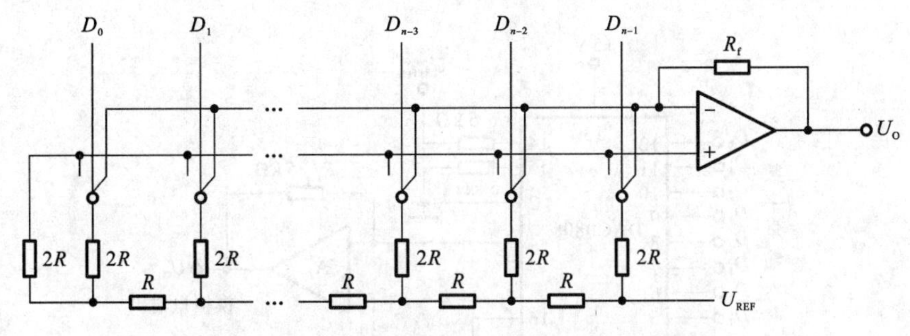

图 2-122　n 位倒 T 形电阻网络 DAC 的原理图

2. 集成数模转换器 DAC0808

DAC0808 是通用性较强的单片集成 8 位 DAC，采用权电流型 DAC 电路，片内包含 8 个 CMOS 型电流开关、R-$2R$ 倒 T 形电阻网络、偏置电路和电流源等。图 2-123(a)所示的为 DAC0808 的原理图。它具有功耗低(350 mW)、速度快(稳定时间为 150 ns)、使用方便等特点。

图 2-123(b)所示的是 DAC0808 的引脚图。其基本参数如下：

(1) 电源电压 U_{CC}＝＋4.5～＋18 V，典型值为＋5 V；

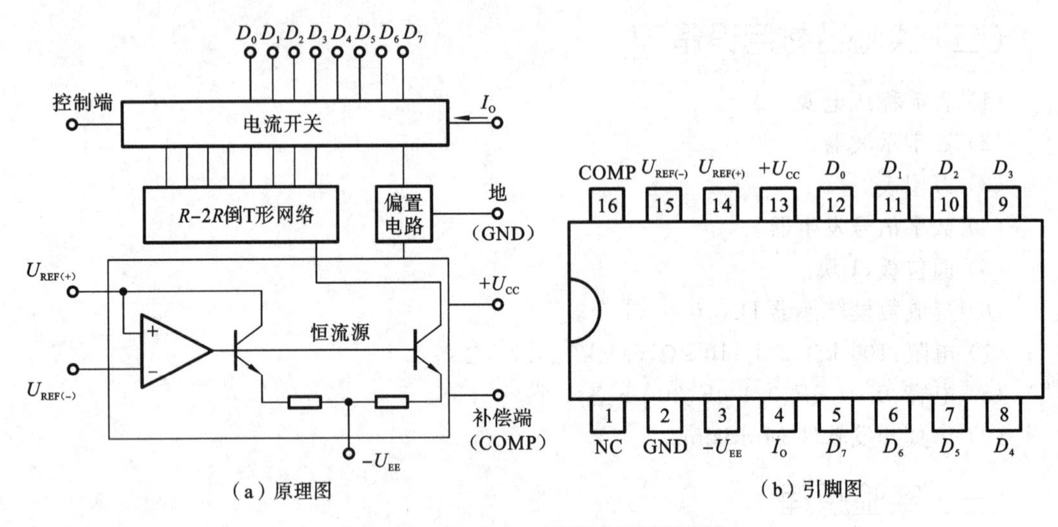

图 2-123 DAC0808 **原理图以及引脚图**

(2) 电源电压 U_{EE} = −18 ~ −4.5 V,典型值为 −15 V;

(3) 输出电压范围为 −10 ~ +18 V;

(4) 参考电压 $U_{REF(+)max}$ = +18 V;

(5) 恒流源电流 $I_O = (U_{REF(+)}/R) \leqslant 5$ mA。

DAC0808 运用十分灵活,可适用于单极性和双极性数字输入。由于 DAC0808 的输出形式是电流,本身不包含运放,因此在使用时一般需外接运放或电阻等负载,从而将电流转换为电压输出。图 2-124 所示的是 DAC0808 的典型应用电路。有些情况下,为了方便说明,直接用电阻等负载代替运放。

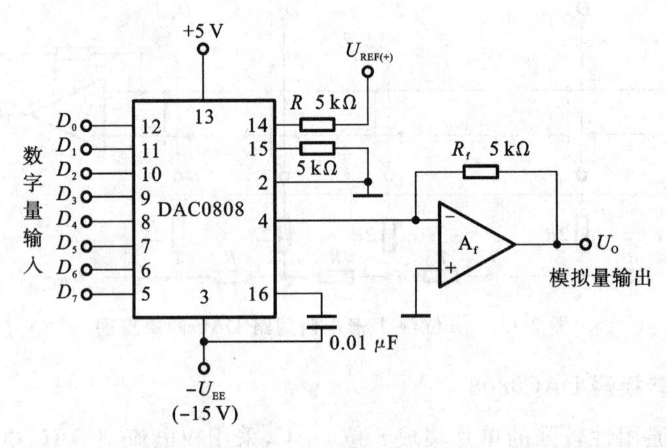

图 2-124 DAC0808 **的典型应用电路**

(四) 实验预习

(1) 预习教材中有关 R-2R 倒 T 形权电流 DAC 的工作原理以及 DAC 输出方式的相关内容。

(2) 在弄清楚 R-$2R$ 倒 T 形权电流 DAC 工作原理的基础上：

① 写出图 2-124 所示电路模拟输出 U_o 的表达式。

② 完成表 2-48，为了方便计算，取基准电压为+5 V，用 5.1 kΩ 的电阻代替运放。

(3) 在图 2-124 所示电路中，若需周期性循环为 DAC0808 的高 4 位提供数字量输入，如 0000→0001→0010→0011→0100→…→1001→0000→0001→…，该如何实现？画出设计电路图。

表 2-48 DAC0808 不同数字量的 D/A 转换计算

输入数字量								输出模拟量 U_o（理论计算）
D_7	D_6	D_5	D_4	D_3	D_2	D_1	D_0	
0	0	0	0	0	0	0	0	
0	0	0	1	0	0	0	0	
0	0	1	0	0	0	0	0	
0	0	1	1	0	0	0	0	
0	1	0	0	0	0	0	0	
0	1	0	1	0	0	0	0	
0	1	1	0	0	0	0	0	
0	1	1	1	0	0	0	0	
1	0	0	0	0	0	0	0	
1	0	0	1	0	0	0	0	
1	0	1	0	0	0	0	0	
1	0	1	1	0	0	0	0	
1	1	0	0	0	0	0	0	
1	1	0	1	0	0	0	0	
1	1	1	0	0	0	0	0	
1	1	1	1	0	0	0	0	

（五）实验内容

1. 电路仿真

1）静态仿真测试

按图 2-125 在 Multisim 窗口中创建电路，进行仿真，观测并分析输出数据。

图 2-125 所示中，输入数字量为 34H(00110100)，电压表显示输出电压值为 2.438 V。由式(2-7)，$U_o=(12/256)\times52=2.4375$ V，可见，仿真检测数据与理论计算基本一致。

依次改变输入数字量的值，自拟表格，记录输出电压值；将基准电压由+5 V 提高到+15 V，再次改变输入数字量的值，记录输出电压值；分析比较输入数字量相同、基准电压不

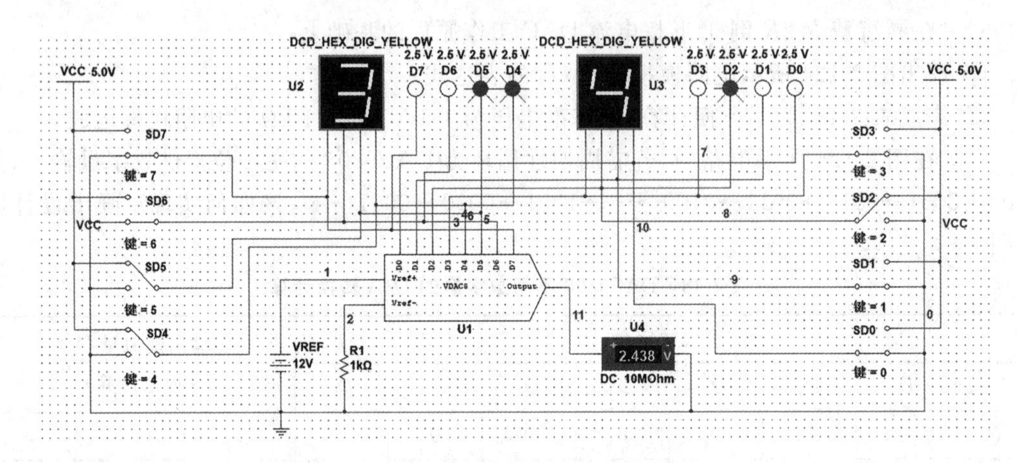

图 2-125　数模转换静态测试仿真电路

同时的输出模拟电压。

2）动态仿真测试

按图 2-126 所示在 Multisim 窗口中创建电路，进行仿真，观测并分析输出数据。

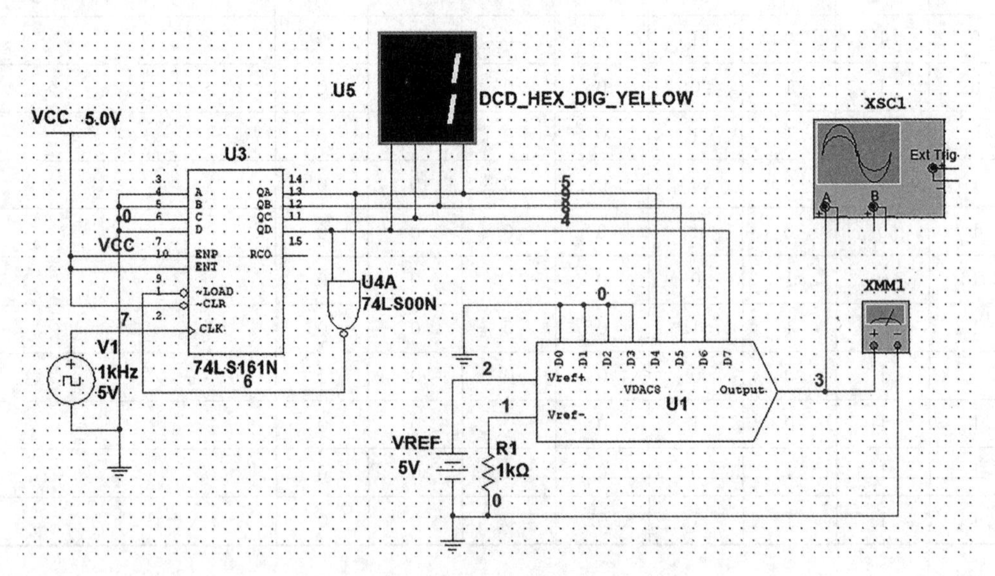

图 2-126　数模转换动态测试仿真电路

2. 实际电路搭建调试

1）基本内容

D/A 转换静态测试。

按图 2-124 连接电路，用 5.1 kΩ 电阻代替运放，基准电压 U_{REF} 取 +5 V。DAC0808 的 $+U_{CC}$(13 脚)接 +5 V 电源，$-U_{EE}$(3 脚)接 −15 V 电源，数字量输入 D_3～D_0 接地，按表2-49 所示依次输入数字量到 DAC0808 的 D_7～D_4 端，用数字万用表直流电压档或示波器直流耦合方式测出相应的输出模拟电压 U_o，并记入表 2-49 中。

将测量数据与仿真数据比较，分析产生误差的原因。

表 2-49　实验 15 记录

输入数字量								输出模拟量 U_o（实际测量）
D_7	D_6	D_5	D_4	D_3	D_2	D_1	D_0	
0	0	0	0	0	0	0	0	
0	0	0	1	0	0	0	0	
0	0	1	0	0	0	0	0	
0	0	1	1	0	0	0	0	
0	1	0	0	0	0	0	0	
0	1	0	1	0	0	0	0	
0	1	1	0	0	0	0	0	
0	1	1	1	0	0	0	0	
1	0	0	0	0	0	0	0	
1	0	0	1	0	0	0	0	
1	0	1	0	0	0	0	0	
1	0	1	1	0	0	0	0	
1	1	0	0	0	0	0	0	
1	1	0	1	0	0	0	0	
1	1	1	0	0	0	0	0	
1	1	1	1	0	0	0	0	

2）扩展内容

阶梯波产生电路设计。

参照图 2-127 所示的原理图组装阶梯波产生电路，将二进制计数器 CC40161 的输出端由高到低 $Q_3 \sim Q_0$ 依次对应接到 DAC0808 数字输入端的高 4 位 $D_7 \sim D_4$，低 4 位输入端$D_3 \sim D_0$ 接地。CC40161 的 CP 选用 1 kHz 的方波信号，观察 DAC0808 输出的阶梯电压波形，将波形记录在图 2-128 中。

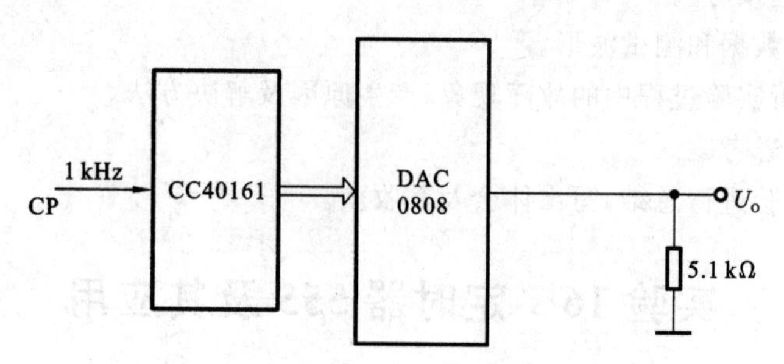

图 2-127　阶梯波产生电路原理图

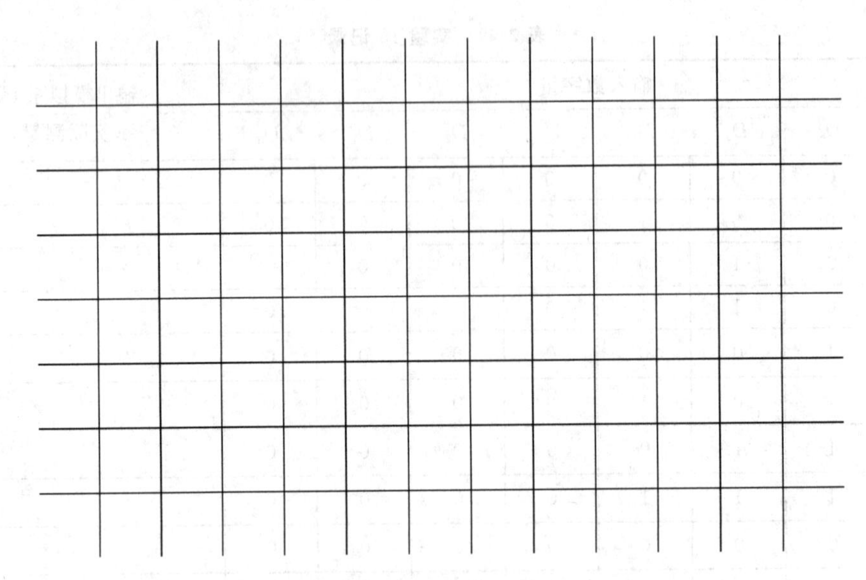

图 2-128 波形记录

(六)实验思考题

(1) 在图 2-124 所示的 D/A 转换电路中，当输入的二进制数为 10000000 时，其输出电压为 5 V，则当输入二进制数 00000001 和 11001101 时，其输出模拟电压分别为何值？

(2) 在阶梯波产生电路中，如果将 CC40161 的输出 $Q_3 \sim Q_0$ 由高到低对应接到 DAC0808 的低 4 位 $D_3 \sim D_0$ 时，将会看到什么样的输出波形，请简要描述。

(3) 结合实验结果分析，当计数器的输出增加 1 时，D/A 转换输出电压的增量是多少？

(4) 结合“扩展内容”所得结果分析，在输入数字量位数不变的情况下，若改变基准电压，则实际是改变了什么？

(七)实验报告要求

(1) 绘制完整的实验电路图并分析其工作原理。

(2) 完成“实验预习”。

(3) 整理记录数据和测试波形。

(4) 记录、分析实验过程中的故障现象、产生原因及解决方法。

(5) 回答实验思考题。

(6) 对本次实验进行总结，写出体会及其收获。

实验 16 定时器 555 及其应用

(一)实验目的

(1) 熟悉集成定时器 555 的基本工作原理及其功能；

（2）掌握利用集成定时器555构成多谐振荡器、单稳态触发器及施密特触发器的工作原理及其相应电路的基本分析方法，并以此为基础进一步学习信号产生电路（CP脉冲源）、信号变换电路的基本设计和控制方法；

（3）进一步学习利用示波器对产生波形进行定量分析，如测量波形的周期、脉冲宽度和脉冲幅值等；

（4）进一步加强电路分析、设计、测试以及排除故障的能力。

（二）实验器材与设备

（1）直流稳压电源。
（2）数字示波器。
（3）万用表。
（4）数字信号发生器。
（5）面包板，1块。
（6）集成定时器NE555，1个。
（7）电阻：100 kΩ，2个；10 kΩ、5.1 kΩ、4.7 kΩ各1个。
（8）电容：0.01 μF、0.1 μF、30 μF各1个。
（9）仿真开发软件Multisim。

（三）实验原理

1. 555集成定时器

555集成定时器是一种数字、模拟混合型的中规模集成器件，应用范围十分广泛。555集成定时器的内部结构如图2-129所示。其中，三极管VT起开关控制作用，C_1为反相比较

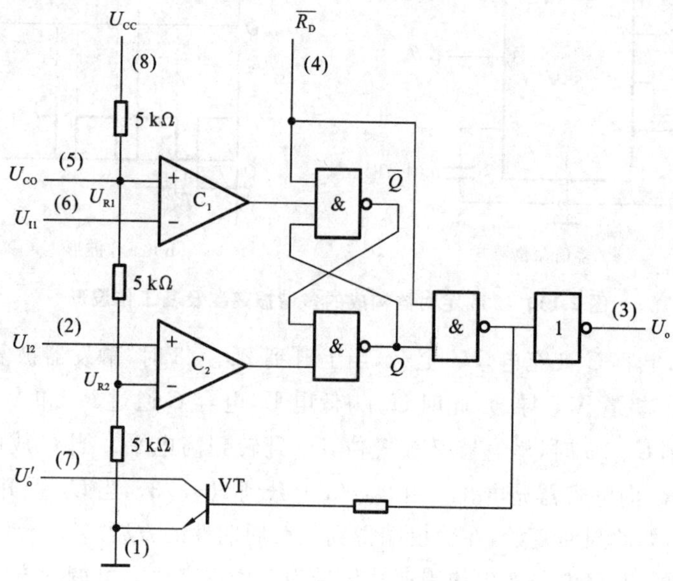

图2-129 555集成定时器的内部结构

器,C_2为同相比较器,比较器的基准电压由电源电压U_{CC}及内部电阻的分压比决定。在控制电压U_{CO}不起作用(即在U_{CO}端没有外接控制电压)时,$U_{R1}=2/3U_{CC}$,$U_{R2}=1/3U_{CC}$。如果外接控制电压,则$U_{R1}=U_{CO}$,$U_{R2}=1/2U_{CO}$。RS触发器具有复位控制功能,可控制放电三极管VT的导通和截止。555集成定时器的功能表如表2-50所示。

表2-50 555定时器功能表

输入			输出	
U_{I1}	U_{I2}	$\overline{R_D}$	U_o	放电管VT
×	×	0	0	导通
$<2U_{CC}/3$	$<U_{CC}/3$	1	1	截止
$>2U_{CC}/3$	$>U_{CC}/3$	1	0	导通
$<2U_{CC}/3$	$>U_{CC}/3$	1	不变	不变

利用555集成定时器,只需外接少量的阻容元件,即可方便地构成信号产生、变换及整形电路。

2. 555集成定时器构成多谐振荡器

多谐振荡器又称无稳态触发器。它没有稳定的输出状态,只有两个暂时稳定状态,多谐振荡器是一种自激振荡电路,不需要外加输入信号,就可以自动产生一定频率的矩形脉冲,所以它主要是为数字系统提供时钟源。

由555定时器构成的多谐振荡器电路结构及其工作波形如图2-130所示。

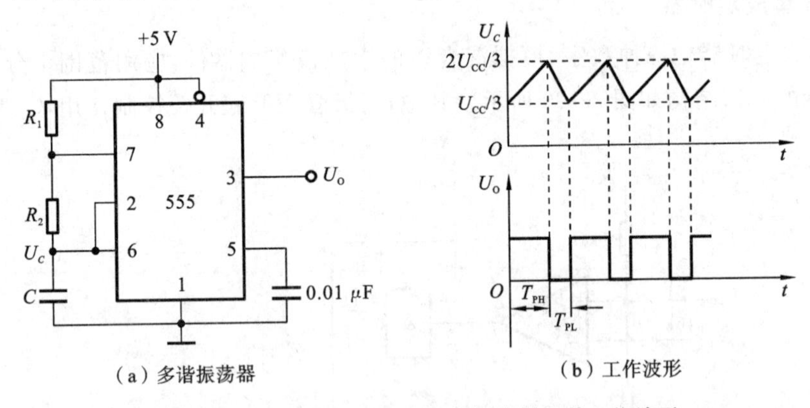

(a)多谐振荡器　　(b)工作波形

图2-130 555定时器构成的多谐振荡器及其工作波形

接通电源后,电容C被充电,U_C上升,当上升到$2U_{CC}/3$时,触发器被复位,同时555集成电路内部放电三极管VT导通,此时U_o为低电平,电容C通过R_2和VT放电,使U_C下降。当U_C下降到$U_{CC}/3$时,触发器又被置位,U_o翻转到高电平。当C放电结束后,VT截止,U_{CC}通过R_1、R_2向电容器充电,U_C由$U_{CC}/3$上升到$2U_{CC}/3$。当U_C上升到$2U_{CC}/3$时,触发器又发生翻转,如此周而复始,在输出端得到一个周期性的方波。

由图2-130可知,该电路产生的周期性信号为一个占空比不可调的方波,即占空比固定不变,图2-131所示的是占空比可调的多谐振荡器的基本电路结构。利用二极管VD_1、VD_2

的单向导电特性将电容器 C 的充、放电回路分开，再利用电位器调节，便构成了占空比可调的多谐振荡器，实现对输出方波的占空比的调整。

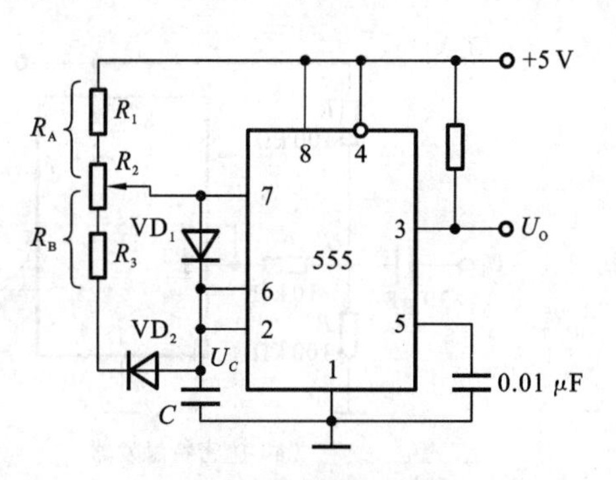

图 2-131 555 定时器构成的占空比可调的多谐振荡器

3. 555 集成定时器构成单稳态触发器

单稳态触发器在数字电路中一般用于定时、整形及延时等。由 555 定时器构成的单稳态触发器电路结构及其工作波形如图 2-132 所示。

电源接通瞬间，电路有一个稳定的过程，电源通过电阻 R 向电容 C 充电，当 U_C 上升到 $2U_{CC}/3$ 时，触发器复位，U_o 为低电平，放电三极管导通，电容 C 放电，电路进入稳定状态。

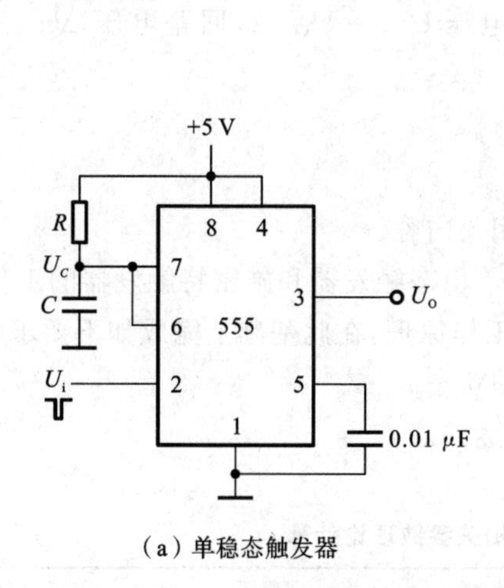

（a）单稳态触发器

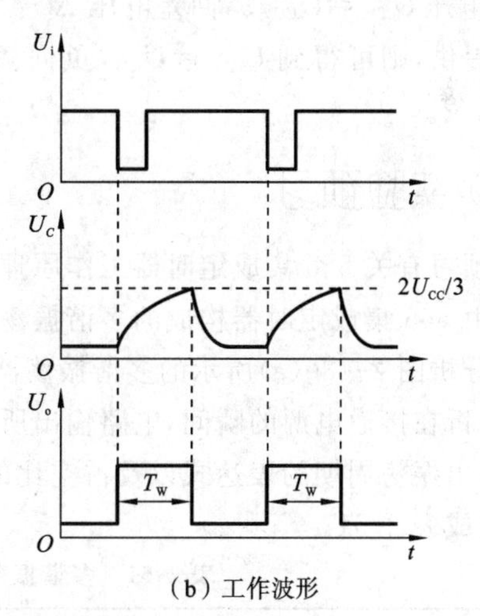

（b）工作波形

图 2-132 555 定时器构成的单稳态触发器

若向触发输入端施加触发信号（$U_i < U_{CC}/3$），则触发器发生翻转，电路进入暂稳态，U_o 为高电平，且放电三极管截止。此后电容 C 充电至 $U_C = 2U_{CC}/3$ 时，电路又发生翻转，U_o 为低电平，放电三极管导通，电容 C 放电，电路恢复至稳定状态。

如果忽略放电三极管的饱和管压降，则 U_C 从零上升到 $2U_{CC}/3$ 的时间，即为输出电压 U_o 的脉冲宽度 T_W。

4. 555 集成定时器构成施密特触发器

在数字电路中，施密特触发器主要用于波形变换、脉冲整形、脉冲幅度鉴别，以及构成多谐振荡器。由 555 定时器构成的施密特触发器电路结构如图 2-133(a)所示。

如图 2-133(a)所示，将 555 集成定时器的两个输入端连在一起作为输入端，即可得到施密特触发器，可方便地将非方波信号（正弦波、三角波等）转换成为方波信号。其电压传输特性如图 2-133(b)所示。

根据 555 集成定时器的结构和功能可知，当输入电压 $U_i = 0$ 时，$U_o = 1$，U_i 由 0 逐渐升高到 $2U_{CC}/3$ 时，U_o 由 1 变为 0；当输入电压 U_i 从高于 $2U_{CC}/3$ 开始下降直到 $U_{CC}/3$ 时，U_o 由 0

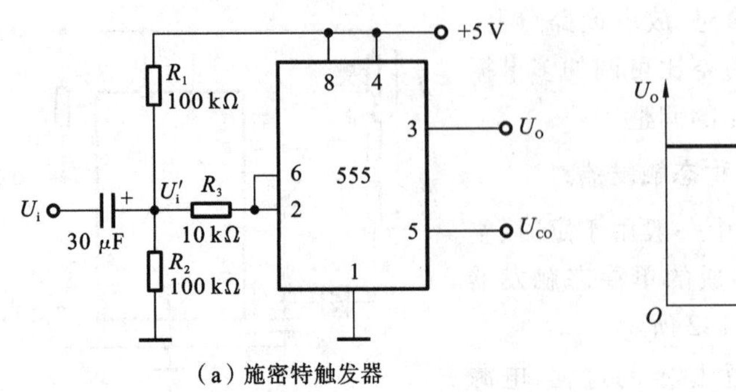

(a) 施密特触发器

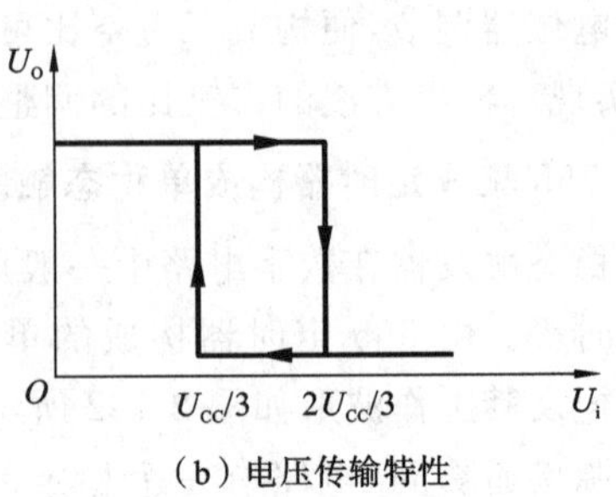

(b) 电压传输特性

图 2-133　555 定时器构成的施密特触发器

变为 1。由此可以得到 555 集成定时器构成的施密特触发器的正向阈值电压 $U_{T+}=2U_{CC}/3$，负向阈值电压 $U_{T-}=U_{CC}/3$，回差电压 $\Delta U_T=U_{T+}-U_{T-}=U_{CC}/3$。如果参考电压由外接的电压 U_{CO} 提供，则可得到 $U_{T+}=U_{CO}$，负向阈值电压 $U_{T-}=U_{CO}/2$，回差电压 $\Delta U_T=U_{T+}-U_{T-}=U_{CO}/2$。

(四) 实验预习

(1) 预习有关 555 集成定时器工作原理的相关内容。

(2) 由 555 集成定时器构成的多谐振荡器、单稳态触发器和施密特触发器的工作原理。

(3) 分析图 2-130(a)所示的多谐振荡器的工作原理，在此基础上完成如下要求：

① 分析在接通电源的瞬间，电路输出所处的状态。

② 写出振荡周期的表达式以及占空比的表达式。

③ 完成表 2-51。

表 2-51　多谐振荡器相关参数理论计算

R_1	R_2	C	t_{PH}	t_{PL}	f	q(占空比)
5.1 kΩ	4.7 kΩ	0.1 μF				

(4) 分析图 2-132(a)所示的单稳态触发器工作原理，在此基础上完成如下要求：

① 分析图 2-132(a)所示的单稳态触发器电路在接通电源的瞬间，电路输出所处的状态。

② 在分析的基础上写出 T_W 的表达式。

(5) 分析图 2-133(a)所示的施密特触发器的工作原理，在此基础上完成如下要求：

① 若 u_i 为正弦波信号，且 $u_{ipp}=3$ V，$f=1$ kHz，画出 u_i 的波形。

② 绘制输出 u_o 的波形图。

5. 实验内容

1. 电路仿真

按图 2-134 所示在 Multisim 窗口中创建单稳态触发器电路，将触发脉冲的占空比设置成 70%，进行仿真。分析仿真结果，思考若使触发脉冲起到作用，触发电平及触发时间间隔该如何设置。

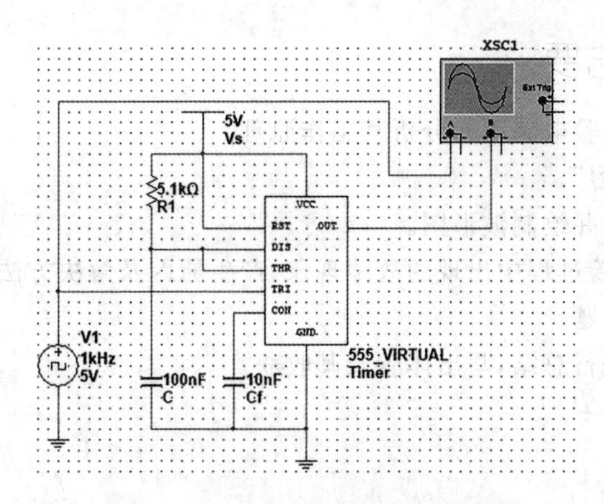

图 2-134 单稳态触发器仿真电路

2. 实际电路搭建调试

1) 基本内容

(1) 利用 555 集成定时器，参照图 2-130(a)所示的结构设计多谐振荡器电路，取 $R_1=5.1\ \text{k}\Omega$，$R_2=4.7\ \text{k}\Omega$，$C=0.1\ \mu\text{F}$。

利用示波器的通道 CH1 连接 U_C所对应的点，测试 U_C波形；利用示波器的通道 CH2 连接 555 集成定时器的 3 号引脚，测试输出 U_o的幅值、周期以及占空比；同时描绘 U_o和 U_C的波形，并标出 U_C各转折点的电压。

(2) 利用 555 集成定时器，参照图 2-132(a)所示的结构设计单稳态触发器电路，取 $R_1=5.1\ \text{k}\Omega$，$C=0.1\ \mu\text{F}$。加入合理的输入信号，测试输出波形的幅值、周期和脉宽。

2) 扩展内容

利用 555 集成定时器，参照图 2-133(a)所示的结构设计施密特触发器。

输入电压峰峰值为 $u_{\text{ipp}}=3\ \text{V}$、$f=1\ \text{kHz}$ 的正弦波，用示波器同时观察输入和输出波形，并画出相应波形以及电压传输特性。在波形图上注明周期、幅值、上限触发电平、下限触发电平，并计算回差电压。

注意，信号发生器上应设置偏置电压为 1.5 V，示波器选用直流耦合方式。观测电压传输特性波形时示波器用 X-Y 方式。

(六) 实验思考题

(1) 在 555 集成定时器构成的相关电路中，在 U_{CO}端外接电容的作用是什么？

(2) 555 集成定时器构成的多谐振荡器，其振荡周期和占空比的改变与哪些因素有关？若只改变振荡周期，而不改变占空比，应调整哪些元器件参数？若要改变占空比，不改变振荡周期，则要调整哪些元器件参数？图 2-130(a)所示的多谐振荡器能否产生占空比为 50% 的方波？为什么？请简要分析。

(3) 555 集成定时器构成的单稳态触发器的输出脉宽和周期由什么决定？图 2-132(a)所示的单稳态触发器电路，如果在电路的暂稳态持续时间内，加入新的触发脉冲，能否在输出端产生新的矩形脉冲？为什么？请简要分析。

(七) 实验报告要求

(1) 绘制完整的实验电路图并分析其工作原理。

(2) 完成“实验预习”。

(3) 记录测试数据并绘制波形图。

(4) 记录、分析实验过程中出现的故障现象、产生原因及解决方法。

(5) 回答实验思考题。

(6) 对本次实验进行总结,写出体验及其收获。

第3章　基于FPGA的数字电路设计实验

现代电子技术常采用可编程逻辑器件，通过硬件描述语言来进行电子电路或电子系统设计。利用FPGA进行数字系统的设计，需采用EDA技术，使用一系列的开发工具，在计算机上进行。Quartus II软件是Altera公司推出的一个EDA工具，集成了设计输入、逻辑综合、布局布线、仿真验证、时序分析、器件编程等开发FPGA和CPLD器件所需的多个软件工具。用Quartus II进行数字电路设计的一般流程如图3-1所示。本部分实验内容都是基于DE2-115开发板，该开发板的相关资源见附录。

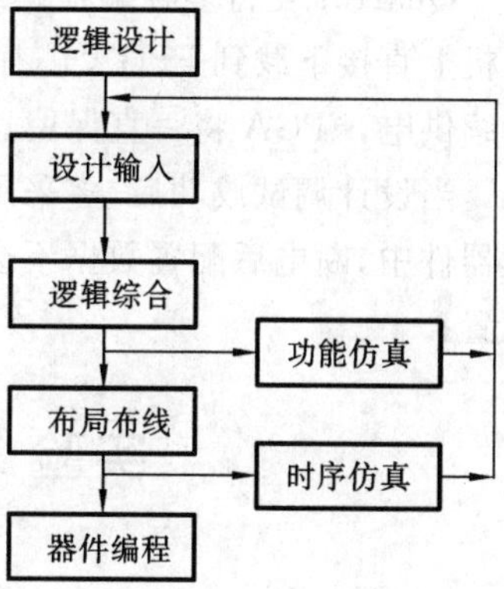

图3-1　Quartus设计流程

1. 创建项目

用Quartus软件设计一个电路或者电路模块称为工程。Quartus同时只能处理一个工程，所有与该工程相关的内容都保存在一个目录下。要设计一个电路，第一步就是建立一个工程。

2. 设计输入

Quartus可以使用的设计输入文件有：电路原理图、Verilog HDL或其他HDL文件，还可选用状态机文件等。注意，Quartus软件规定，文件名必须与顶层模块名相同。

3. 编译电路

分析代码、综合电路以及生成目标芯片的实现内容等应用程序集中在一起，称为编译器。

编译过程由多个步骤完成，各步骤的进程在主窗口左侧的Status窗格中显示，如果编译过程中没有错误出现，会弹出一个编译成功的提示框。在Quartus窗口下部的Messages窗格中，将会显示编译过程中出现的提示信息。

编译结束后，Quartus还会自动打开一个Compilation Report窗口，显示这个电路占用的逻辑单元和引脚个数。

如果在编译过程中有错误出现，编译就会自动终止，并在消息框中显示错误信息。双击错误信息提示，Quartus会自动定位错误的位置。若要获得关于该错误的帮助，则可以选中该错误信息，并按F1键。如果在编译过程中有警告信息，也会在消息框中列出，使用相同的方法可以定位产生警告的电路的位置。

4. 分配引脚

对设计文件中输入、输出端口指定具体FPGA器件的引脚号码，称为引脚分配。在编译过程中，Quartus自动为设计选择输入/输出引脚，而在DE2平台上，FPGA与外部器件的连线是确定的，要让电路在DE2平台上正常工作，必须为设计分配引脚。分配引脚后，需保存并重新编译。本课程内用到的引脚配置见附录。

5. 仿真验证

仿真的目的是验证所设计的电路能否达到预期要求。Quartus 支持功能仿真和时序仿真两种方式。仿真可以使用波形编辑器进行,也可以借用第三方仿真工具进行。

6. 器件编程

将编译得到的编程数据文件下载到目标器件中,使该可编程器件能够完成预定的功能,成为一个专用的集成电路芯片。

Quartus 支持多种编程模式。在调试阶段,一般采用 JTAG 模式编程,将编程数据从计算机上直接下载到 FPGA 芯片的 SRAM 中。这种方法的下载速度快,便于调试,只要电源持续供电,FPGA 将一直保留这次的配置信息,但断电后配置信息就会立即丢失。

当设计调试成功后,多采用 AS 模式编程,该模式将编程数据下载到 FPGA 专用串行配置器件中,断电后配置数据不会丢失,在系统上电时,由配置器件自动地对 FPGA 器件进行配置。

实验 1　现代电子技术设计基础

(一) 实验目的

(1) 掌握组合逻辑电路的门级建模和数据流建模方法;

(2) 掌握采用原理图进行设计输入的一般方法;

(3) 掌握使用 QuartusII 进行电路的输入、编译、仿真、下载、测试的一般过程。

(二) 实验原理

1. 半加器的设计

半加器是将两个 1 位的加数相加,产生 1 位和以及进位输出的组合逻辑电路。两个输入变量中一个为 1 时,和为 1;两个输入变量同时为 1 时,进位为 1。

如果 A_i、B_i是两个相加的 1 位二进制数,S_i是半加和,C_i是半加进位,那么根据半加器的功能可列出如表 3-1 所示的真值表。

表 3-1　半加器真值表

A_i	B_i	S_i	C_i
0	0	0	0
0	1	1	0
1	0	1	0
1	1	0	1

由真值表可直接写出逻辑表达式为

$$S_i=\overline{A}_iB_i+A_i\overline{B}_i=A_i\oplus B_i$$

$$C_i = A_i B_i$$

由此画出半加器的逻辑图如图 3-2 所示。

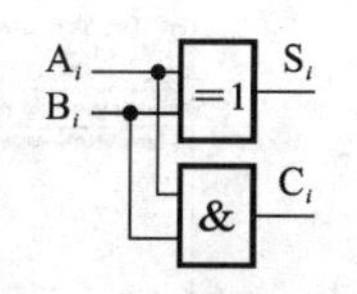

图 3-2 半加器的逻辑图

2. 全加器的设计

1 位全加器是将两个 1 位的加数与进位输入相加，产生 1 位和以及进位输出。3 个输入变量中一个为 1 或 3 个均为 1 时，和为 1；两个为 1 或 3 个同时为 1 时，进位为 1。

用 A_i、B_i 表示 A、B 两个数中的第 i 位，用 C_i 表示来自低位(第 $i-1$ 位)的进位，用 S_i 表示全加和，用 C_{i+1} 表示送给高位(第 $i+1$ 位)的进位，根据全加器的功能可以列出全加器的真值表，如表 3-2 所示。

表 3-2 全加器的真值表

A_i	B_i	C_i	S_i	C_{i+1}
0	0	0	0	0
0	0	1	1	0
0	1	0	1	0
0	1	1	0	1
1	0	0	1	0
1	0	1	0	1
1	1	0	0	1
1	1	1	1	1

根据表 3-2 所示的真值表，可以写出全加器的输出逻辑函数表达式为

$$S_i = \overline{A}_i\overline{B}_iC_i + \overline{A}_iB_i\overline{C}_i + A_i\overline{B}_i\overline{C}_i + A_iB_iC_i = A_i \oplus B_i \oplus C_i$$

$$C_{i+1} = A_iB_i + A_iC_i + B_iC_i = A_iB_i + \overline{A}_iB_iC_i + A_i\overline{B}_iC_i$$

$$= A_iB_i + (\overline{A}_iB_i + A_i\overline{B}_i)C_i = A_iB_i + (A_i \oplus B_i)C_i$$

(三) 实验预习

(1) 预习半加器、全加器、数据选择器的功能及设计方法，用门级描述方式、数据流描述方式对半加器和全加器建模。

(2) 预习 Quartus II 的基本使用方法。

(四) 实验内容

1. 基本内容

分别用 Verilog 的门级描述方式、数据流描述方式、行为描述方式设计 1 位全加器，掌握设计输入、编译、下载及测试的全过程。

打开 Quartus 软件，将看到如图 3-3 所示的界面。该显示画面包括若干窗口，用户可使用鼠标选择，以访问 Quartus 软件的相关功能。

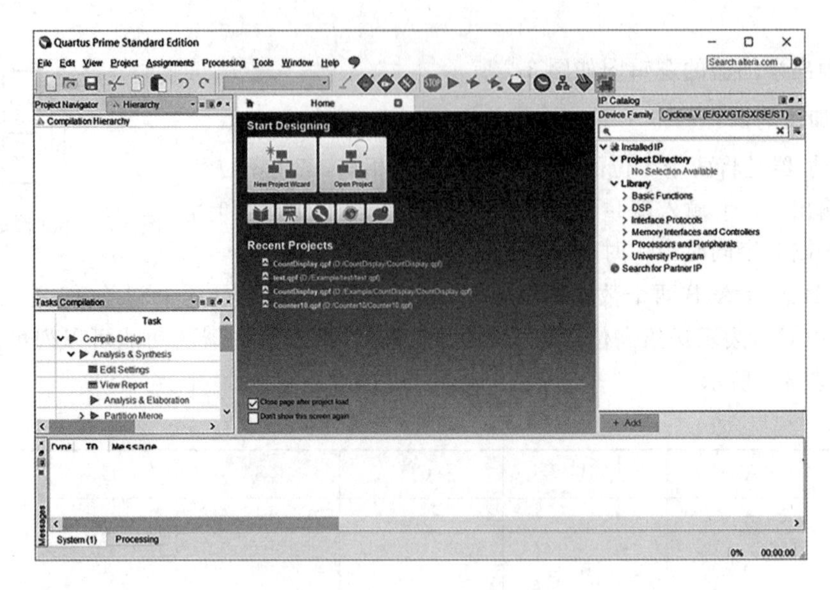

图 3-3　Quartus Ⅱ主体界面

实验步骤如下。

1）新建工程

① 在图 3-3 所示对话框中选择 File/New Projiect Wizard 菜单命令，或者点击主页面当中的相应按钮，弹出图 3-4 所示对话框，介绍创建一个工程需要执行的设置。如果以后不需要这个对话框出现，则选中 Don't show me this introduction again。

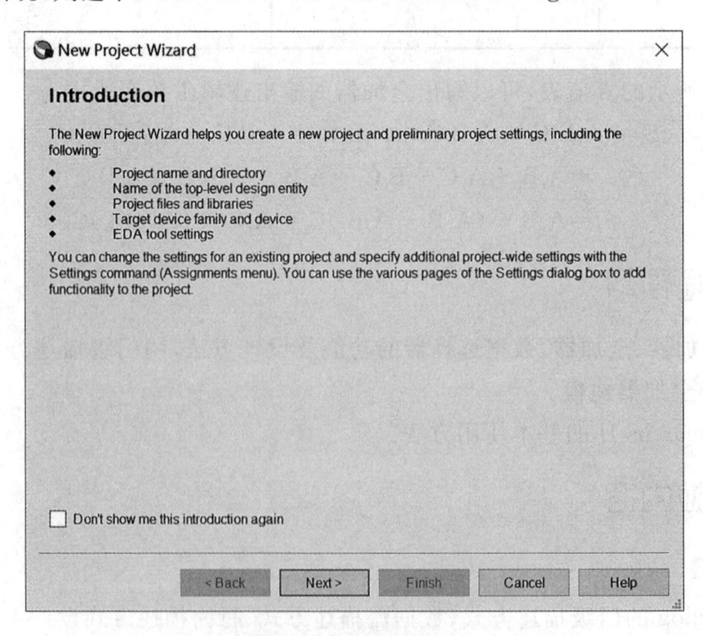

图 3-4　引导任务显示

② 点击 Next>按钮，出现新建工程的对话框，如图 3-5 所示。在此设置工程存放路径、工程名称以及顶层实体名。

此处设定工程的工作目录为 D:\altera\example\HalfAdder。工程必须有一个名字，一般情况下，这个工程的名字与设计的顶层文件同名，这里我们将工程命名为 HalfAdder。点击 Next>按钮，将自动创建 HalfAdder 文件夹。

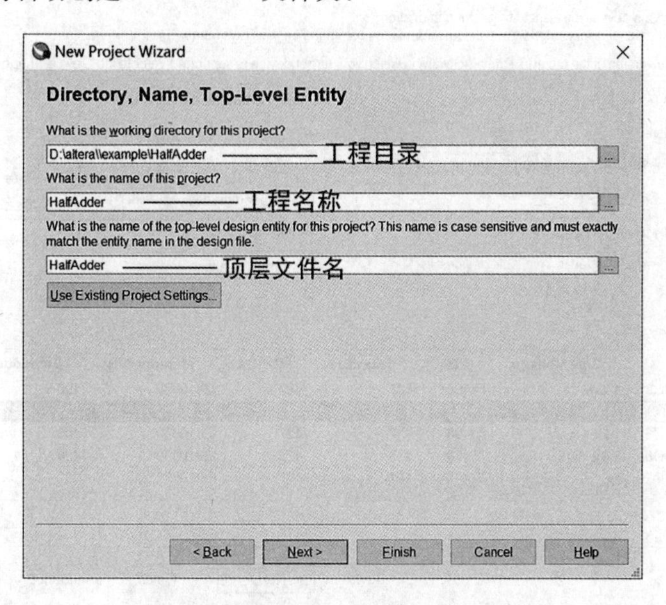

图 3-5　指定设计工程的目录和名字

③ 再次点击 Next>按钮，进入添加设计文件对话框，如图 3-6 所示。点击 Add 按钮可以添加已有的设计文件。此处还未建立源文件，不添加。点击 Next>按钮，跳过该对话框，出现图 3-7 所示的选择器件对话框。

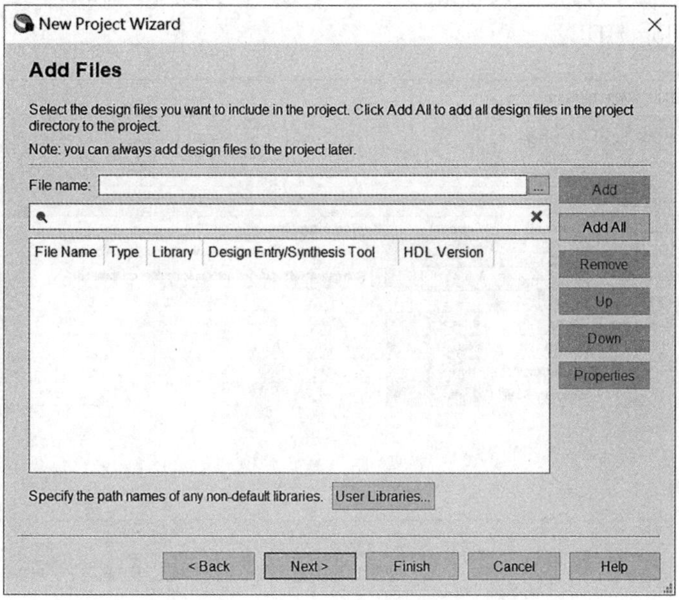

图 3-6　添加用户文件

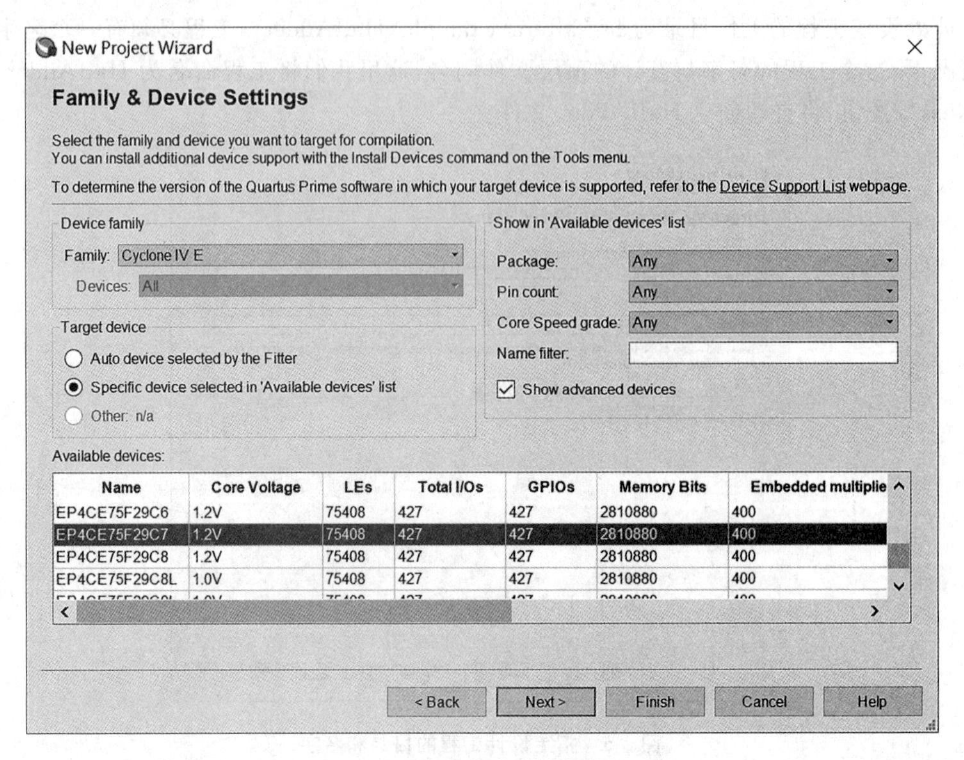

图 3-7　指定器件系列及型号

④ 选择将要使用的目标器件。此处选择 DE2 开发板上 Cyclone IV E 系列的 EP4CE115F29C7 器件。

⑤ 在图 3-8 所示对话框中设置第三方 EDA 工具。持续 Simulation 选用 ModelSim-Altera，格式为 Verilog HDL。

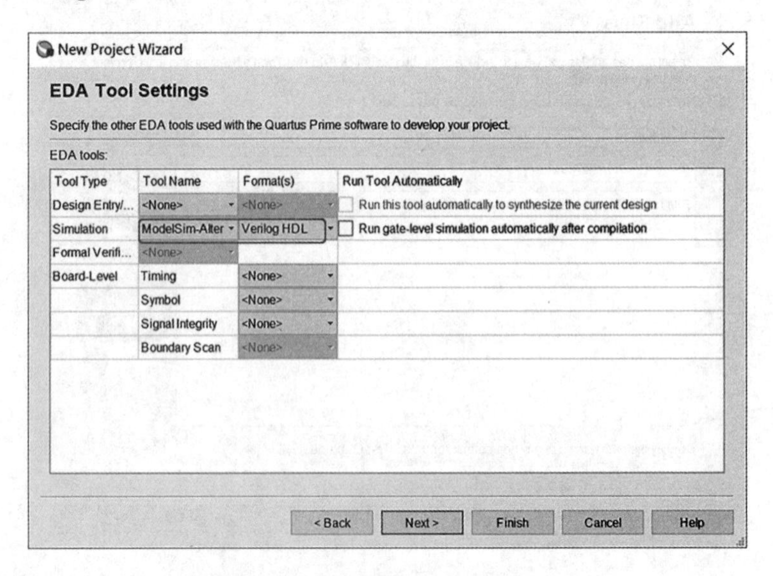

图 3-8　指定第三方 EDA 工具

⑥ 点击 Next>按钮，会出现设计一览对话框。在该对话框点击 Finish>按钮，返回 Quartus 界面，HalfAdder 已经成为当前工程了，如图 3-9 所示。

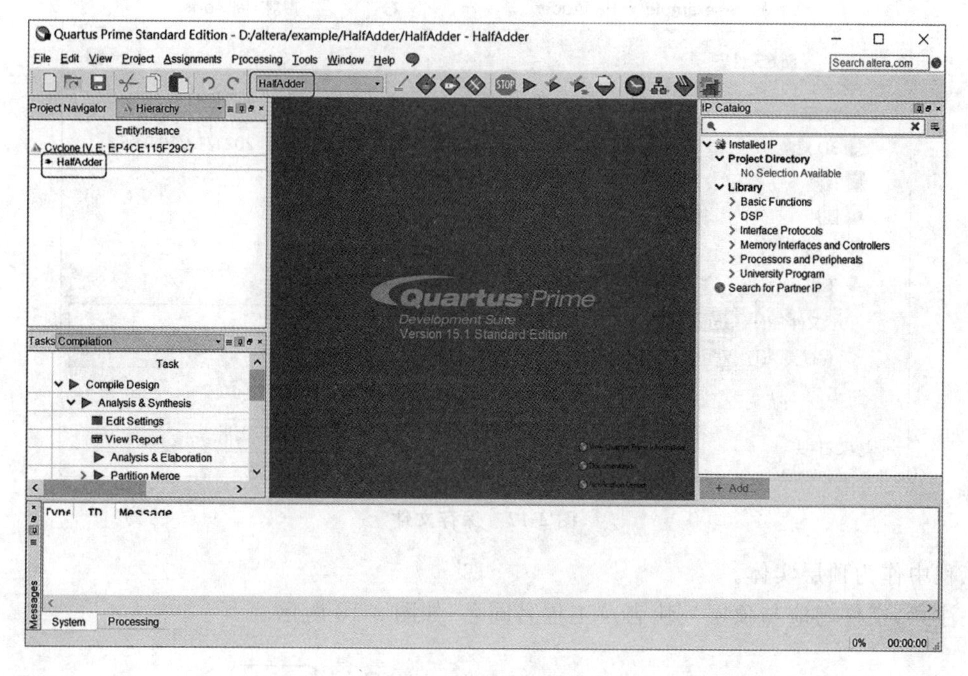

图 3-9 显示已建工程

2）输入设计文件

① 选择 File/New 菜单，打开图 3-10 所示对话框，选择 Verilog HDL File，单击 OK 按钮打开文本编辑器。

② 在图 3-11 所示的对话框中录入源程序。顶层模块名为 HalfAdder。

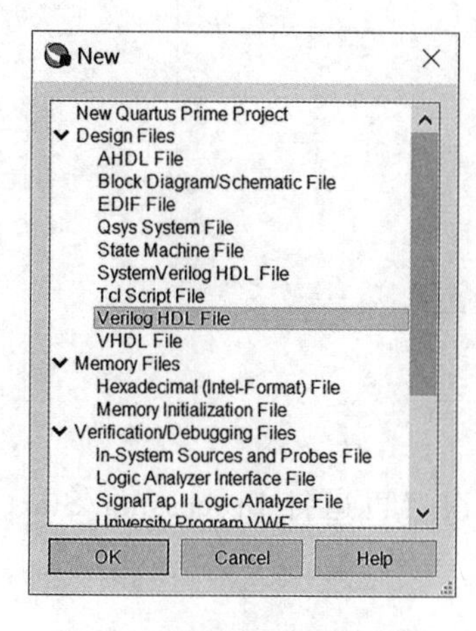

图 3-10 新建文件类型选择

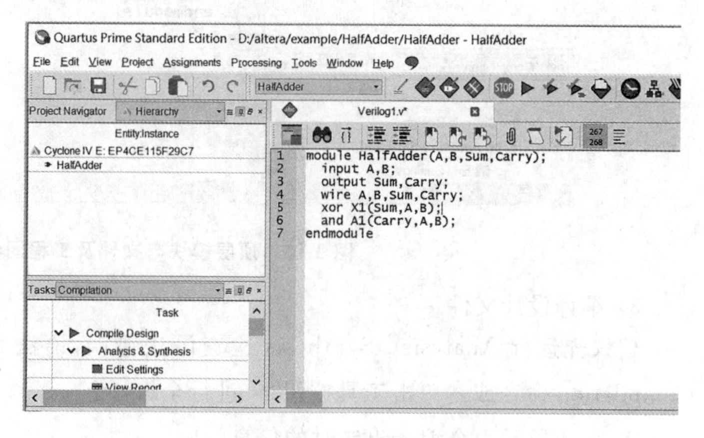

图 3-11 文本编辑器

③ 保存源文件。单击 File/Save，弹出图 3-12 所示保存文件对话框。在保存类型中选择 Verilog HDL File(＊.v＊.vlg＊.verilog)，在文件名中输入 HalfAdder，并把该文件加入

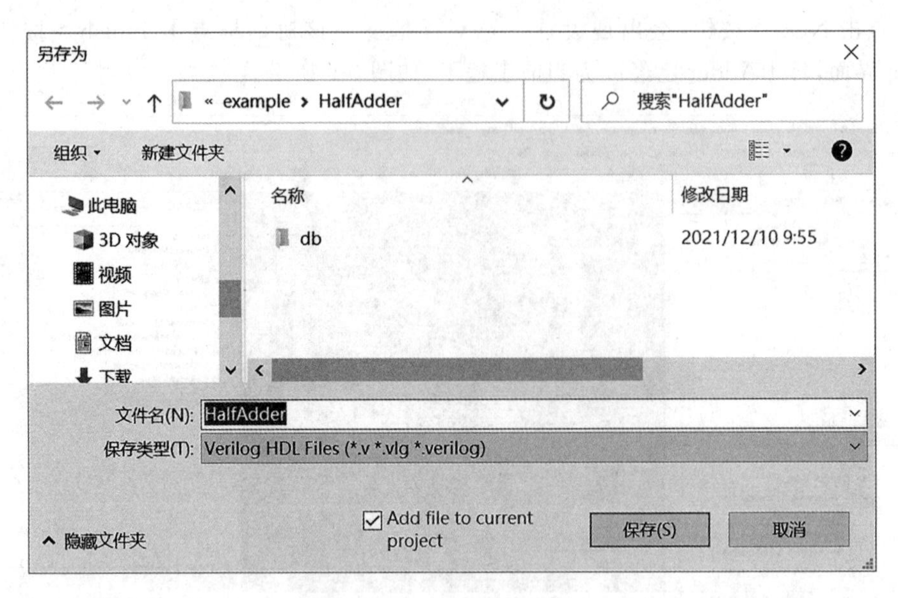

图 3-12 保存文件

到工程中作为顶层实体。

注意,文件名应与顶层模块名及工程名同名,如图 3-13 所示。

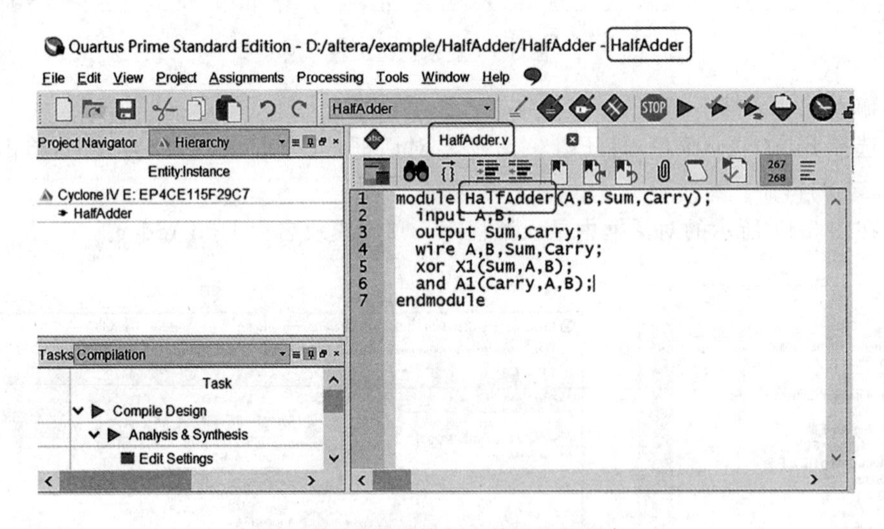

图 3-13 顶层模块与文件及工程同名

3) 编译设计文件

建议先运行 Analysis&Synthesis 检查语法错误,语法无误后再运行 Processing/Start Compilation 命令或者单击工具按钮 ▶ 进行全编译。

图 3-14 所示为全编译出错时的信息。

如果在编译过程中有错误出现,则编译会自动终止,并在消息框中显示错误信息。双击错误或信息提示,Quartus 会自动在源文件中定位错误的位置并高亮度显示。要获得关于该错误的更多帮助,可以选中该错误信息,并按 F1 键。

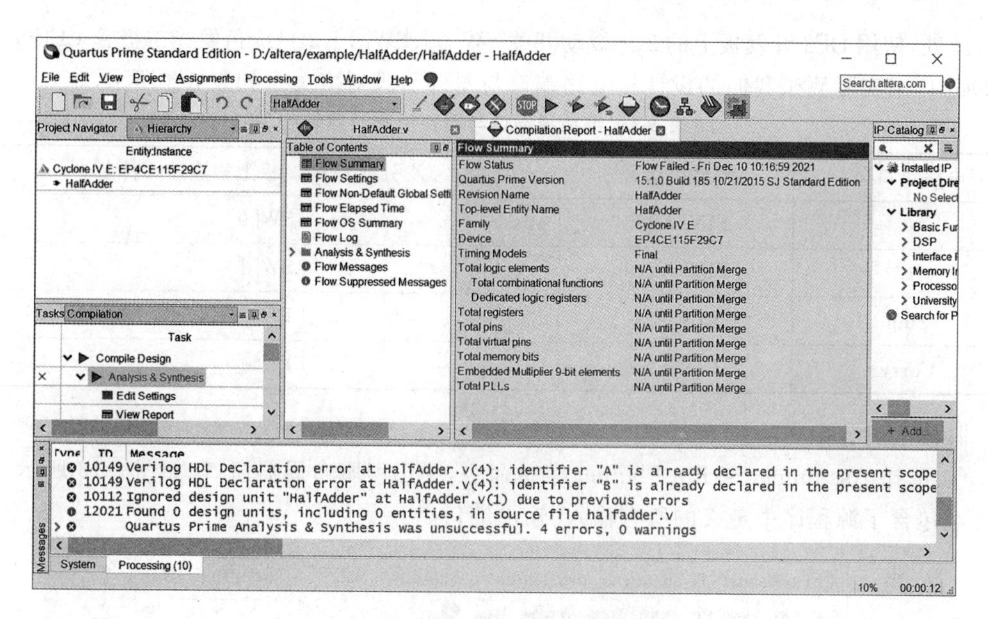

图 3-14 编译报告及错误信息提示

逐条修改错误信息，重新编译，直到成功为止。编译成功的对话框窗口信息如图 3-15 所示。

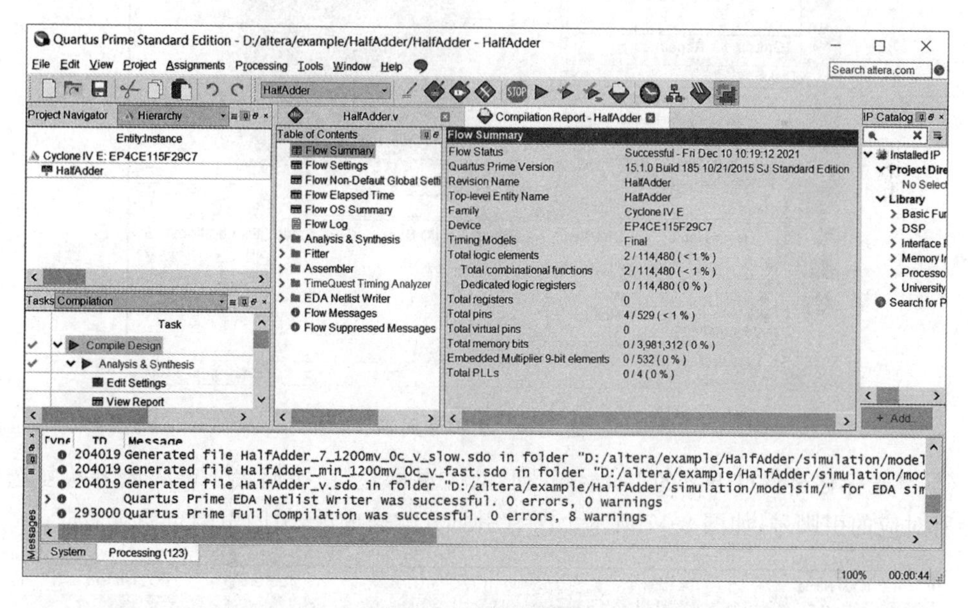

图 3-15 编译成功

4）分配引脚

本设计有两个输入变量 A、B，两个输出变量 Sum、Carry。实验通过采用 DE2 教学开发板上的开关、发光二极管等外围资源验证设计的正确性。因此，必须依据 DE2 使用手册所列出 FPGA 的 I/O 口与外围器件连接引脚来对设计文件中的输入、输出端口做正确设定。DE2 开发板中引脚配置信息见附表 1。

此处,使用 DE2 开发板上的 2 只拨动开关 SW[0]、SW[1],2 只绿色发光二极管 LEDG[0]、LEDG[1]来实际测试我们的设计。电路端口与器件引脚对应关系如表 3-3 所示。

表 3-3　半加器端口与器件引脚对照表

电路端口名	器件引脚号	该引脚与 DE2 板上相连的元件名
A	PIN_AB28	SW[0]
B	PIN_AC28	SW[1]
Sum	PIN_E21	LEDG[0]
Carry	PIN_E22	LEDG[1]

具体引脚分配方法如下。

① 选择 Assignments/Pin Planner 菜单命令,弹出引脚布局器窗口,如图 3-16 所示。此处已经包含了源程序中定义的所有输入、输出端口。

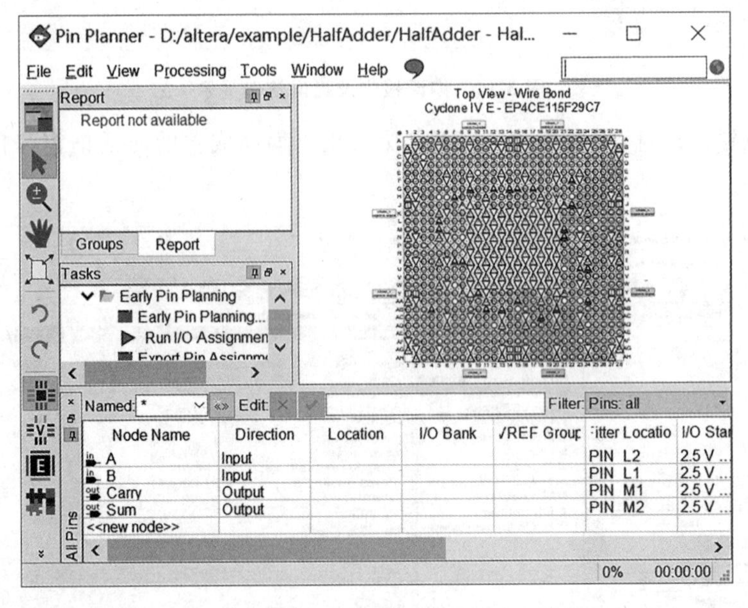

图 3-16　引脚布局器

② 将光标移至窗口下方的 Location 列,双击鼠标左键,按照表 1 键入或者从复选框中选择所对应的引脚号,如图 3-17 所示。所有引脚分配完成后,关闭引脚布局对话框。

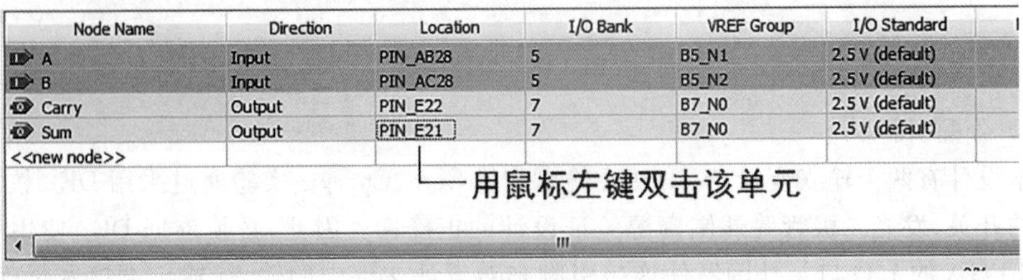

Node Name	Direction	Location	I/O Bank	VREF Group	I/O Standard
A	Input	PIN_AB28	5	B5_N1	2.5 V (default)
B	Input	PIN_AC28	5	B5_N2	2.5 V (default)
Carry	Output	PIN_E22	7	B7_N0	2.5 V (default)
Sum	Output	PIN_E21	7	B7_N0	2.5 V (default)
<<new node>>					

用鼠标左键双击该单元

图 3-17　半加器引脚分配

注意，源文件中修改端口后，需要重新保存、编译、分配引脚。若此时修改之前的端口，将在引脚布局器对话框中继续存在，需要手动删除。

图 3-18 所示是将输出端口 Sum 改成 S 后，引脚布局器中所记录的所有电路端口。其中，Sum 是多余的，应删除；S 是新增的端口，仍与 LEDG[0]对应，分配引脚号 PIN_E21。

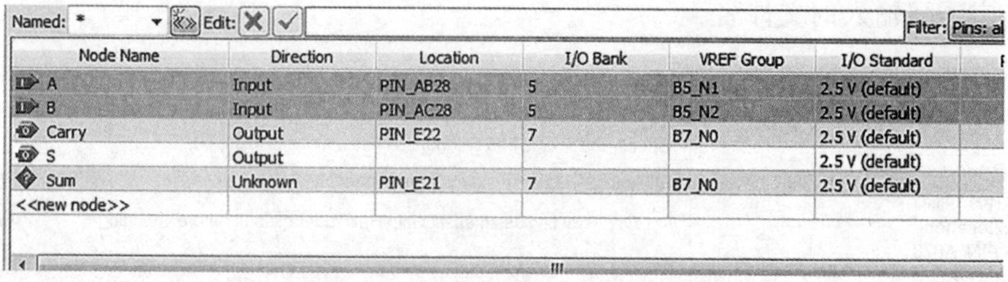

Node Name	Direction	Location	I/O Bank	VREF Group	I/O Standard
A	Input	PIN_AB28	5	B5_N1	2.5 V (default)
B	Input	PIN_AC28	5	B5_N2	2.5 V (default)
Carry	Output	PIN_E22	7	B7_N0	2.5 V (default)
S	Output				2.5 V (default)
Sum	Unknown	PIN_E21	7	B7_N0	2.5 V (default)
<<new node>>					

图 3-18 引脚布局器中包含源程序中曾经存在过的电路端口

删除方法：用鼠标左键单击选中某一个引脚后，按键盘上的 Delete 键。

③ 设置未用引脚。在 Quartus 主界面选择 Assignments/Device 命令，打开 Device 对话框框。单击 Device and Pin Options>按钮，在弹出的左侧列表中选 Unused Pins，然后在右侧复选框中选 As input tri－stated with weak pull－up，即将 FPGA 器件上所有未使用的引脚设置成三态输入，且器件内部有上拉电阻，也就是将引脚设为高电平输入，如图 3-19 所示。设置完成后点击 OK 按钮关闭对话框。

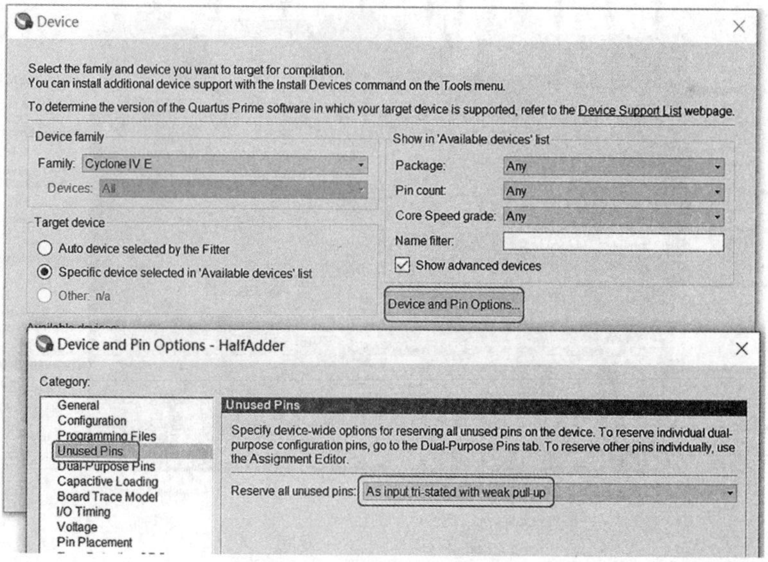

图 3-19 未使用引脚设置

④ 运行 Processing/Start Compilation 命令，再次对设计工程进行全编译，适配器才能将用户指定的 FPGA 引脚分配到电路相应端口，完成引脚分配。

当电路端口较多，或者该引脚配置方式会被多次使用时，可以先编写引脚配置文件，然后导入。具体方法如下。

① 用普通文本编辑器，比如记事本，创建一个以逗号分隔的文本文件，格式如图 3-20

所示。

② 将文件以 *.csv 为文件名保存，建议保存路径与工程存放路径一致。文件名后缀.csv 的含义是数据之间以逗号分隔。例如，本例半加器的配置文件为 HalfAdder.csv。

③ 选择 Assignments/Import Assignments 菜单命令，弹出图 3-21 所示对话框，在该对话框中指定需要输入的文件名。

图 3-20 引脚分配文本文件

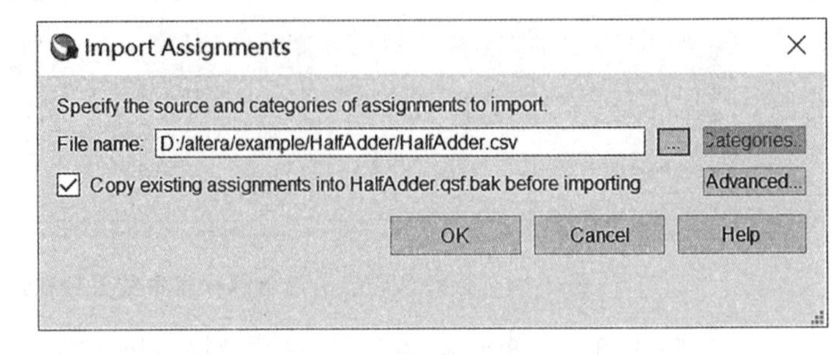

图 3-21 引脚分配文件导入

5）使用 JTAG 模式对 FPGA 器件编程

DE2 开发板结构如图 3-22 所示。

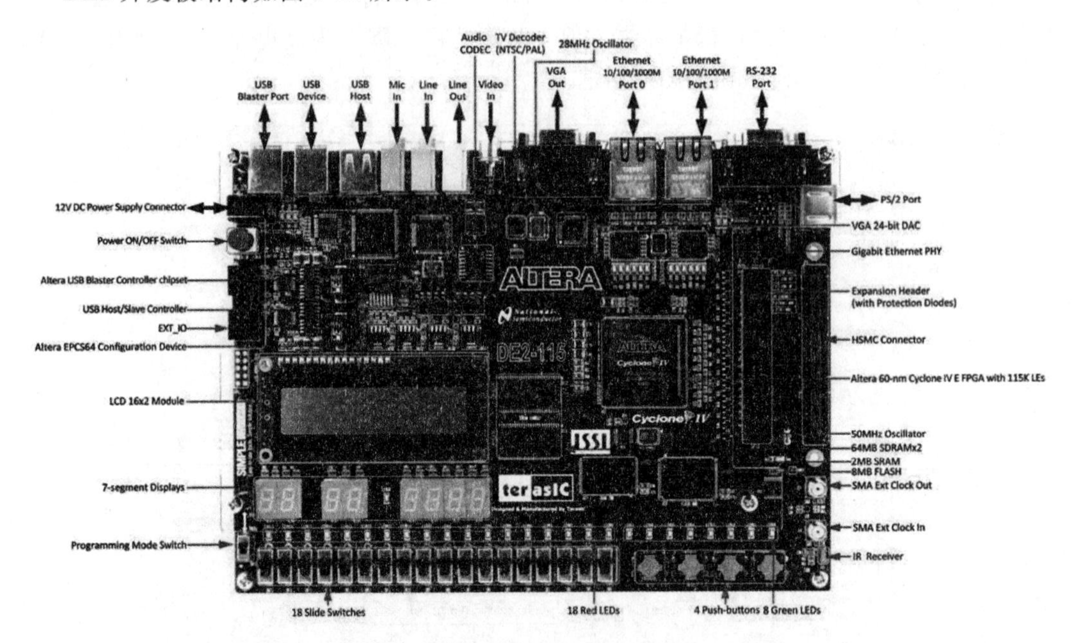

图 3-22 DE2 开发板

① 用电缆线将 DE2 开发板最上边靠左的 USB 接口与计算机的 USB 口进行连接。将电源线接入开发板左上方的 12V DC 插孔。

② 将开发板左下方 RUN/PROM 开关拨到 RUN 位置。

③ 选择 Tools/Programmer 菜单命令，打开图 3-23 所示的编程配置对话框。

检查编程数据文件 *.sof 是否在列表中，如果不在，则点击对话框左侧的 Add File 按钮添加。

确认 Device 栏下面的器件是 EP4CE115F29，并勾选 Program/Configuer 栏下面的复选框，选中编程操作。

④ 指定编程硬件和编程模式。在图 3-23 所示的 Mode 下拉列表中选择 JTAG 编程模式。单击左上角的 Hardware Setup＞按钮，在弹出对话框中选择 Usb-Blaster，如图 3-24 所示，点击 Close 按钮，返回编程配置对话框。

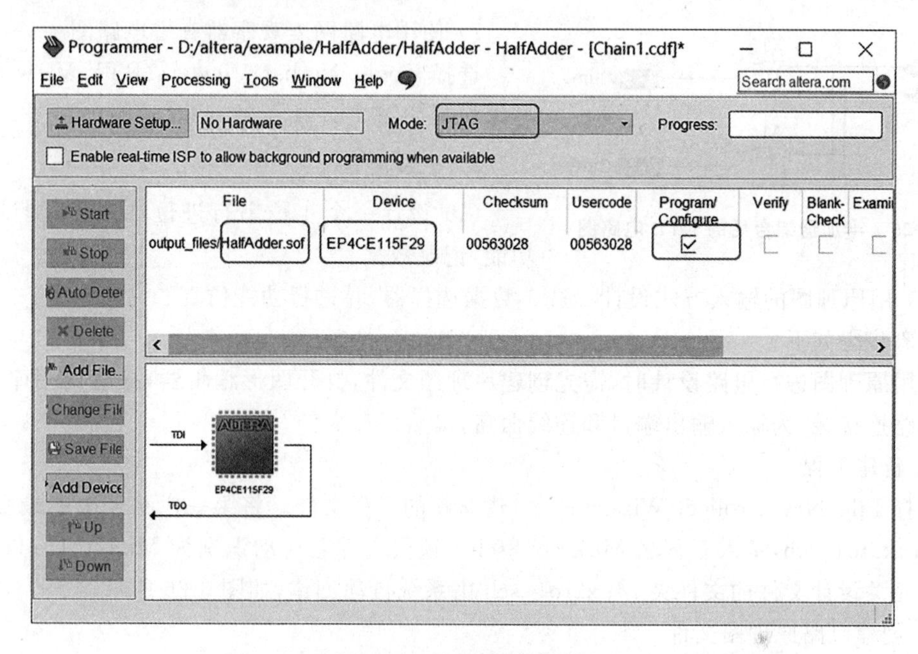

图 3-23　编程配置对话框

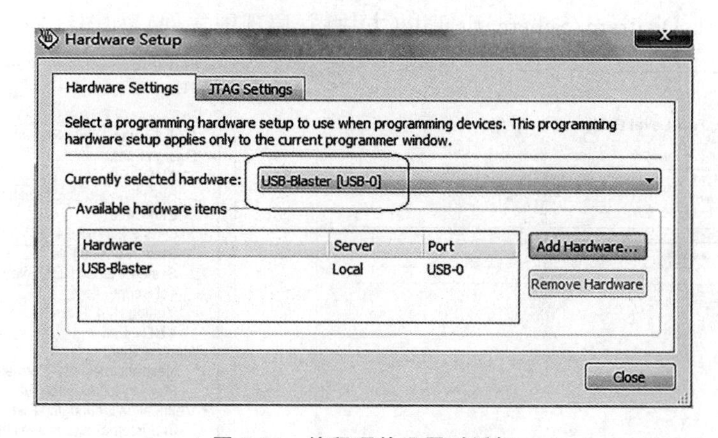

图 3-24　编程硬件设置对话框

⑤ 点击编程配置对话框中左侧的 Start 按钮，开始编程。编程进度在对话框右侧的 Progress 中显示。编程结束时会有提示信息出现。若报告有错误，则表明编程失败，需要检查硬件连线及电源等。

6）测试硬件电路功能

将代表电路输入的两个开关 SW[1]和 SW[0]的状态分别设为 00、01、10、11，同时观察代表电路输出的两个绿色发光二极管 LEDG[0]和 LEDG[0]的变化是否满足半加器的逻辑功能。

若电路工作不正常,就先要确认引脚分配是否正确。若想要对设计电路做一些修改,则先要关闭编程配置对话框,然后修改源文件,重新全编译,产生新的编程数据文件,对开发板重新编程。

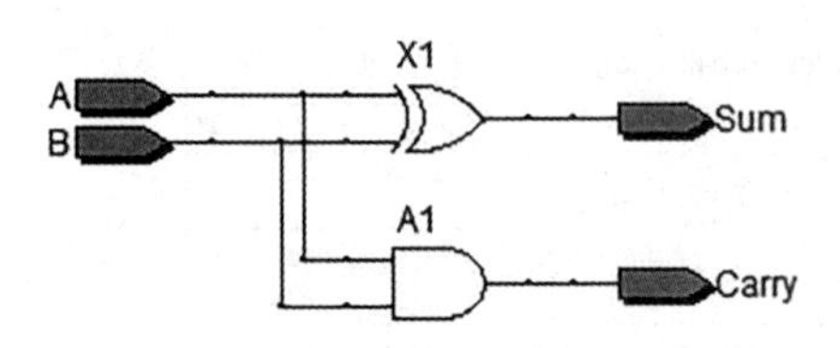

图 3-25　半加器综合后的 RTL 电路图

7) 使用电路网表观察器查看电路图

选择 Tools/Netlist Viewers/RTL View 命令,可以看到如图 3-25 所示的 RTL 逻辑电路图。

2. 扩展内容

(1) 设计一个 4 位串行进位加法器,测试电路功能,记录数据。

(2) 用原理图的输入方式设计 2 选 1 数据选择器,并进行功能仿真。

实验步骤如下。

采用原理图进行电路设计时,需先创建原理图文件,打开图形编辑器,接着调用库元件,再画电路连接线,为输入输出端口和连线命名,最后保存文件。

1) 新建工程

选择 File/New Projiect Wizard 命令,建立新的工程文件。将第一栏路径中的最后一项设为 Mux2to1_sch,键入工程名 Mux2to1_sch。顶层文件名自动识别为 Mux2to1_sch,存放该工程相关设计文件的文件夹 Mux2to1_sch 由系统自动创建,如图 3-26 所示。

2) 创建电路原理图文件

选择 File/New 命令,在弹出的新建文件类型选择对话框中将 Design Files 中的输入文件类型选为 Block Diagram/Schematic File(方块图/原理图文件),如图 3-27 所示。

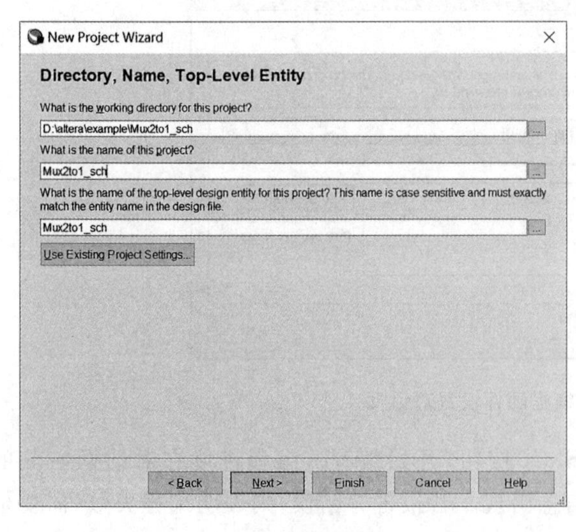

图 3-26　新建工程

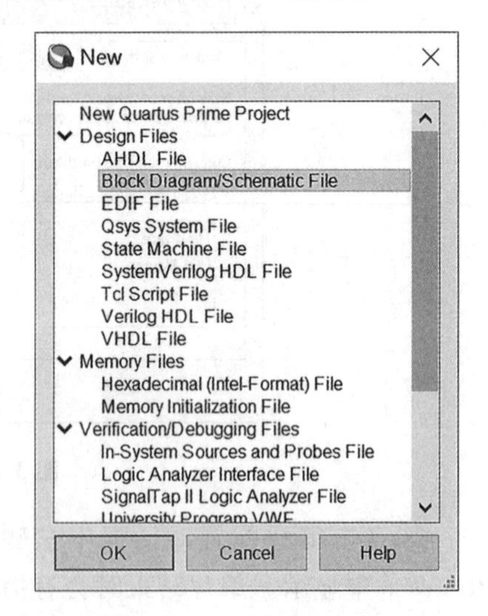

图 3-27　文件类型选择

3) 保存文件

单击 File/Save as 菜单,打开图 3-28 所示对话框,保存类型选择 Block Diagram/Schematic File(*.bdf),文件名中输入 Mux2to1_sch,此处的文件名应与图 3-26 所示中的完全一致,勾选 Add file to current project,单击保存(S)按钮,将文件在设定目录中保存为 Mux2to1_sch.bdf,并把该文件加入到工程中作为顶层实体。

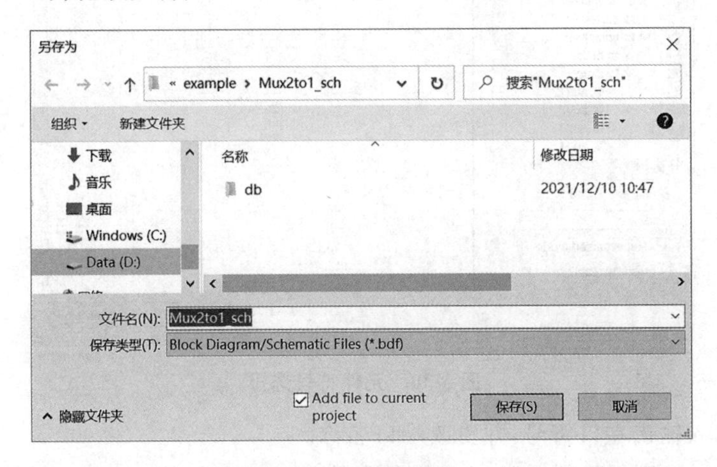

图 3-28　保存文件

4) 绘制原理图

图形编辑器对话框如图 3-29 所示。

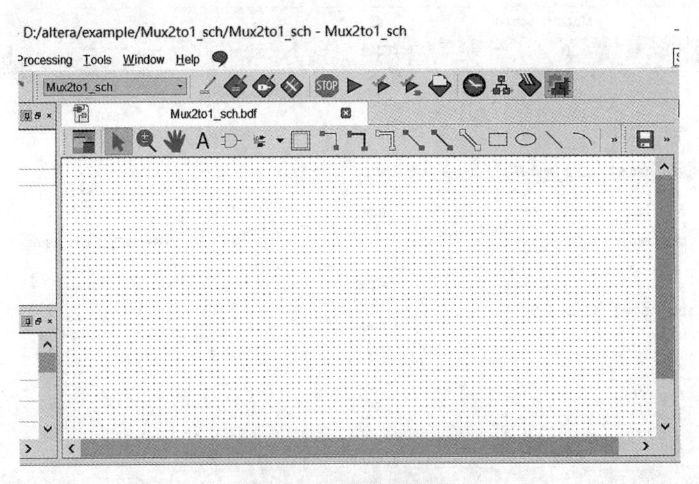

图 3-29　图形编辑器

(1) 放置库元件符号。

在图形编辑器对话框双击及鼠标左键或点击工具条上的工具按钮,弹出元件符号选择对话框。按照图 3-30 所示,在库文件列表框中选择 primitives 库下面的子库 logic,logic 库中包含了基本的逻辑电路。选择 2 输入与门"and2",单击 OK 按钮,该符号就会出现在图形编辑器对话框。按照同样的方法放置电路图中的其他元件符号,相同的符号可以采用复制粘贴。

需要调整元件布局时,可以通过长按鼠标左键来拖动符号。通过工具按钮可以实现元件符号水平翻转、垂直翻转、逆时针旋转 90°。

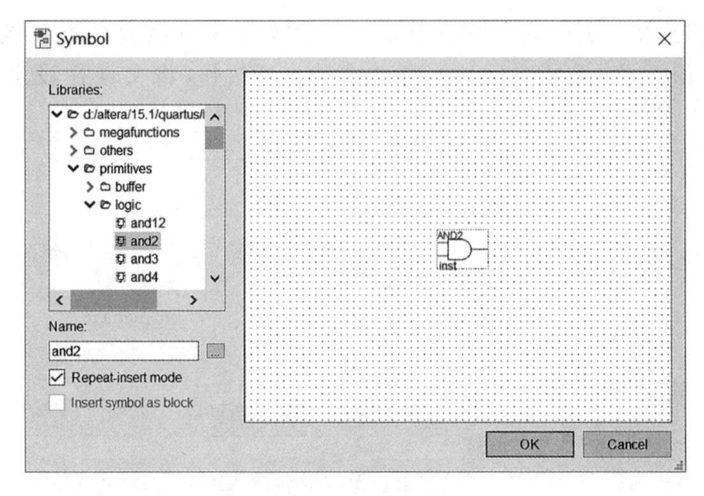

图 3-30　元件符号选择

(2) 放置输入输出端口符号,并更改端口名称。

选择 primitives 库下面的子库 pin,分别选择 input(输入端口)、output(输出端口)放置在电路中,如图 3-31 所示。双击放置的端口符号,弹出图 3-32 所示的端口属性修改对话框,在 Pin name(s)栏中修改端口名。

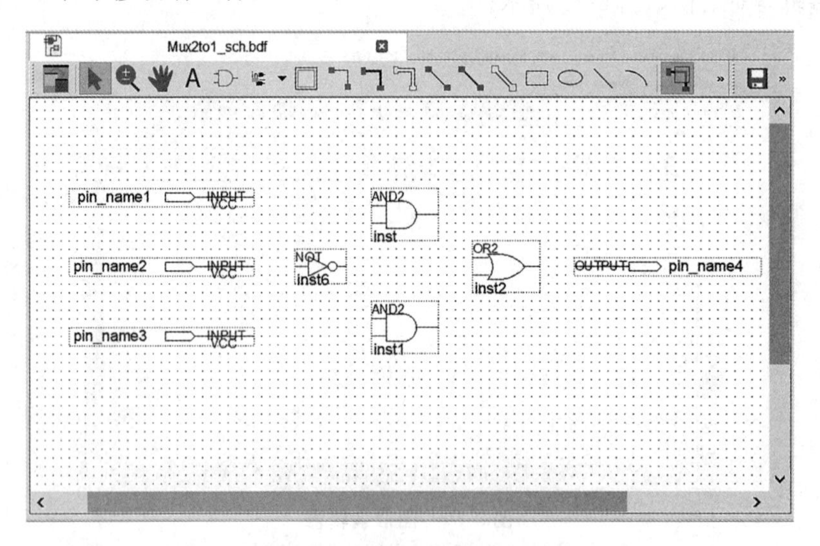

图 3-31　放置元件符号及端口

(3) 绘制连线。

点击工具条上的连线工具按钮,单击鼠标左键开始画线,再次点击左键完成一段线段的绘制,但并不退出画线命令。绘制完成的原理图如图 3-33 所示。

注意,绘制的过程中要及时保存文件。

5) 编译电路

运行 Processing/Start Compilation 菜单或者单击主工具按钮 ▶ 运行编译器。如果在编译过程中有错误出现,编译会自动终止,并在原理图中错误地方标识“×”。更改错误连

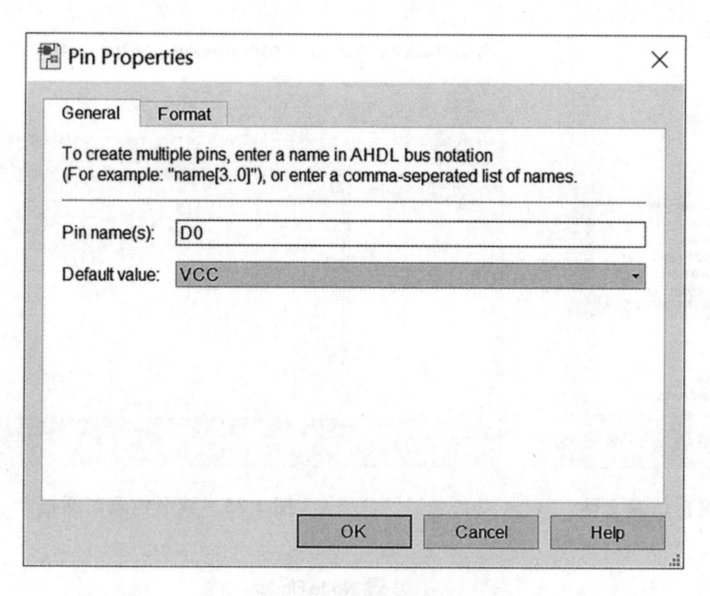

图 3-32　端口名修改

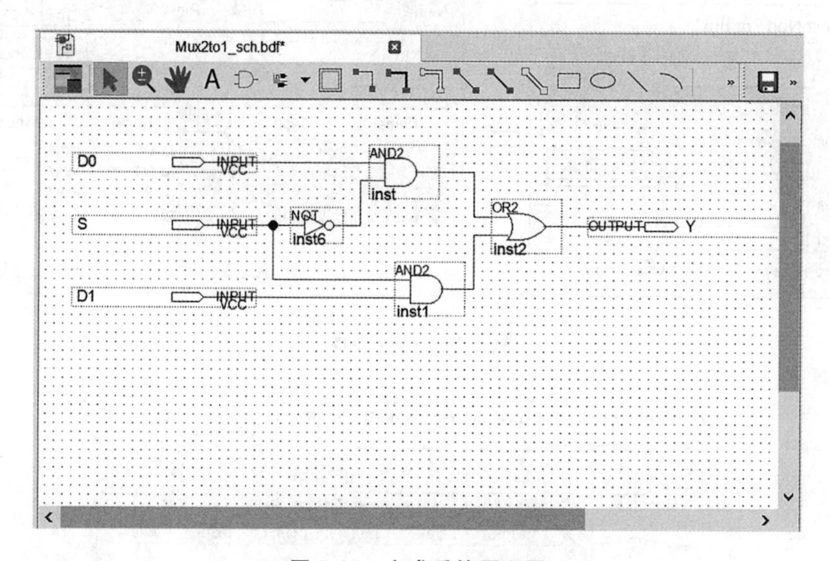

图 3-33　完成后的原理图

线，保存并重新编译，直到编译通过。

6）功能仿真

① 选择 File/New，在图 3-34 所示的新文件管理对话框选择 University Program VWF，新建波形仿真文件，打开如图 3-35 所示的波形仿真对话框。

② 双击波形仿真对话框左侧空白页面，在弹出的 Insert Node or Bus 对话框中点击 Node Finder 按钮，打开 Node Finder 对话框，依次点击 List→≫或>，选中需要仿真的端口，如图 3-36 所示。

③ 端口选择完成后，点击 OK 按钮，保存设置，在打开的图 3-37 所示对话框中添加各类输入激励。

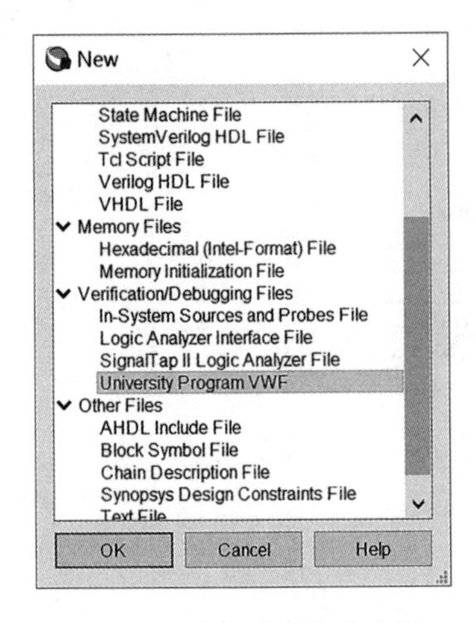

图 3-34　选择波形仿真文件

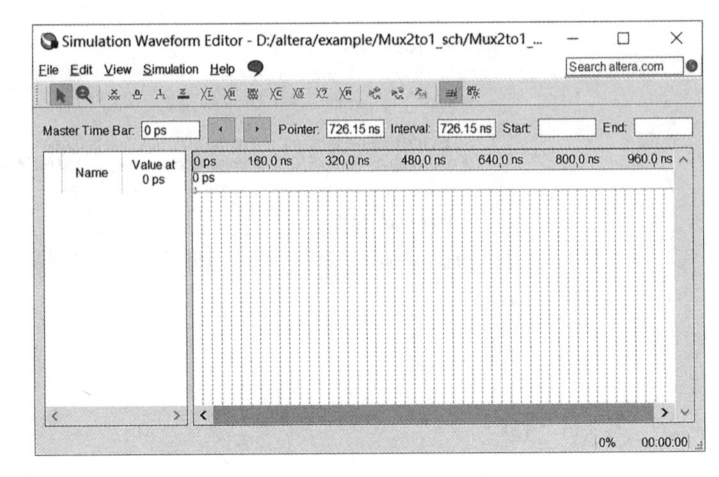

图 3-35　波形仿真对话框

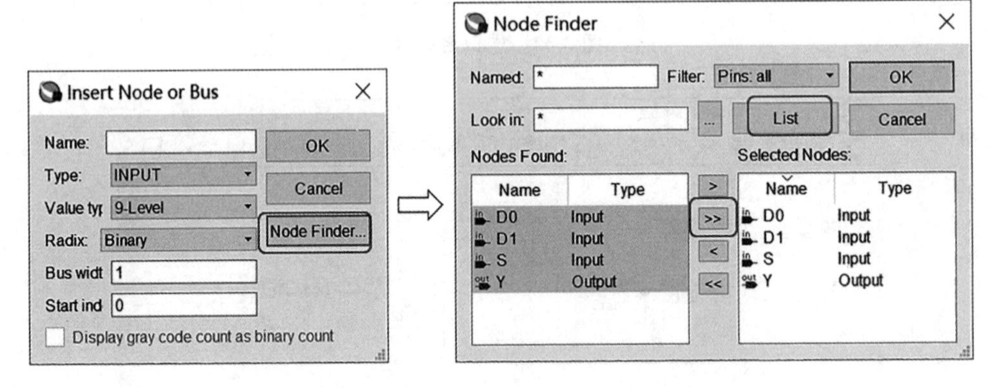

图 3-36　端口选择

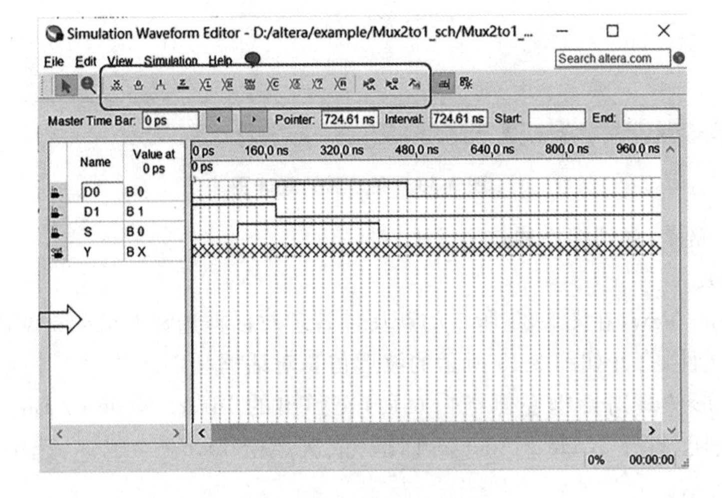

图 3-37　激励输入设置

④ 点击，运行功能仿真。仿真结果如图 3-38 所示。分析仿真波形，若有逻辑错误，则返回修改设计。

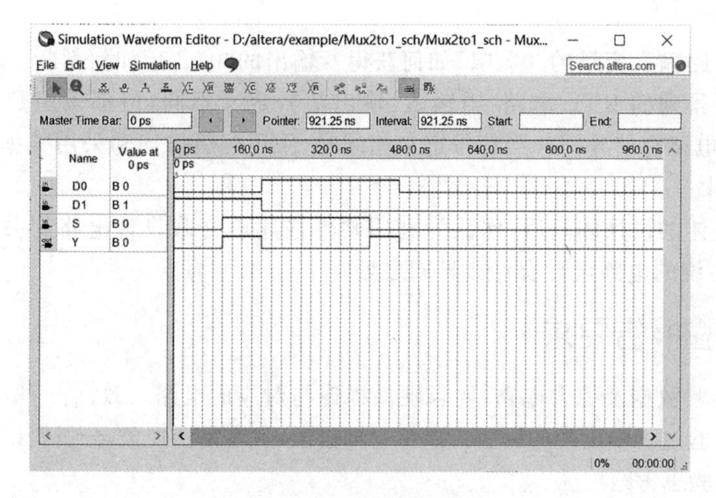

图 3-38 功能仿真结果

7）分配引脚

运行 Assignments/Pin Planner 菜单命令，打开引脚布局器对话框，按照表 3-4 进行引脚分配。

表 3-4 2 选 1 数据选择器端口与器件引脚对照表

电路端口名	器件引脚号	该引脚与 DE2 板上相连的元件名
D0	PIN_AB28	SW[0]
D1	PIN_AC28	SW[1]
S	PIN_AC27	SW[2]
Y	PIN_E21	LEDG[0]

使 DE2 开发板上的拨动开关 SW[0]对应 D0、SW[1]对应 D1、SW[2]对应 S，绿色发光二极管 LEDG[0]对应输出 Y。配置完成后，器件引脚号会在原理图端口名旁边显示出来，如图 3-39 所示。

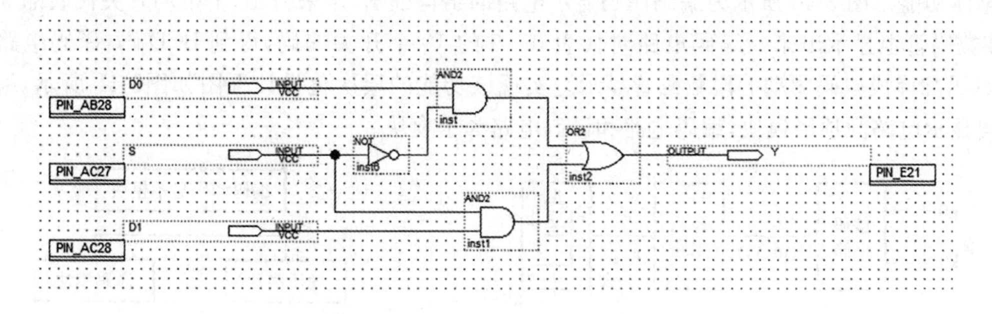

图 3-39 引脚配置完成后的原理图

最后进行器件编程及硬件功能测试。

(五) 思考题

(1) 数字电路输入变量的"0"、"1"如何获得？输出的"0"、"1"如何判断？

(2) 观察所得到的 RTL 电路：当输入、输出信号定义不同，但都采用数据流方式描述时，综合得到的电路有何异同？当信号定义相同时，采用门级描述和采用数据流描述所得到的电路有何异同？

(3) 通过具体的设计体验后，你认为利用硬件描述语言来设计电路的关键点或关键步骤是什么？与传统的电路设计有什么异同之处？

(六) 实验报告要求

(1) 整理实验数据及综合电路，要求硬件描述与对应的电路一致。

(2) 记录实验过程中出现的语法错误及逻辑错误，观察错误现象，分析错误产生的原因。

(3) 回答实验思考题。

(4) 对本次实验进行总结，写出体会及其收获。

实验 2　组合电路的 Verilog HDL 设计

(一) 实验目的

(1) 掌握用 Verilog HDL 的行为级描述对组合逻辑电路建模的方法；

(2) 理解并掌握基于 Verilog HDL 的层次电路设计时，参数传递的基本语法和使用规范；

(3) 理解引脚配置的目的，掌握层次电路中引脚配置的方法，会进行电路测试，并结合测试现象进行数据分析。

(二) 实验原理

模块是 Verilog HDL 的基本描述单位，每个模块实现一个特定功能。采用自顶向下的设计思想进行数字电路设计时，将电路分割成特定功能的子模块，通过顶层模块调用子模块来实现整体功能。图 3-40 所示为编码译码显示电路的结构框图，用来将 10 个拨动开关代表的 0 到 9 在数码管上显示出来。编码电路对代表 0～9 的 10 个开关编码，得到 BCD 码，译码电路将 BCD 码翻译成段码驱动七段数码管显示。实现该功能的层次化设计框图如图3-41 所示，编码译码显示电路为顶层模块，编码电路和译码电路为子模块。

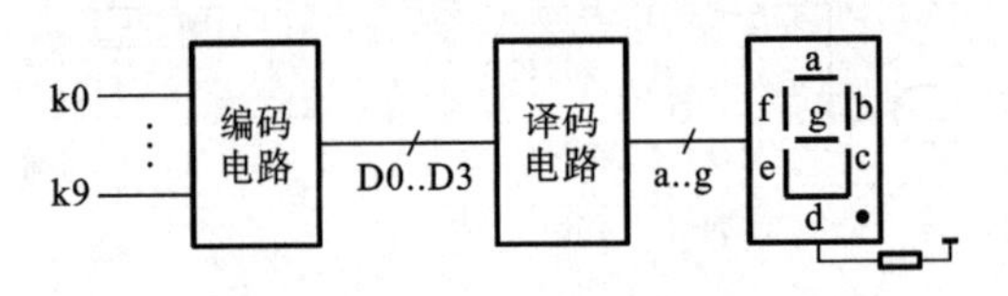

图 3-40　码译码显示电路框图

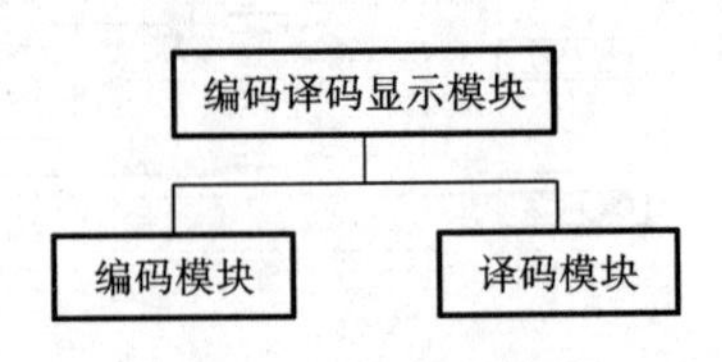

图 3-41　层次化设计框图

1. 译码器设计

七段发光二极管显示译码器 CD4511 是输入为 8421BCD 码、输出为高电平有效的显示译码器,用来驱动共阴极显示器。CD4511 的逻辑功能表如表 3-5 所示。

表 3-5　CD4511 功能表

输入							译码输出							
使能输入			变量输入											
$\overline{LT}$	$\overline{BL}$	LE	D	C	B	A	a	b	c	d	e	f	g	显示
1	1	0	0	0	0	0	1	1	1	1	1	1	0	0
1	1	0	0	0	0	1	0	1	1	0	0	0	0	1
1	1	0	0	0	1	0	1	1	0	1	1	0	1	2
1	1	0	0	0	1	1	1	1	0	0	1	1	1	3
1	1	0	0	1	0	0	0	1	1	0	0	1	1	4
1	1	0	0	1	0	1	1	0	1	1	0	1	1	5
1	1	0	0	1	1	0	0	0	1	1	1	1	1	6
1	1	0	0	1	1	1	1	1	0	0	0	0	1	7
1	1	0	1	0	0	0	1	1	1	1	1	1	1	8
1	1	0	1	0	0	1	1	1	1	0	0	1	1	9
0	×	×	×	×	×	×	1	1	1	1	1	1	1	
1	0	×	×	×	×	×	0	0	0	0	0	0	0	
1	1	1	×	×	×	×	※	※	※	※	※	※	※	※
※　表示状态锁定在 LE=0 时,D～A 的状态														

$\overline{LT}$:试灯端,低电平有效,当其为低电平时,所有笔画全部亮。

$\overline{BL}$:灭灯端,低电平有效,当其为低电平时,不管输入的数据状态如何,其输出全为低电平,即所有笔画熄灭。

LE:选通/锁存端,它是一个复用的功能端,当输入为低电平时,其输出与输入的变量有关;当输入为高电平时,其输出仅与该端为高电平前的状态有关,并且输入 DCBA 端不管如何变化,其显示数值保持不变。

DCBA:8421BCD 码输入端,其中 D 位为最高位。

a～g:输出端,为高电平有效,故其输出应与其阴极的数码管相对应。

用 Verilog HDL 设计显示译码电路,可参照二进制译码器设计示例中的行为描述方式。

例　带使能信号的 2 线-4 线译码器的 Verilog 描述。使能信号以及译码输出信号均为低电平有效。

设使能信号为 EN,输入变量为 A0,A1,输出变量为 Y0,Y1,Y2,Y3。当使能信号 EN 无效时,译码输出端均为高电平,当 EN 有效时,输入变量所对应的译码输出端为低电平。

```
/* 用 if语句描述模块的功能
always @ (A,En)
    if (EN==1)Y=4'b1111;          //使能信号无效时,执行该语句,设定输出端均为 1
else if (A==2'b00)  Y=4'b1110;    //使能信号有效时,译码
        else if (A==2'b01)  Y=4'b1101;
            else if (A==2'b10)   Y=4'b1011;
                else if (A==2'b11)    Y=4'b0111;
endmodule
*/
/* 用 case语句描述模块的功能
always @ (A,En)
    if (EN==1)Y=4'b1111;
else case (A)                     //使能信号有效时,根据 A 的值,判断执行哪条分支
    2'b00:Y=4'b1110;              //也可写为 2'd0:Y=4'b1110
    2'b01:Y=4'b1101;              //也可写为 2'd1:Y=4'b1110
    2'b10:Y=4'b1011;              //也可写为 2'd2:Y=4'b1110
    2'b11:Y=4'b0111;              //也可写为 2'd3:Y=4'b1110
    default:Y=4'b1111;
endcase
endmodule
*/
```

2. 编码器设计

编码器是对有效输入信号进行编码,在输出端产生该信号对应的代码。优先编码器允许多个输入信号同时有效,但只对优先级最高的信号进行编码。

在 8421BCD 码优先编码器中,假设 I_9 优先级别最高,I_8 次之,I_0 最低。根据优先级别高的输入信号排斥低的特点,即可列出 8421BCD 优先编码器的优先编码表如表 3-6 所示。

表 3-6　8421BCD 优先编码表

输入										输出			
I_9	I_8	I_7	I_6	I_5	I_4	I_3	I_2	I_1	I_0	Y_3	Y_2	Y_1	Y_0
1	×	×	×	×	×	×	×	×	×	1	0	0	1
0	1	×	×	×	×	×	×	×	×	1	0	0	0
0	0	1	×	×	×	×	×	×	×	0	1	1	1
0	0	0	1	×	×	×	×	×	×	0	1	1	0
0	0	0	0	1	×	×	×	×	×	0	1	0	1
0	0	0	0	0	1	×	×	×	×	0	1	0	0
0	0	0	0	0	0	1	×	×	×	0	0	1	1
0	0	0	0	0	0	0	1	×	×	0	0	1	0
0	0	0	0	0	0	0	0	1	×	0	0	0	1
0	0	0	0	0	0	0	0	0	1	0	0	0	0

用 Verilog HDL 设计 8421BCD 码编码器设计，可参考示例中 8 线-3 线优先编码器的行为描述方式。

例 8 线-3 线优先编码器的 Verilog 描述。

表 3-7 8 线-3 线优先编码器功能表

输入									输出				
EI	I_0	I_1	I_2	I_3	I_4	I_5	I_6	I_7	A_2	A_1	A_0	GS	EO
1	×	×	×	×	×	×	×	×	1	1	1	1	1
0	1	1	1	1	1	1	1	1	1	1	1	1	0
0	×	×	×	×	×	×	×	0	0	0	0	0	1
0	×	×	×	×	×	×	0	1	0	0	1	0	1
0	×	×	×	×	×	0	1	1	0	1	0	0	1
0	×	×	×	×	0	1	1	1	0	1	1	0	1
0	×	×	×	0	1	1	1	1	1	0	0	0	1
0	×	×	0	1	1	1	1	1	1	0	1	0	1
0	×	0	1	1	1	1	1	1	1	1	0	0	1
0	0	1	1	1	1	1	1	1	1	1	1	0	1

从表 3-7 可以看出，当输入使能信号 EI 为高电平时，不编码，所有输出端均为 1。当 EI 为低电平时，启动编码，编码请求信号低电平有效，I_7 的优先级最高，I_0 的优先级最低。正常编码时，将有效输入端下标所对应的二进制数取反输出、GS＝0、EO＝1。用 Verilog 书写的代码如下：

```
    moduleEncoder8to3 (I,EI,A,GS,EO);
      input [7:0] I;              //输入变量声明
      input EI;                   //输入变量声明
    output reg [2:0] Y;           //输出变量及变量的数据类型声明
    output reg GS,EO;             //输出变量及变量的数据类型声明
    always @  (I,EI)
        if (EI==1)begin  A=3'b111;GS=1;EO=1;end
        else                      //当 EI=0 时，实现编码功能
  begin
        GS=0;EO=1;                //EI 有效时，设定 GS、EO 的值
        if(I[7]==0) A=3'b000;     //I7 优先级最高，先判断
        else if (I[6]==0)  A=3'b001;
        else if(I[5]==0)  A=3'b010;
        else if(I[4]==0)  A=3'b001;
        else if(I[3]==0)  A=3'b100;
        else if(I[2]==0)  A=3'b101;
        else if(I[1]==0)  A=3'b110;
        else if(I[0]==0)  A=3'b111;
        else begin                //EI 有效，但所有编码请求均无效时，设定所有输出端的值
```

```
            A=3'b111;GS=1;EO=0;
            end
    end
endmodule
```

(三) 实验预习

(1) 预习编码器、译码器的功能及设计方法,用行为级描述方式建模。

(2) 预习层次电路设计的一般方法。

(四) 实验内容

1. 基本内容

用 Verilog HDL 实现 CD4511,并设计译码显示电路,实现 1 位 BCD 数的显示。

实验步骤如下。

1) 新建设计工程

选择 File/NewProjiect Wizard 命令,建立新的工程文件,文件名设为 cc4511。

2) 建立 HDL 文件

① 选择 File/New/Verilog HDL File,打开文本编辑器,录入译码电路源程序,模块名设为 cc4511。点击 File/Save as,录入文件名 cc4511. v,保存源文件。

注意:文件名与模块名要保持一致。

② 运行 Analysis&Synthesis 检查语法错误。若有错误,则参照提示信息修改,保存后重新编译,直至编译通过。

3) 配置引脚

运行 Assignments/Pin Planner 菜单命令,打开引脚布局器对话框,选择合适的拨动开关及七段数码管,按照附表 1 进行引脚分配。

注意:配置完成以后,需要再运行 Processing/Start Compilation 命令或者单击工具按钮 ▶ 进行全编译。

DE2 开发板中七段数码管引脚排列如图 3-42 所示。

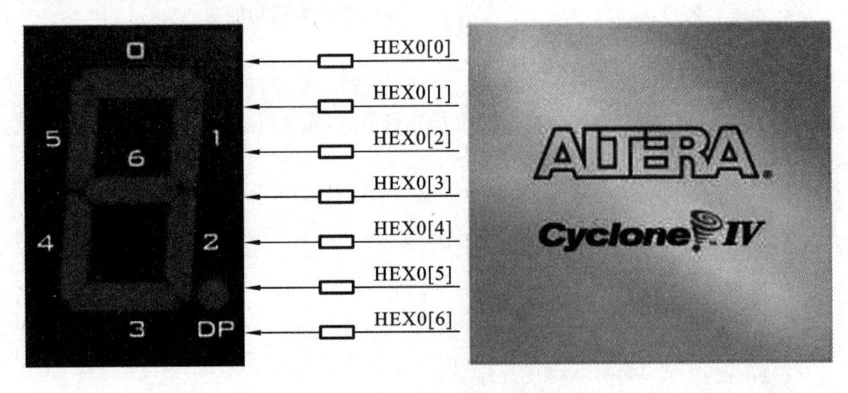

图 3-42 七段数码管引脚排列

4）编程及硬件电路测试

选择 Toos/Programmer 菜单命令，打开编程配置对话框。检查编程数据文件 *. sof 是否在列表中，如果不在，则点击对话框左侧的 Add File 按钮添加文件。

拨动开关获得不同的输入状态，同时观察七段数码管上的数据显示，测试电路的逻辑功能。

若电路工作不正常，就先要确认引脚分配是否正确。若想要对设计电路做一些修改，则先要关闭编程配置对话框，然后修改源文件，重新全编译，产生新的编程数据文件，对开发板重新编程。

2. 扩展内容

在基本内容完成的基础上，采用 Verilog HDL 的层次化设计方法设计一个编码、译码、显示电路，用 10 个拨动开关分别代表 0 到 9，并进行数值的对应显示。

设计编码电路时，既可以在上面已有的 cc4511. v 文件中单独再写一个模块（module），也可以在上述工程中新建一个文件，还可以重新建立一个工程。此处按照第三种方法给出参考步骤。

实验步骤如下。

1）新建设计工程

选择 File/NewProjiect Wizard 命令，建立新的工程文件，文件名设为 cod_decod。

2）顶层模块设计

选择 File/New/Verilog HDL File，建立顶层文件，录入编码译码显示电路源程序，模块名设为 cod_decod。点击 File/Save as，将文件也命名为 cod_decod. v。

注意：顶层模块名要与顶层文件名及工程名保持一致。

3）编码电路子模块设计

选择 File/New/Verilog HDL File，新建一个. v 文件，录入编码电路源程序，模块名设为 code。点击 File/Save as，录入文件名 code. v，保存源文件。注意，文件名与模块名要保持一致。

4）译码显示电路子模块设计。

① 选择 File/Open，按照存放路经找到基本内容设计中完成的译码显示电路 cc4511. v，打开后复制源程序。

② 选择 File/New/Verilog HDL File，粘贴复制的程序。

③ 点击 File/Save as，保存文件。注意，文件名应与模块名一致。为了避免混淆，关掉之前打开的 cc4511. v 文件。

5）编译设计文件

运行 Analysis&Synthesis 检查语法错误。

6）在顶层文件中进行引脚配置

配置完成后运行 Processing/Start Compilation 命令，对设计工程进行全编译，完成引脚分配。

7）进行编程及硬件电路测试

具体操作方法参考实验 1。

(五) 思考题

(1) 层次电路设计时,如何进行参数传递?

(2) 引脚配置的作用是什么?只要用 Veriolg HDL 进行电路设计就需要进行引脚配置?出现在模块中的所有变量都需要配置引脚?进行引脚配置的关键点是什么?

(六) 实验报告要求

(1) 整理实验数据及综合电路,要求硬件描述与对应的电路一致。

(2) 记录实验过程中出现的语法错误及逻辑错误,观察错误现象,分析错误产生的原因。

(3) 回答实验思考题。

(4) 对本次实验进行总结,写出体会及其收获。

实验 3 时序电路的 Verilog HDL 设计

(一) 实验目的

(1) 掌握用 Verilog HDL 对时序逻辑电路建模的方法;

(2) 掌握基于原理图的层次电路进行输入、编译、仿真、下载及测试的全过程,建立现代电子系统设计的整体概念;

(3) 能够通过仿真波形及硬件电路功能测试分析电路,提升数据分析能力。

(二) 实验原理

可综合的行为级描述使用由 always 定义的结构类型语句,在 always 后面跟着循环控制的条件,一般用法为:

```
always @  (敏感事件列表)
  begin:块名
          块内局部变量定义 ;
          过程赋值语句;
  end
```

1. 敏感事件列表

时序电路中,触发器状态的变化仅仅发生在时钟脉冲的上升沿或者下降沿,Verilog 中用关键词 posedge(上升沿)和 negedge(下降沿)进行说明,这就是边沿触发事件。此时,敏感事件列表中列出的是时钟信号,还可以有多个异步触发事件。例如,语句

```
always @  (posedge CP,negedge Rd )
```

说明在时钟信号 CP 上升沿到来或者清零信号 Rd 跳变为低电平时,后面的过程赋值语句将被执行。注意,关键词 negedge 不能省略,因为敏感事件列表中不能同时包含电平敏感事件和边

沿触发事件。

2. 过程赋值语句

以赋值操作符“=”来标识的赋值语句称为阻塞型赋值语句。在一个块语句中，多条阻塞型赋值语句按照在块中的排列次序依次执行，前面一条赋值语句执行完毕，后面的赋值语句才能能被执行。

以赋值操作符“<=”来标识的赋值操作称为非阻塞型赋值语句。在一个块语句中，多条非阻塞型赋值语句执行时，首先将块内所有非阻塞语句右边的值都先计算出来，暂存在暂存器中，当所有非阻塞赋值语句右边的表达式都被计算并存储后，再同时对左边的寄存器变量赋值。故表达式在计算时所用的值全部为进入本次 always 块的初值，一旦赋值操作完成，语句块的执行也就结束。

也可以这样理解这两种语句，阻塞赋值语句没有“时序”的概念，而非阻塞赋值语句则带有“时序”的概念。对时序逻辑电路建模时，建议使用非阻塞赋值语句。

3. 时序逻辑电路的 Verilog 描述

例 JK 触发器的 Verilog 描述。

```
module JKFF(CP,J,K,Q);
    input CP,J,K;
    output reg Q;
    always@ (negedge CP)
       case ({J,K})
          2'b00:Q <=Q;
          2'b01:Q <=0;
          2'b10:Q <=1;
          2'b11:Q <=~Q;
       endcase
endmodule
```

例 具有同步置数、异步清 0 的 4 位二进制计数器的 verilog 描述。

```
module count4(CP,Rd,Ld,D,Q);
    input CP,Rd,Ld;
  input [3:0] D;              //预置数据输入端声明,位宽为 4
    output reg[3:0] Q ;       //计数状态输出端声明,位宽为 4
    always @  (posedge CP,negedge Rd)   //在 CP 上升沿到来,或 Rd 变为低电平时,执行下列
                                          语句
       if (~Rd)    Q<=4'b0000;      //Rd 有效时,清 0
       else if (~Ld)     Q<=D;      //在 CP 触发沿到来,并且 Ld 有效时,置数
            else  Q<=Q+1;           //在 CP 触发沿到来,且 Ld 无效时,加 1 计数
endmodule
```

例 用 verilog 设计一个分频器，对 50 MHz 的时钟信号源分频，产生占空比为 50%的 1 Hz 秒脉冲输出。

设计一个模为 25×106 的二进制增 1 计数器，计数范围为 0～24999999，每当计数器计到

最大值时,输出信号翻转一次,即可产生 1 Hz 的妙脉冲。

```
module Div50MHz(Clk50M,Rd,Clk_1Hz);
  input Clk50M,Rd;                          //输入端口声明
      output reg Clk_1Hz;                   //输出端口及变量数据类型声明
        parameter Clk_F=50000000;           /*50000000 表示输入的时钟为 50 MHz。parame-
ter 是关键词,用来定义符号常量。后面的 Clk_F 等于 50000000*/
  parameter Out_F=1;                        //1 Hz 时钟输出
  reg[24:0] Q;                              //内部节点
  always @  (posedge Clk50M,negedge Rd)
        if (~Rd)     begin Q<=0;            //计数器被异步清 0
                          Clk_1Hz<=0;       //计数器的输出信号被异步清 0
  end
        else if (Q<Clk_F/(2*Out_F))
             Q<=Q+1;                        //分频计数器增 1 计数
          else  begin Q<=0;                 //计数器被异步清 0
                    Clk_1Hz<=~ Clk_1Hz;//计数器的输出信号取反
  end
endmodule
```

4. 基于原理图的层次电路设计

图 3-43 所示为计数译码显示电路的结构,计数器完成状态计数,译码器将计数器的状态翻译成段码在数码管上显示出来。实现该功能的层次化设计如图 3-44 所示。基于原理图设计层次电路时,计数译码显示电路为顶层模块,用原理图方式进行设计输入;计数器和译码器子模块用 Verilog HDL 描述后创建生成电路符号,在顶层模块原理图绘制时直接使用。

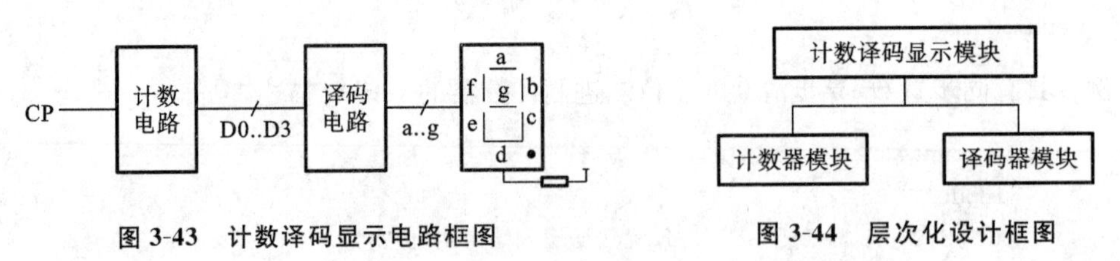

图 3-43　计数译码显示电路框图　　图 3-44　层次化设计框图

DE2-115 包含一个生成 50 MHz 频率时钟信号的有源晶体振荡器,另有一个时钟缓冲器用来将缓冲后的低抖动 50 MHz 时钟信号分配给 FPGA。这些时钟信号用来驱动 FPGA 内的用户逻辑电路。采用单次触发方式时,可用一个按钮开关控制计数;连续触发需对开发板提供的 50 MHz 时钟信号分频。按钮开关引脚配置信息及时钟信号引脚配置信息见附表 1。

(三) 实验预习

(1) 设计一个十进制加法计数器,并对其进行编译、仿真;观察仿真得到的波形。

(2) 参照 74LS161 的功能表,用 Verilog 描述 4 位二进制计数器。

(四) 实验内容

1. 基本内容

利用 Verilog HDL 设计一个具有异步清零、同步置数、计数及保持功能的十进制按键计数器,在 DE2 开发板的数码管上观察十进制计数过程。

实验步骤:

1) 新建设计工程

选择 File/NewProjiect Wizard 命令,建立新的工程文件,文件名设为 CountDisplay。

2) 建立 HDL 底层文件

① 选择 File/New/Verilog HDL File,打开文本编辑器,录入计数器源程序,模块名设为 Count10。点击 File/Save,录入文件名 Count10. v,保存源文件。文件名与模块名应保持一致。端口定义示例如图 3-45 所示。

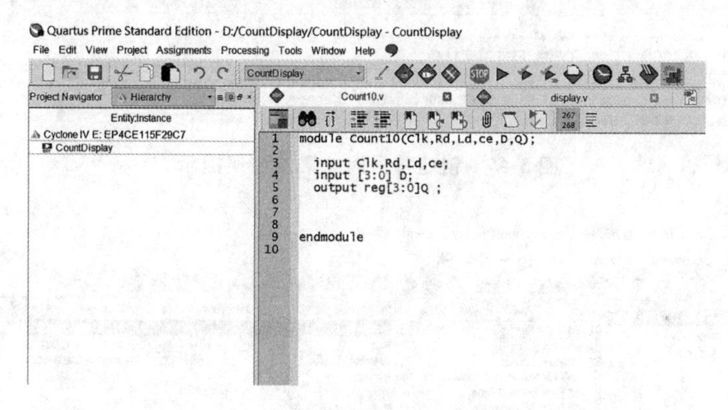

图 3-45　计数器模块定义示例

② 点击 File/Creat/Update/Creat symbolFile for current,创建符号文件 Count10. bdf。此时,会对模块进行编译。如果存在语法错误,则会提示,如图 3-46 所示。修改程序,直至能够正确生成该模块的原理图符号,如图 3-47 所示。

③ 选择 File/New/Verilog HDL File,参照 8421BCD 码显示译码器 CC4511 的功能表录入译码电路源程序,模块名设为 display。点击 File/Save,录入文件名 display. v,保存源文件。文件名要与模块名保持一致。端口定义示例如图 3-48 所示。

④ 切换到显示译码器子文件 display. v,点击 File/Creat/Update/Creat symbolFile for current,创建符号文件 display. bdf。

3) 设计顶层模块

① 选择 File/New/Block Diagram/Schematic File,打开图形编辑器,点击 File/Save as 将顶层文件名设为 CountDisplay. bdf。此处文件名应与建立工程时所录入的文件名相同,如图 3-49 所示。

② 在图形编辑器窗口空白处双击左键,弹出如图 3-50 所示对话框,在左侧的 Name 栏中输入生成的符号名 Count10,将生成的符号加入顶层文件中。

③ 在图形编辑器窗口双击左键,选择并放置显示译码器符号 display、输入输出端口。

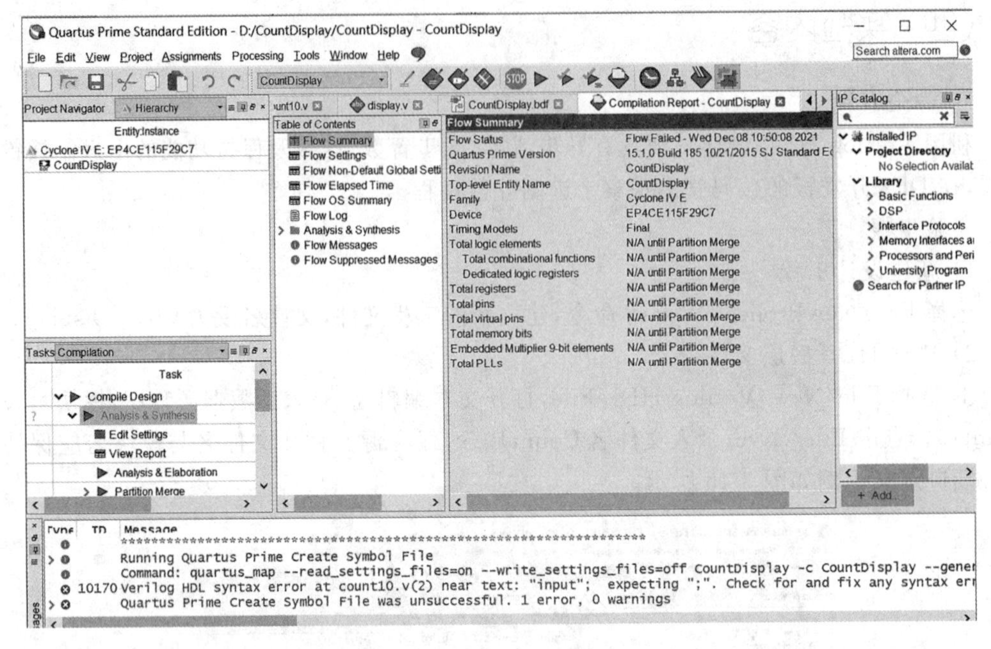

图 3-46　创建符号时的语法错误提示

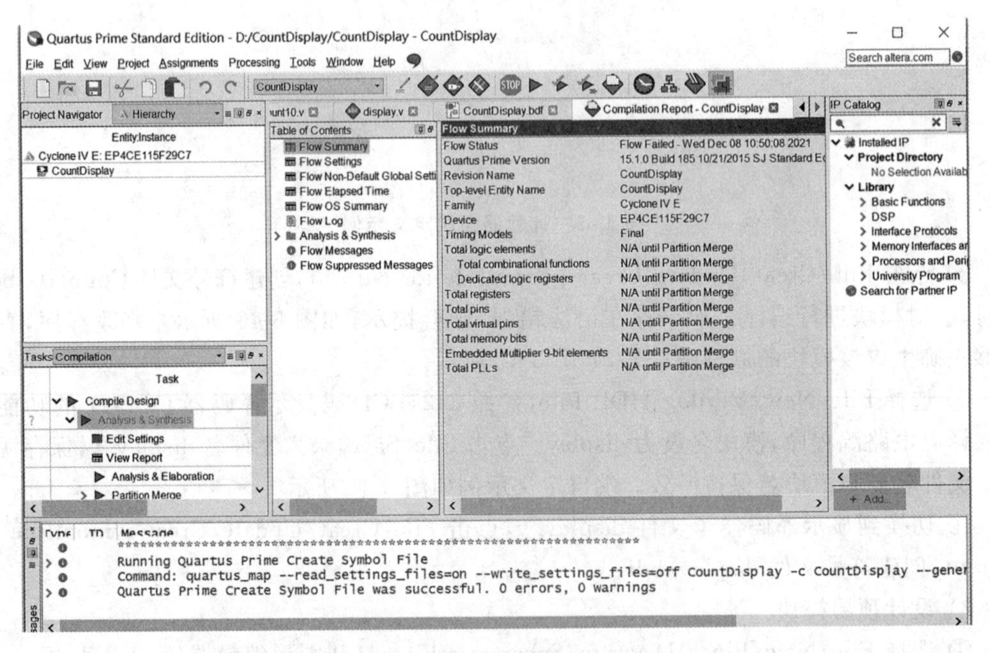

图 3-47　符号文件成功创建提示

双击放置的端口符号，在 Pin name(s)栏中录入合适的端口名。

④ 点击工具按钮绘制导线。Clk、Rd、Ld、ce、LT、BL、LE 与端口之间采用导线连接。

⑤ 点击工具按钮绘制总线。数据输入端 D[3..0]与输入端口、计数器状态输出端 Q[3..0]与译码器输入端 D[3..0]、译码输出端 SEG[6..0]与反相器之间采用总线连接。

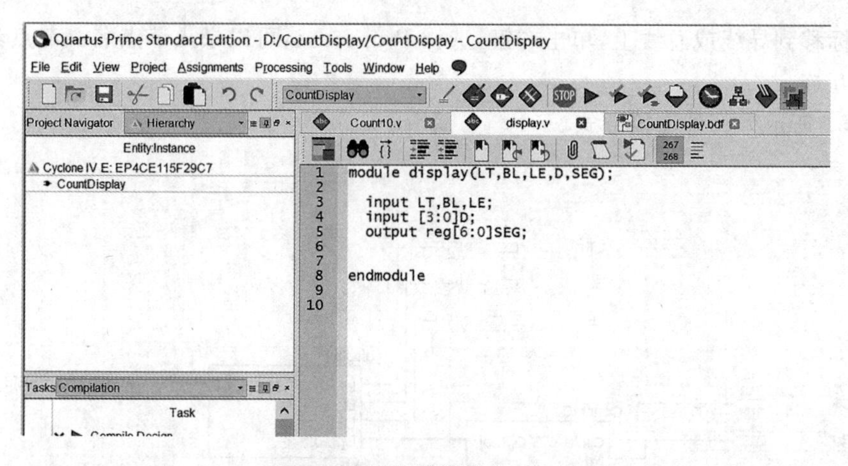

图 3-48　译码器模块定义示例

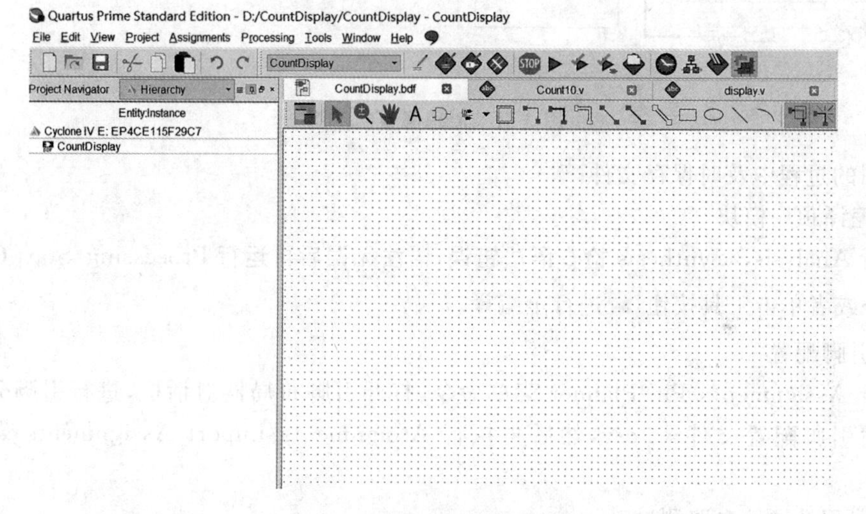

图 3-49　顶层文件与工程同名

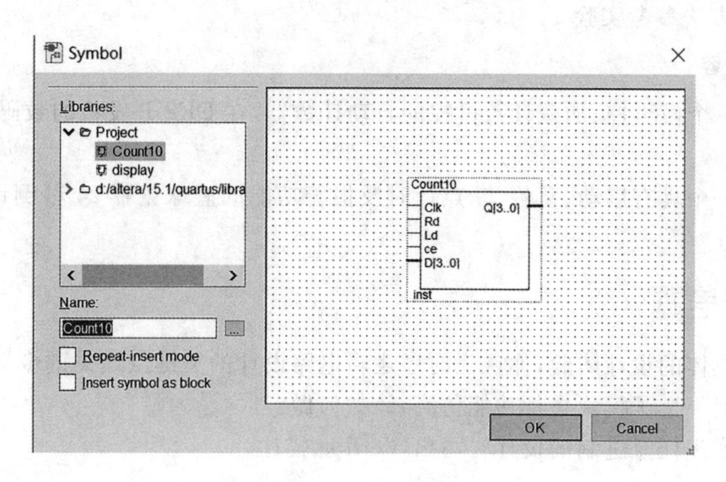

图 3-50　添加元件

把光标移到导线或总线上，单击右键，选择 Properties，可以录入节点名。节点名相同的导线可以互连。

图 3-51 所示为一种连接方式。

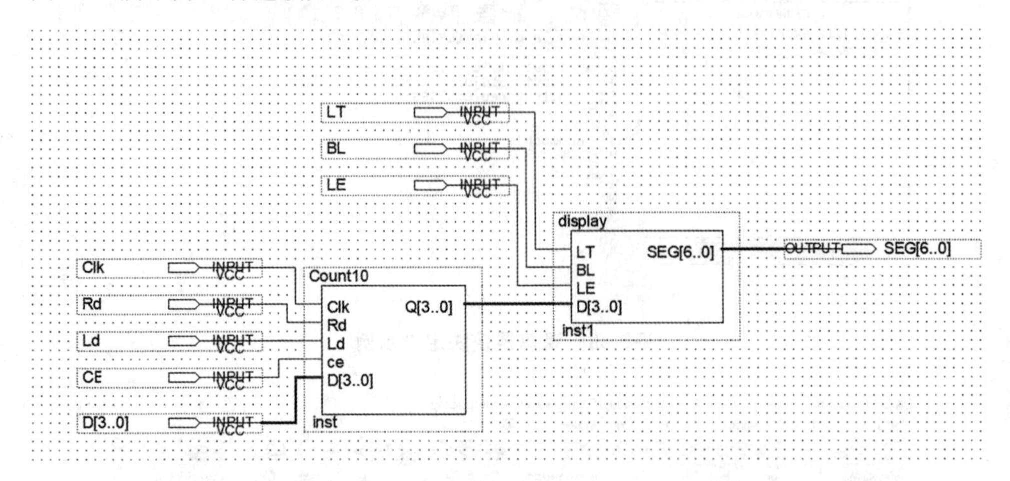

图 3-51　原理图绘制示例

绘图的过程中及时保存文件。

4）编译顶层模块

运行 Analysis&Synthesis 检查语法错误，语法无误后再运行 Processing/Start Compilation 命令或者单击工具按钮 ▶ 进行全编译。

5）引脚配置

运行 Assignments/Pin Planner 菜单命令，打开引脚布局器对话框，进行引脚分配。或者先编写引脚配置文件 *.csv，然后再执行 Assignments/Import Assignments 菜单命令导入。

6）编程及硬件电路测试

具体操作方法参考实验 1。

2. 扩展内容

(1) 设计一个模可控、加减计数可控的自动计数器，在 DE2 开发板的数码管上显示计数过程。

(2) 设计一个具有启动、暂停、断点计时及报警功能的篮球竞赛 24 秒倒计时器，将时间显示在数码管上。

(五) 思考题

(1) 通过具体的设计体验，你认为时序逻辑电路设计的关键点或关键步骤是什么？

(2) 若要对一个子模块进行功能仿真，该如何做？

(3) 如何实现任意进制的设计？写出 Verilog 描述。

(六) 实验报告要求

(1) 整理实验数据及波形，要求数据及波形正确。

(2) 记录实验过程中的故障现象并分析错误原因。

(3) 回答实验思考题。

(4) 对本次实验进行总结，写出体会及其收获。

实验 4 序列检测器设计

(一) 实验目的

(1) 掌握用 Verilog HDL 对时序逻辑电路建模的方法；

(2) 掌握基于状态机的描述方法实现序列信号发生及检测电路的编写、编译、仿真、下载及测试的全过程，建立现代电子系统设计的整体概念；

(3) 能够通过仿真波形及硬件电路功能测试分析电路，提升数据分析能力。

(二) 实验原理

1. Mealy 型状态机与 Moore 型状态机

时序电路的一般形式如图 3-52 所示，组合逻辑提供 2 路输入信号到触发器，分别为原始输入 W 和触发器的当前输出 Q。因此电路状态的改变不仅取决于触发器的当前状态，还取决于电路的原始输入。

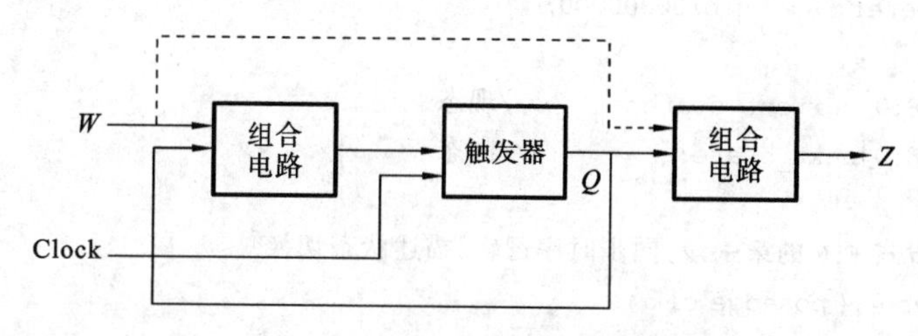

图 3-52 时序电路的一般形式

图 3-52 显示整个时序电路的输出是由另一个组合电路产生的，该组合电路的输出是触发器当前状态和原始输入的函数。时序电路的输出总取决于触发器的当前状态，但不一定直接依赖于原始输入。因此，图中虚线表示的连线可能存在，也可能不存在。为了区分这两种可能性，通常将输出仅由电路状态决定的时序电路称为 Moore 型，而输出由电路状态和原始输入同时决定的称为 Mealy 型。

2. 序列信号发生器

序列信号是指在同步脉冲作用下循环地产生的一串周期性二进制信号，能产生这种信号的逻辑器件称为序列信号发生器或序列发生器。序列信号发生器有多种实现方式，常用的有状态机、移位寄存器、计数器等。

3. 序列信号发生器的 Verilog 描述

例 产生序列"11010110",串行循环输出该序列。分别使用状态机、计数器、移位寄存器的方式进行描述。

(1) 使用状态机方式描述。

不考虑状态简化的情况下,要输出的序列有多少位就用多少个状态,每次状态跳转后输出对应的 1/0 用于实现序列的循环输出。当序列位数较多时,需要的状态也多,程序复杂,占用的资源多。可以通过对状态进行化简来简化逻辑以节省资源。

本例采用典型的三段式 FSM 进行描述。

```
module FSM_SequGenerator_1(clk,rst_n,data_out);
    input clk;
    input rst_n;
    output regdata_out;
//定义状态,采用的独热码(One-Hot)。FPGA 中推荐用独热码和格雷码(Gray),状态较少(4~24 个状态)时用独热码效果好,状态多(状态数大于 24)时用格雷码效果好。
    parameter IDLE =  9'b000000001;
    parameter S1 =  9'b000000010;
    parameter S2 =  9'b000000100;
    parameter S3 =  9'b000001000;
    parameter S4 =  9'b000010000;
    parameter S5 =  9'b000100000;
    parameter S6 =  9'b001000000;
    parameter S7 =  9'b010000000;
    parameter S8 =  9'b100000000;

    reg [8:0]current_state;       //现态
    reg [8:0]next_state;          //次态

    //三段式 FSM 的第一段,同步时序逻辑,描述状态切换
    always @ ( posedge clk )
    begin
        if(! rst_n ) begin
            current_state <=IDLE;
        end
        else begin
            current_state <=next_state;
        end
    end

    //三段式 FSM 的第二段,组合逻辑,判断状态转移条件,描述状态转移规律
    always @  (* )
    begin
    if(! rst_n ) begin
```

```
    next_state <= IDLE;
  end
  else begin
    case( current_state )
    IDLE: begin
       next_state <= S1;
    end
    S1 : begin
       next_state <= S2;
    end
    S2 : begin
       next_state <= S3;
    end
    S3 : begin
       next_state <= S4;
    end
    S4 : begin
       next_state <= S5;
    end
    S5 : begin
       next_state <= S6;
    end
    S6 : begin
       next_state <= S7;
    end
    S7 : begin
       next_state <= S8;
    end
    S8 : begin
       next_state <= S1;
    end
    default : begin
       next_state <= IDLE;
     end
  endcase
 end
end

//三段式 FSM 的第三段,同步时序逻辑,描述状态输出,摩尔型输出
always @ ( posedge clk )
begin
 if(! rst_n ) begin
  data_out <= 1'b0;
 end
```

```
     else begin
       case( next_state )
        S1,S2,S4,S6,S7 : data_out <=1'b1;

        default : data_out <=1'b0;
       endcase
     end
    end
  endmodule
```

在代码编辑窗口编写完毕后进行编译检查,无语法错误后即可通过图 3-53 所示框选指令查看当前描述的状态图,编译得到的状态图如图 3-54 所示。在状态图显示界面的左下角会显示当前状态图中涉及的所有状态转换的状态表,如图 3-55 所示,包含源状态(Source State)、目标状态(Destination State)、转换条件(Condition),状态较为复杂时可以用来进行辅助理解。

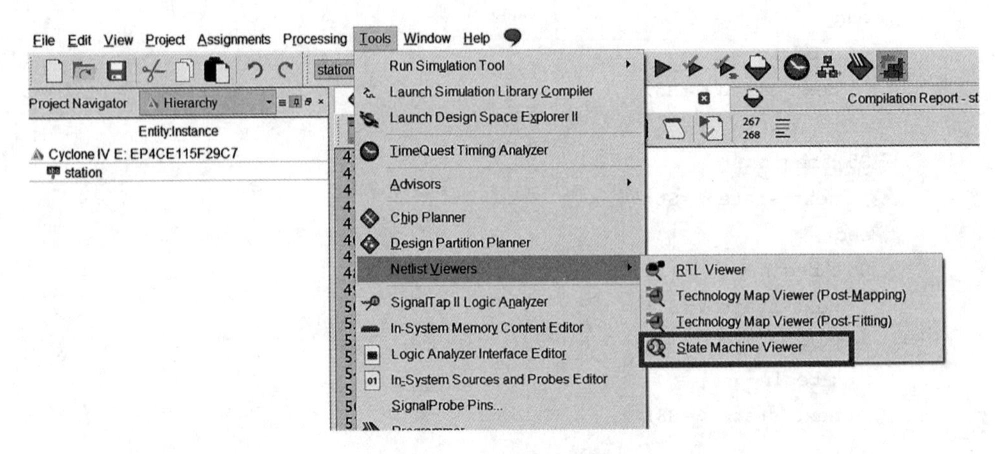

图 3-53　状态图查看指令

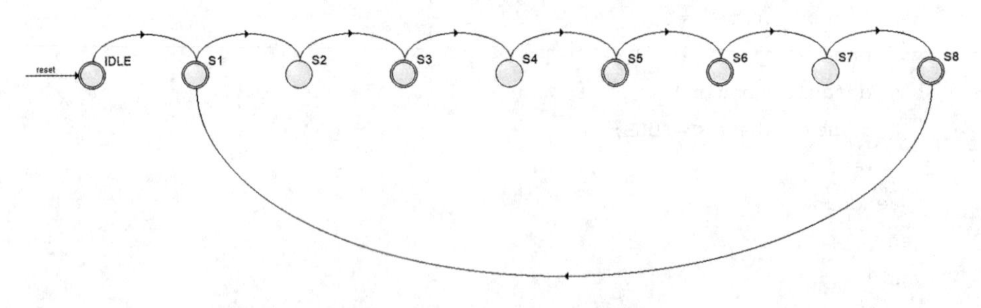

图 3-54　例 4.1 所得的状态转换图

(2) 使用移位寄存器方式描述。

这种方式相对而言更简单更方便,序列有 N 位,就使用 N 位移位寄存器,即用 N 个触发器。如果想要节省资源,就需要对序列进行化简,看最少使用多少个触发器能够正确输出整个序列。

	Source State	Destination State	Condition
1	IDLE	S1	(rst_n)
2	S1	S2	(rst_n)
3	S2	S3	(rst_n)
4	S3	S4	(rst_n)
5	S4	S5	(rst_n)
6	S5	S6	(rst_n)
7	S6	S7	(rst_n)
8	S7	S8	(rst_n)
9	S8	S1	(rst_n)

图 3-55 状态转换说明

对于本例而言,要实现 11010110 的序列,至少需要 7 个触发器。关键代码示例如下:

```
module SequGenerator(clk,rst_n,data_out_wire,data_out_reg,data_valid);
input clk;
input rst_n;
output data_out_wire;
output regdata_out_reg;
output regdata_valid;

reg [7:0] sequ= 8'b1101_0110;
always @  (posedge clk)
    begin
        if(! rst_n)
            begin
                sequ<=8'b1101_0110;
            end
        else begin
            sequ<={sequ[6:0],sequ[7] };  //位拼接符号实现循环移位
        end
    end
always @  (posedge clk)
begin
    if(! rst_n) begin
        data_out_reg <=1'b0;
        data_valid <=1'b0;
    end
    else begin
    data_out_reg <=sequ [7];data_valid <=1'b1;
    end
end
assigndata_out_wire =  sequ[7];
endmodule
```

(3) 使用计数器方式描述。

每个计数值对应一个输出，对于8位输出的序列，计数0～7共8个数，只需要3 bit位宽的计数器，即使用3个触发器即可。每个计数值对应一个输出，画出对应的真值表，画出卡诺图，化简卡诺图。

关键代码如下：

```
always @ ( posedge clk )
  begin
    if(! rst_n ) begin
  count <=3'b0;
  end
  else begin
    count <=count +  1'b1;
  end
end

wire data_out_wire;
assign data_out_wire =   ((! count[2])&(! count[1]))|
        ((! count[2])&count[0])|
        ((! count[1])&count[0])|
        (count[2]&count[1]&(! count[0]));
```

例 用Verilog描述一个可综合的序列检测器，用于检测输入数据码流中的特定序列。当检测到10010序列(包括重叠的情况)时，序列检测器输出1，否则输出0。

经状态分析化简可得序列检测器的状态转换如图3-56所示，其中idle＝3′b000，s1＝3′b001，s2＝3′b010，s3＝3′b011，s4＝3′b100，s5＝3′b101，s6＝3′b110，s7＝3′b111。

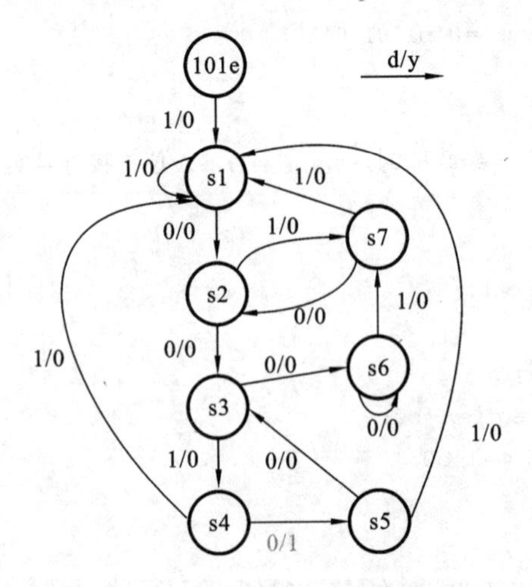

图3-56　10010序列检测状态转换图

```
module detector(clk, reset, d, y);
input clk, reset, d;
output y;
```

```
reg[2:0] state;
wire y;
//状态编码
parameter idle=3'b000, s1=3'b001, s2=3'b010, s3=3'b011,
          s4=3'b100, s5=3'b101, s6=3'b110, s7=3'b111;
//状态机实现
always@ (posedge clk or posedge reset)
    begin
        if(reset) state <=idle;
        else
        begin
            casex(state)
                idle: begin
                if(d==1) state <=s1;
                else state <=idle;
            end
        s1: begin
                if(d==0) state <=s2;
                else state <=s1;
            end
        s2: begin
                if(d==0) state <=s3;
                else state <=s7;
            end
        s3: begin
                if(d==1) state <=s4;
                else state <=s6;
            end
        s4:begin
                if(d==0) state <=s5;
                else state <=s1;
            end
        s5: begin
                if(d==1) state <=s1;
                else state <=s3;
            end
        s6: begin
                if(d==1) state <=s7;
                else state <=s6;
            end
        s7: begin
                if(d==1) state <=s1;
                else state <=s2;
            end
```

```
          default: state <=idle;
        endcase
      end
    end

    //组合逻辑实现输出
    assign y= (state==s4 && d==0)? 1: 0;
  endmodule
```

编译后得到的状态转换如图 3-57 所示，仿真波形如图 3-58 所示，验证符合预设逻辑。

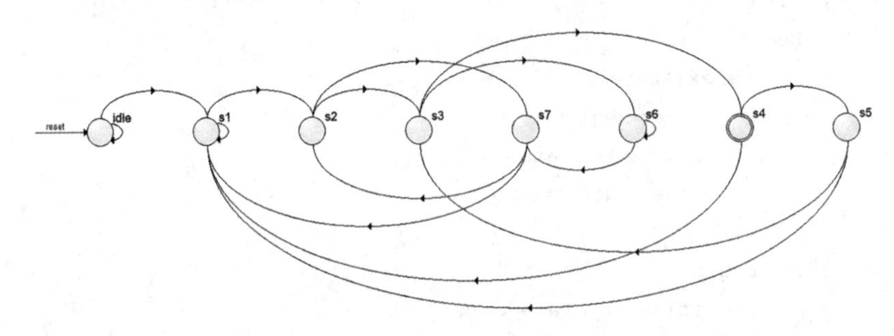

图 3-57　状态转换图

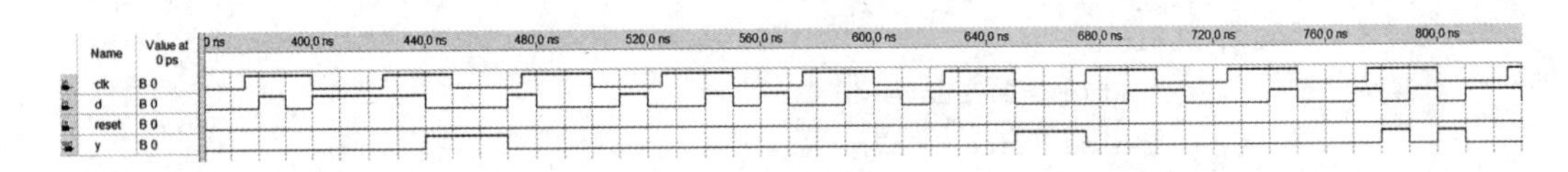

图 3-58　仿真波形

(三) 实验预习

试用状态机的方法描述一个 8 位序列信号发生器(可自行设定序列信息)，并思考如果要进行序列检测，应当如何进行编写？

(四) 实验内容

1. 基本内容

用 Verilog 描述一个可综合的序列产生和检测电路：

(1) 使用状态机产生序列“11010110”，串行循环输出该序列；

(2) 使用状态机检测“1101”，当检测到时序列检测器输出 1，否则为 0，考虑序列叠加情况。

时钟	1	2	3	4	5	6	7	8	9	10	11	12	13	14	…
输入	1	1	1	0	1	1	0	1	0	1	1	0	1	0	…
输出	0	0	0	0	0	1	0	0	1	0	0	0	0	1	…

实验步骤如下。

1）新建设计工程

选择 File/New Projiect Wizard 命令，建立新的工程文件，文件名设为 sequential_detector。

2）设计顶层模块

选择 File/New/Verilog HDL File，建立顶层文件，录入编码译码显示电路源程序，模块名设为 sequential_detector。点击 File/Save as，将文件也命名为 sequential_detector. v。

注意：顶层模块名要与顶层文件名及工程名保持一致。

3）设计序列信号发生电路子模块

选择 File/New/Verilog HDL File，新建一个. v 文件，录入序列信号发生电路源程序，模块名设为 sequential。点击 File/Save as，录入文件名 sequential. v，保存源文件。文件名与模块名保持一致。

4）设计序列信号检测电路子模块

选择 File/New/Verilog HDL File，新建一个. v 文件，录入序列信号检测电路源程序（模块设计时根据检测要求先画出对应的状态图，选择合适的状态进行定义及编写），模块名设为 detector。点击 File/Save as，录入文件名 detector. v，保存源文件。文件名与模块名保持一致。

5）编译设计文件

运行 Analysis&Synthesis 检查语法错误。

6）在顶层文件中进行引脚配置

配置完成后运行 Processing/Start Compilation 命令，对设计工程进行全编译，完成引脚分配。

7）进行编程及硬件电路测试

具体操作方法参考实验 1。

2. 扩展内容

模拟一个十字路口，按照图 3-59 所示方式对进行红、黄、绿灯进行控制，分别利用常规时序电路描述和状态机描述两种方式实现。

状态	南北大街	东西大街	时延	
S0	G	R	5	G
S1	Y	R	1	Y
S2	R	R	1	R
S3	R	R	5	
S4	R	G	1	
S5	R	Y	1	

图 3-59 交通灯状态转换示意图

以状态机描述方式为例：

```
module traffic_fsm (lights, clk, rst);
    input clk, rst;
    output [5:0] lights;
    wire clk, rst;
```

```
reg [5:0] lights;
reg [2:0]curr_st;
reg [2:0]next_st;
reg [3:0] count;
parameter s0=3'b000;
parameter s1=3'b001;
parameter s2=3'b010;
parameter s3=3'b011;
parameter s4=3'b100;
parameter s5=3'b101;
parameter light0=6'b100_001;
parameter light1=6'b100_010;
parameter light2=6'b100_100;
parameter light3=6'b001_100;
parameter light4=6'b010_100;
parameter light5=6'b100_100;

parameter delay5=5;
parameter delay1=1;
always @  (posedge clk or negedge rst) begin
   if(! rst) begin
   curr_st <=s0;
         count <=0;
         end
   else
       begin
         if (curr_st==s0 | curr_st==s3)
           if (count <delay5 - 1)
               count <=count+1;
           else begin
                  curr_st <=next_st;
                  count <=0;
               end
         else if (curr_st==s1 | curr_st==s2 | curr_st==s4 | curr_st==s5) begin
                  curr_st <=next_st;
                  count <=0;
               end
       end
end
//产生下一个状态的组合逻辑
always @ (curr_st) begin
    case (curr_st)
      s0:next_st <=s1;
      s1:next_st <=s2;
```

```
          s2:next_st <=s3;
          s3:next_st <=s4;
          s4:next_st <=s5;
          s5:next_st <=s0;
          default: begin
                 next_st <=s0;
              end
      endcase
      end
      //产生输出 lights 的组合逻辑
      always @  (posedge clk or negedge rst) begin
        if(! rst) lights=light0;
        else
          case (curr_st)
            s0: lights=light0;
            s1: lights=light1;
            s2: lights=light2;
            s3: lights=light3;
            s4: lights=light4;
            s5: lights=light5;
            default: lights=light0;
        endcase
      end
  endmodule
```

对应的状态转换图如 3-60 所示。

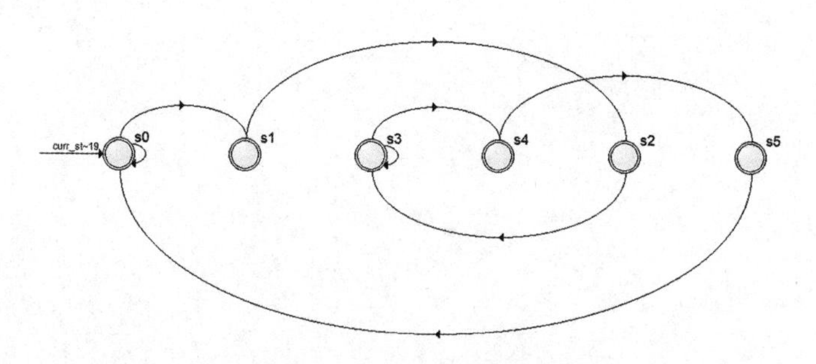

图 3-60　交通灯状态转换图

在此基础上，采用层次化结构，设计一个有 5 组红绿灯的复杂路口交通灯控制器，实现对多个路口的协调。

（五）思考题

（1）通过具体的设计体验，你认为序列发生及检测电路设计的关键点或关键步骤是什么？

（2）利用有限状态机的方式进行描述时可不可以实现简化？如何实现？

(六) 实验报告要求

(1) 整理实验数据及波形,要求数据及波形正确。

(2) 记录实验过程中的故障现象并分析错误原因。

(3) 回答实验思考题。

(4) 对本次实验进行总结,写出体会及其收获。

第4章　Multisim在电子技术中的应用

Multisim是NI公司推出的仿真工具，适用于板级的模拟/数字电路板的设计工作。它包含了电路原理图的图形输入、电路硬件描述语言输入方式，具有丰富的仿真分析能力。

选用仪器时，可用鼠标将仪器库中被选用的仪器图标（见图4-1）拖放到电路界面，然后将仪器图标中的连接端和相应电路的连接点相连。

设置仪器参数时，用鼠标双击仪器图标，便会打开仪器面板。对话框的数据设置可使用鼠标操作仪器面板上的按钮和参数。例如，要调整参数时，可根据测量或观察结果改变仪器参数的设置。

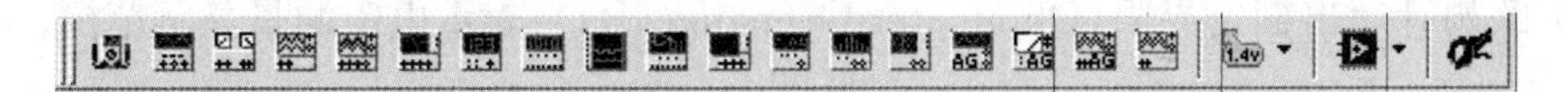

图4-1　仪表栏

（一）数字万用表

数字万用表（Multisim）是一种比较常用的仪器，能够完成直流电压、交直流电流、电阻及电路中两点之间的分贝（dB）损耗的测量。与现实万用表相比，其优势在于能够自动调整量程。

数字万用表的图标和操作界面如图4-2所示。图标中的+、-两个端子用来与待测设备的端点相连。将它与待测设备连接时应注意以下两点：

（1）在测量电阻和电压时，应与待测的端点并联。

（2）在测量电流时，应串联在待测之路中。

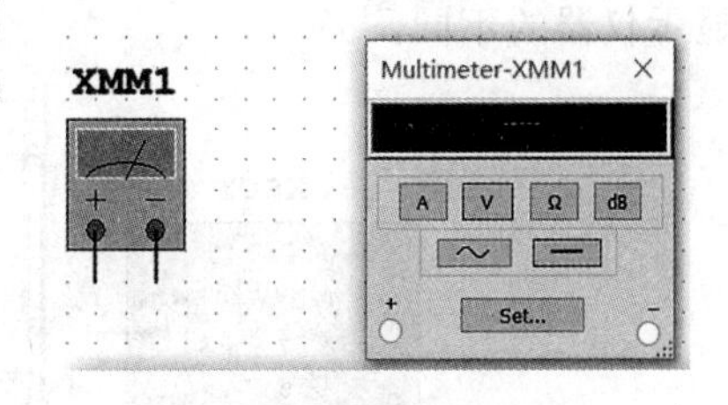

图4-2　数字万用表

数字万用表的具体使用步骤如下。

（1）在仪表栏单击数字万用表工具栏按钮，将其图标放置在电路工作间，双击图标打开仪器。

（2）按照要求将仪器与电路相连接，并从界面中选择测量所用的选项（选择测量电压、电流或电阻等）。如图4-2所示，仪器的界面上各个按钮分别对应的内容为：单击按钮 A，选择测量电流；单击按钮 V，选择测量电压；单击按钮 Ω，选择测量电阻；单击按钮 dB，选择测量分贝值。另外，单击按钮 ～，表示选择测量交流值，其测量值为有效值；单击按钮 —，表示选择测量直流值。如果使用该项来测量交流的话，那么它的测量值为实际交流值的平均值。

按钮“设置”用来对数字万用表的内部参数进行设置。单击该按钮将出现如图4-3所示的对话框。

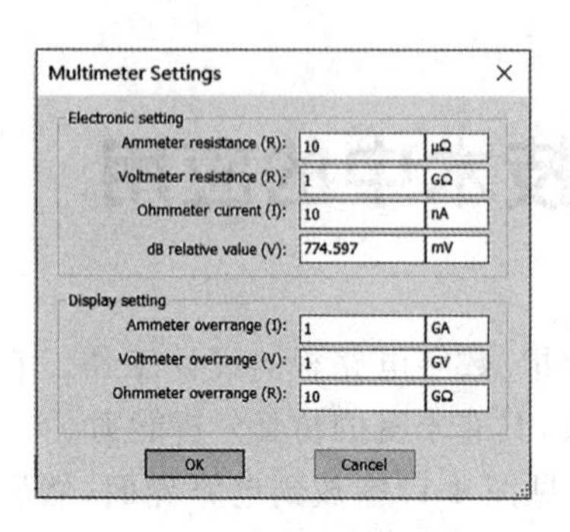

图 4-3　参数设置界面

“电气设置”区的说明如下：

(1) 安培计电阻(Ammeter resistance(R))：用于设置与电流表并联的内阻，该阻值的大小会影响电流的测量精度。

(2) 伏特计电阻(Voltmeter resistance(R))：用于设置与电压表串联的内阻，该阻值的大小会影响电压的测量精度。

(3) 欧姆计电流(Ohmmeter current (I))：为用欧姆表测量时流过该表的电流值。

“显示设置(Display Setting)”区的说明如下：

(1) 安培计超出额定界限(Ammeter Overrange(I))：表示电流测量显示范围。

(2) 伏特计超出额定界限(Voltmeter Overrange(V))：表示电压测量显示范围。

(3) 欧姆计超出额定界限(Ohmmeter Ovenange(R))：表示电阻测量显示范围。

(二) 示波器

示波器是电子实验中使用最为频繁的仪器之一。它可以用来显示电信号的形状、幅度、频率等参数。

1. 两通道示波器

两通道示波器(Oscilloscope)为一种双踪示波器。如图 4-4 所示，该仪器的图标上共有 6 个端子，分别为 A 通道的正负端、B 通道的正负端和外触发的正负端。连接时要注意它与显示仪器的不同。

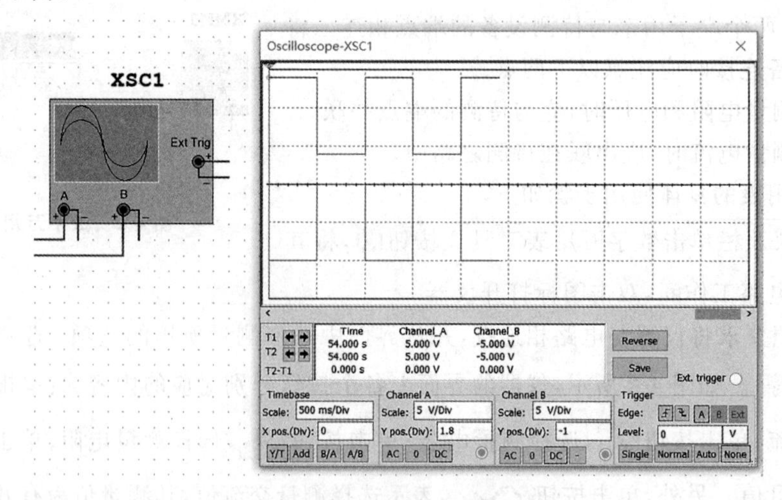

图 4-4　两通道示波器

(1) A、B 两个通道的正端分别只需要一根导线与待测点相连接，测量的是该点与待测点之间的波形。

(2) 若需测量器件两端的信号波形，只需将 A 或 B 通道的正负端与器件两端相连即可。

两通道示波器的具体使用步骤如下：

(1) 单击两通道示波器工具栏按钮,将其图标放置在电路窗口,双击图标打开仪器;

(2) 按照要求选择仪器与电路相连接的方式。

两通道示波器的操作界面介绍如下:

仪器的上方一个比较大的长方形区域为测量结果显示区。

单击左右箭头 T1 ← → 可改变垂直光标 1 的位置;单击左右箭头 T2 ← → 可改变垂直光标 2 的位置。

"Time"项的数值从上到下分别为垂直光标 1 的当前位置、垂直光标 2 的当前位置、两光标之间的位置差。

"Channel_A"项的数值从上到下分别为垂直光标 1 处 A 通道的输出电压值、垂直光标 2 处 A 通道的输出电压值、两光标处电压差。

"Channel_B"项的数值从上到下分别为垂直光标 1 处 B 通道的输出电压值、垂直光标 2 处 B 通道的输出电压值、两光标处电压差。

按钮"Reverse"用来改变结果显示区的背景颜色(白和黑之间转换)。

"Timebase"区用来设置 X 轴方向的时间基线位置和时间刻度值。

Scale:设置 X 轴方向每一个刻度代表的时间。

XPosition:设置 X 轴方向时间基线的起始位置。

Y/T:代表 Y 轴方向显示 A、B 通道的输入信号,X 轴方向是时间基线,并按设置时间进行扫描。当要显示时间变化的信号波形时,采用该方式。

Add:代表 X 轴按设置时间进行扫描,而 Y 轴方向显示 A、B 通道的输入信号之和。

B/A:代表将 A 通道信号作为 X 轴扫描信号,将 B 通道信号施加在 Y 轴上。

A/B:代表将 B 通道信号作扫描信号,将 A 通道信号施加在 Y 轴上。

"Channel_A"区用来设置 Y 轴方向 A 通道输入信号的标度。

Scale:设置 Y 轴方向 A 通道输入信号的每格所代表的电压数值。单击该项后,将出现上下翻转列表,根据需要选择适当值即可。

YPosition:是指时间基线在显示屏幕中的上下位置。当值大于零时,时间基线在屏幕中线的上侧,否则在屏幕中线的下侧。

AC:代表屏幕仅显示输入信号中的交变分量(相当于电路中加入了隔直流电容)。

0:代表输入信号对地短路。

DC:代表屏幕将信号的交直流分量全部显示。

"Channel_B"区用来设置 Y 轴方向 B 通道输入信号的标度。其设置与"Channel_A"区的相同。

"Trigger"区用来设置示波器触发方式。

Edge 选项:按下相应按钮,设置触发信号方式。① 输入信号的上升沿或下降沿作为触发信号;② 用 A 通道或者 B 通道的输入信号作为同步 X 轴时基扫描的触发信号;③ 用示波器图标上触发端子 T 连接的信号作为触发信号来同步 X 轴时基扫描。

Level:设置选择触发电平的大小(单位可选),其值设置范围为 −999～999 kV。

2. 四通道示波器

四通道示波器(Four channel oscilloscope)的图标和操作界面如图 4-5 所示。其使用方

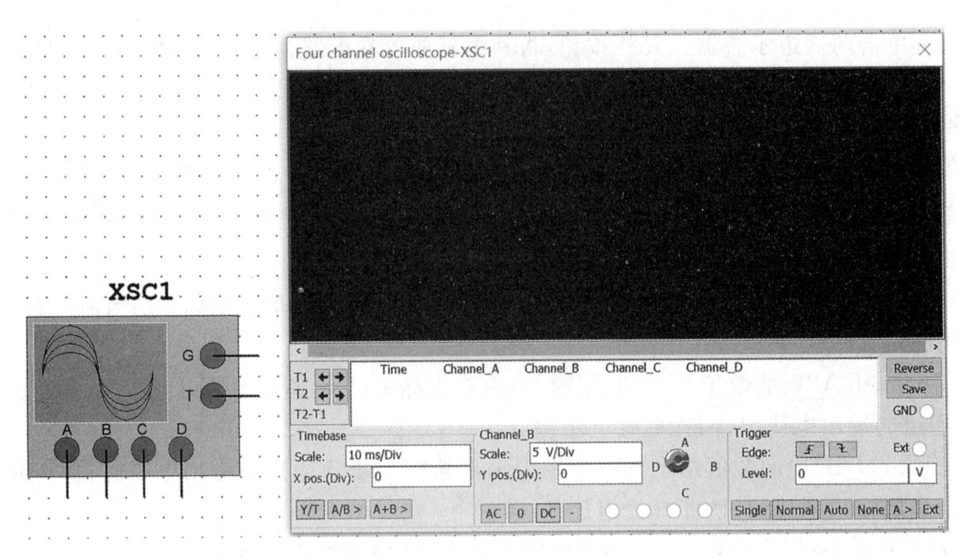

图 4-5　四通道示波器

法与两通道示波器的相似，但存在以下不同点。

(1) 将信号出入通道由 A、B 两个增加到 A、B、C、D 四个通道；

(2) 在设置各个通道 Y 轴输入信号的位移时，通过单击图 4-5 所示的通道选择按钮来选择要设置的通道；

(3) 右击 A/B 按钮和 A+B 按钮可选择不同通道运算方式；

(4) 右击 A 按钮，可进行内部触发参考通道选择。

3. 泰克虚拟示波器

泰克虚拟示波器(Tektronix Oscilloscope)如图 4-6 所示，有 4 个测量通道，其面板和设置方式与泰克示波器类似，此处不再赘述。

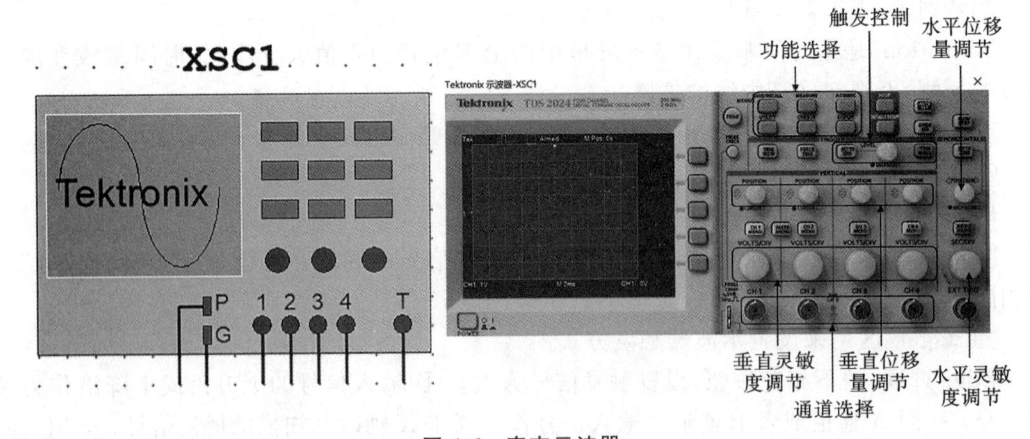

图 4-6　泰克示波器

(三) 函数信号发生器

函数信号发生器(Function Generator)是可以提供正弦波、三角波、方波三种不同波形信号的电压信号源。函数信号发生器的图标和操作界面如图 4-7 所示。

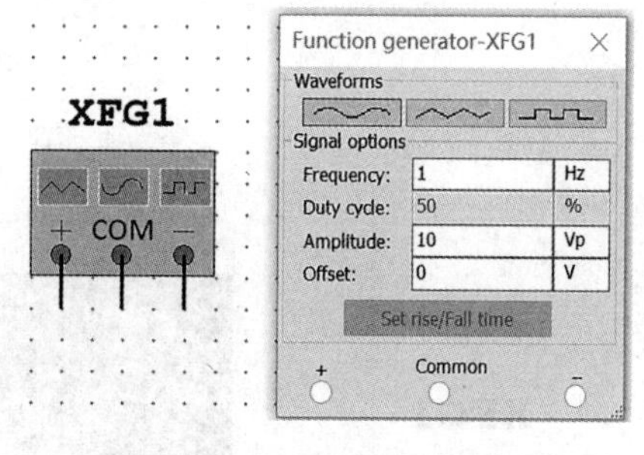

图 4-7　函数信号发生器

“信号选项(signal options)”区可对信号的频率(Frequency)、占空比(Duty cycle)、幅度(Amplitude)大小以及偏置值(Offset)进行设置。

按钮“设置上升/下降时间(Set Rise/Fall Time)”用来设置产生信号的上升时间和下降时间，该按钮只在产生方波时有效。

使用该仪器与待测设备连接应注意以下几点：

(1) 连接“+”和“普通(Common)”端子，输出信号为正极性信号，峰-峰-值等于信号发生器 Amplitude 中所设置的振幅的两倍。

(2) 连接“-”和“普通(Common)”端子，输出信号为负极性信号，峰-峰-值等于信号发生器 Amplitude 中所设置的振幅的两倍。

(3) 连接“+”和“-”端子，且把“普通”端子接地，输出信号的峰-峰-值等于信号发生器所设置振幅的四倍。

(4) 同时连接“+”、“普通”和“-”端子，且把“普通”端子接地(与公共地 Ground 符号相连)，则输出的两个信号幅度相等、极性相反。

例如，产生频率为 1 kHz、幅值为 5 V、占空比 50%的正方波时，函数发生器的设置及测试波形如图 4-8 所示。

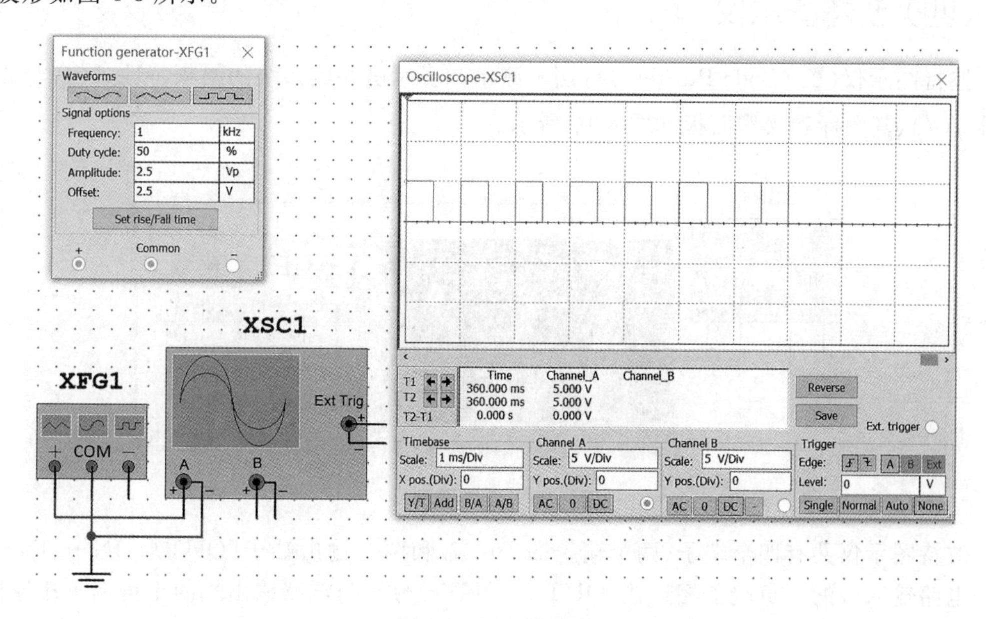

图 4-8　正方波设置

安捷伦函数发生器(Agilent Function Generator)如图 4-9 所示。使用时，先点击左侧的电源按钮 Power 打开仪器，通过 1、2、3、4 等选择所需波形，Freq、Ampl、Offset 与右侧的 ∧、∨、>、< 一起对信号频率、幅值、偏置进行设置，也可以通过右上方的旋钮

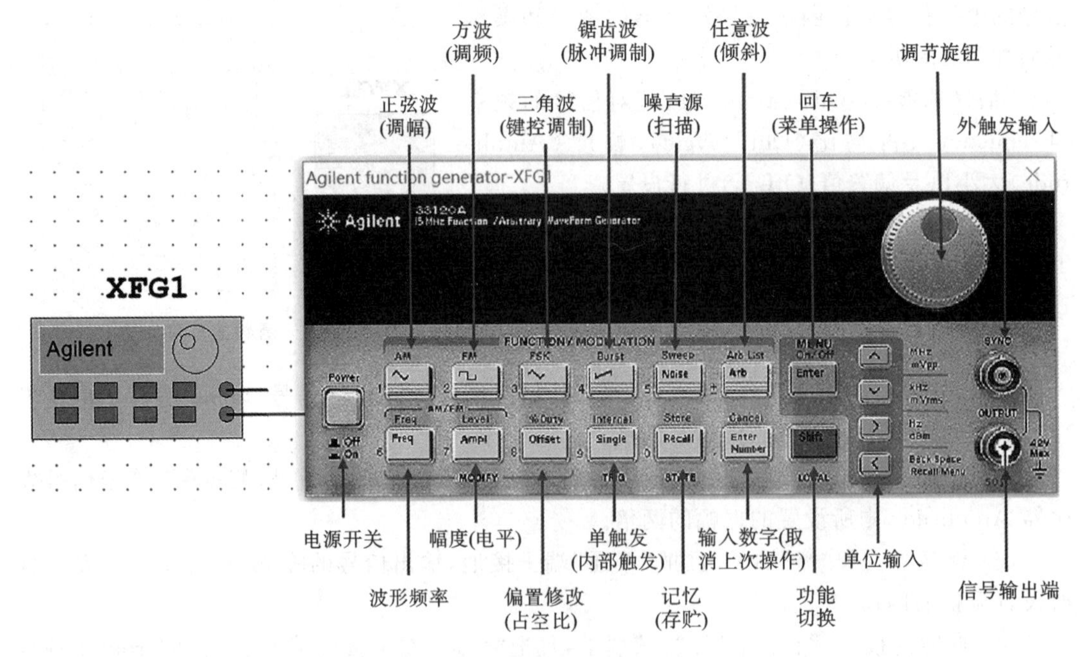

图 4-9　安捷伦函数发生器

来进行数据调节。设置完成后,信号由右下方的 OUTPUT 端口传输。

(四) 波特图示仪

波特图示仪((Bode Plotter))可用来测量和显示电路或系统的幅频特性 $A(f)$ 与相频特性 $\varphi(f)$,其图标和操作面板如图 4-10 所示。

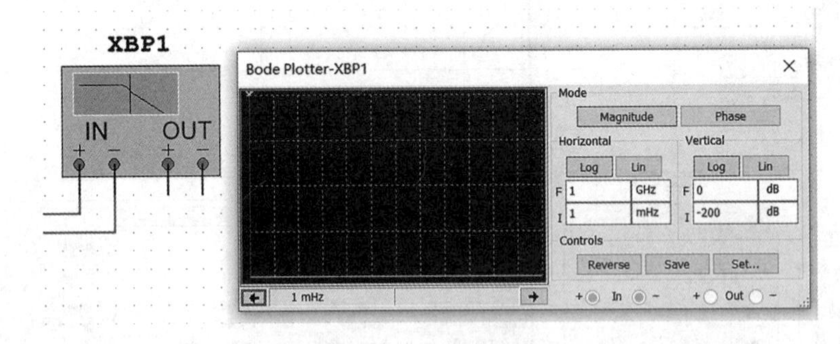

图 4-10　波特图示仪

波特图示仪共有四个端子:两个输入端子(IN)和两个输出端子(OUT)。IN+、IN-分别与电路输入端的正负端子相连接;OUT+、OUT-分别与电路输出端的正负端子相连接。

Mode 区:设置显示屏幕中显示内容的类型。

Magnitude:设置选择显示幅频特性曲线。

Phase:设置选择显示相频特性曲线。

Horizontal 区:设置波特图示仪显示的 X 轴显示类型和频率范围。

Log:表示坐标标尺为对数的。

Lin:表示坐标标尺为线性的。

当测量信号的频率范围较宽时,用对数标尺比较好,I 和 F 分别表示初始值(initial)和最终值(final)。

"Vertical"区:设置 Y 轴的标尺刻度类型。其设置方式同水平区的。

(五) IV 分析仪

IV 分析仪(IV analyzer)用于测量半导体元器件(如二极管、三极管场效应管等)的电流-电压曲线。注意,IV 分析仪只能测量未连接在电路中的单个元件。所以在测量电路里的元器件之前,可以先将其从电路里断开。IV 分析仪的图标和操作面板如图 4-11 所示。

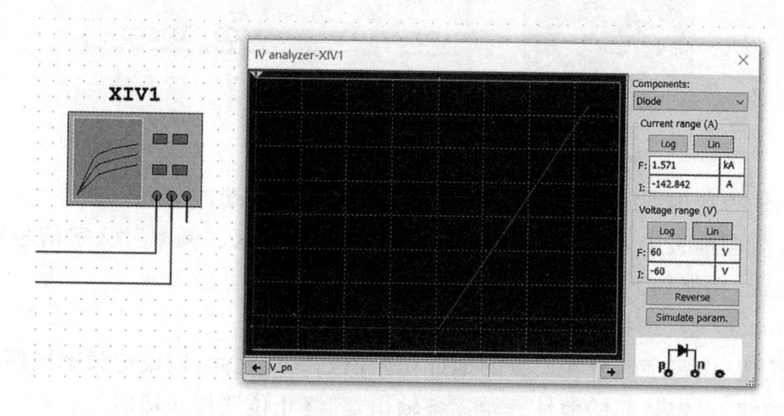

图 4-11　IV 分析仪

使用 IV 分析仪测量一个元器件的步骤如下:

(1) 单击 IV 分析仪工具栏按钮( ),将其图标放置在电路窗口,双击图标打开仪器。

(2) 从"Components"下拉列表里选择要分析的设备类型,如 PMOS。

(3) 将选定的元器件放置在电路窗口,并与 IV 分析仪图标连接。如果被选定的元器件已经被连接在电路里了,则应先将其断开。

(4) 单击"Simulate param"按钮,修改仿真参数设置。

(5) 可选部分:"Current range"和"Uoltage range"区内的更改默认标准按钮有两个选项:线性和对数。

(6) 选择"Simulate/Run",显示设备的 IV 曲线,如果确定结果正确,单击"反向"按钮将显示背景改为白色。

(7) 可选。选择 View→Grapher 命令查看仿真图形结果。

(六) 字信号发生器

字信号发生器((Word generator))实际上是一个多路逻辑信号源,它能产生 32 位同步逻辑信号,用于对数字逻辑电路进行测试,其图标和操作面板如图 4-12 所示。

字信号发生器图标的左右两边有 0~15、16~31 共 32 个端子,这 32 个端子是字信号发生器所产生的信号输出端,其中每一个端子都可接入数字电路的输入端。下面有 R 及 T 两

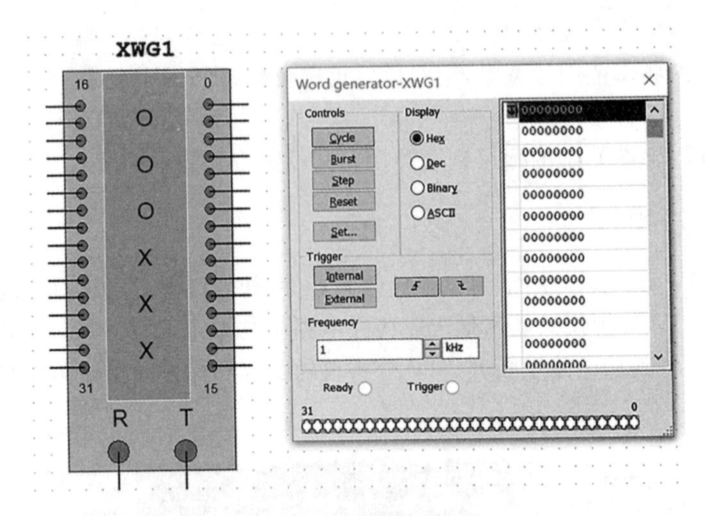

图 4-12　字信号发生器

个端子,其中,R 为数据准备好输出端,T 为外触发信号输入端。

字信号发生器面板主要由“控制”区、“显示”区、“触发”区、“频率”区、字信号编辑显示区等五个部分组成,功能如下。

(1) “Controls”区:选择字信号发生器的输出方式。

“Cycle”按钮:设定字信号在设置的地址初始值到终值之间,以设定频率周期性地输出。

“Burst”按钮:设定从起始地址开始逐条输出,到终止位置停止输出。

“Step(单步)”按钮:设定每单击鼠标一次,输出一条字信号。

“Set”按钮:用来设置和保存信号变化规律,或调用以前字信号的变化规律。单击该按钮,即可打开图 4-13 所示的“设置”对话框。

Up counter(加计数):表示字信号编辑区的内容按照逐个加 1 递增的方式进行编码。

Down counter(减计数):表示按逐个减 1 递减方式进行编码。

(2) “Display”区:用来选择字信号编辑区的字信号格式是十六进制(Hex)、十进制(Dec)、二进制(Binary),还是 ASCII 码。

(3) “Trigger”区:用于选择触发方式。

“Internal”按钮:设置为内部触发方式,字信号的输出直接受输出方式选择按钮“Cycle”“Burst”和“Step(单步)”的控制。

“External”按钮:选择外部触发方式,需要接入外触发脉冲信号,而且要设置是“上升沿触发”或是“下降沿触发”。只有外触发脉冲信号到来时才启动信号输出。

(4) “Frquency”区:设置输出字信号的频率。

(5) 字信号编辑显示区。

如图 4-12 所示,操作面板最右侧是字信号编辑显示区,用来对字序列进行编辑与显示。在字信号编辑显示区中任何字上双击就可以进行编辑;右击可以在弹出的控制字输出菜单中对该字信号进行设置,如图 4-14 所示。

设置指针(Set Cursor):设置开始输出字信号的起点。

设置断点(Set Break-Point):在当前位置设置一个中断点。

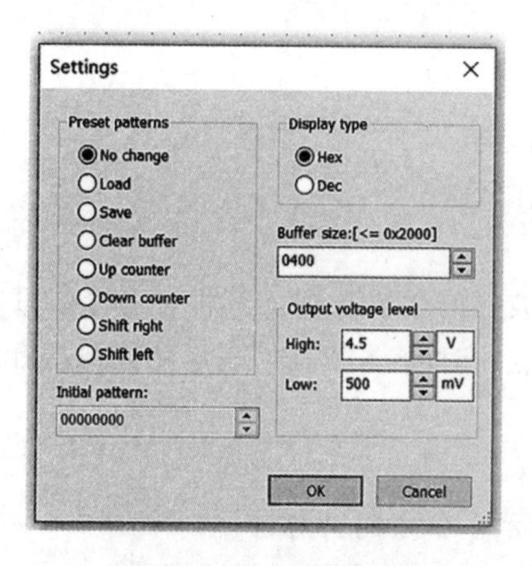

图 4-13 “设置”对话框

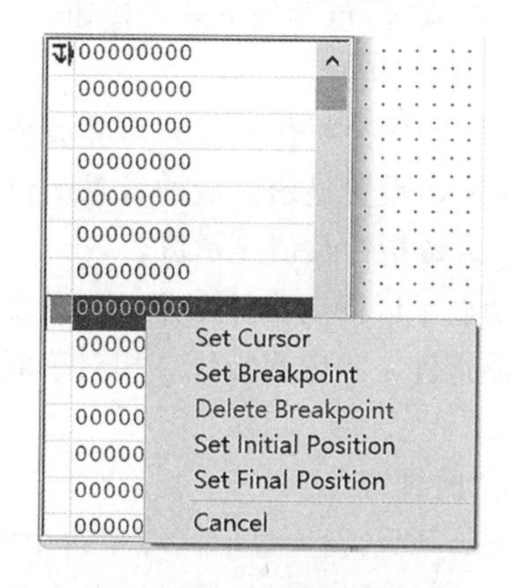

图 4-14 控制字输出菜单

设置起始位(Set Initial Position):将当前位置处的值设置为循环字信号的初始值。

设置最末位(Set Final Position):将当前位置处的值设置为循环字信号的终止值。

当字信号发生器发送字信号时,输出的每一位值都会在字信号发生器面板的底部显示出来。

(七) 逻辑分析仪

逻辑分析仪(■(Logic Analyzer))可以同步记录和显示 16 路逻辑信号,用于对数字逻辑信号进行高速采集和时序分析。逻辑分析仪的图标和面板如图 4-15 所示。

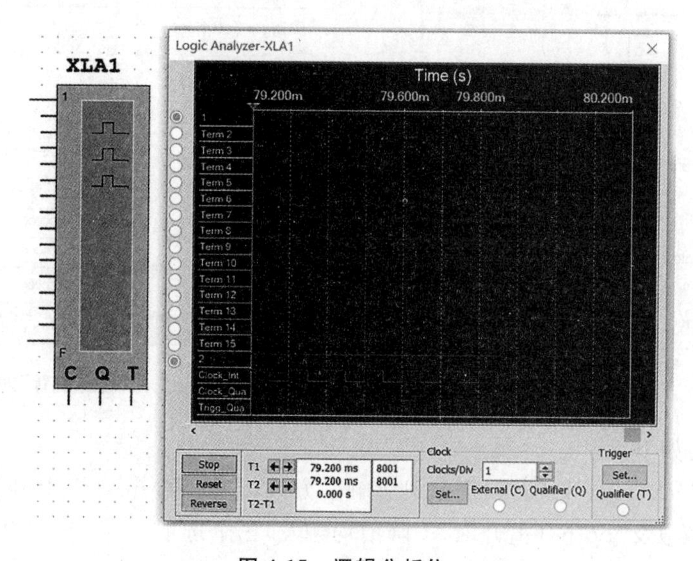

图 4-15 逻辑分析仪

逻辑分析仪图标的左侧有 1～F 共 16 个信号输入端,使用时连接到电路的测试点。图标下部也有三个端子:C 是外部时钟输入端,Q 是时钟控制输入端,T 是触发区控制输入端。

逻辑分析仪面板有五个区域,功能如下。

(1) 显示区:可以显示 16 路输出波形。

(2) 控制区:包含如下三个按钮。

Stop:停止仿真。

Reset:逻辑分析仪复位并清除波形,重新测试分析。

Reverse:设置显示区域的背景颜色,为黑色或白色。

(3) 读数指针数值显示区。

移动显示区读数指针上部的三角形可以读取波形的逻辑数据。其中,"T1"和"T2"分别表示读数指针1和读数指针2相对于时间基线零点的时间;"T2-T1"表示两读数指针之间的时间差。

(4) "时钟"区。

Clocks/Div:设置显示区域中每个水平刻度显示多少个时钟脉冲。

"Set"按钮:设置时钟脉冲。单击该按钮后,弹出图4-16所示的对话框。

其各项说明如下:

"Clock source"选项组:用来设置时钟脉冲的来源。若选"External",则由外部取得时钟脉冲;若选"内部",则由内部取得时钟脉冲。

"Clock rate"区:用来设定时钟脉冲的频率。

"Sampling setting"区:用来设定取样方式。其中,"Pre-trigger samples"设定前沿触发取样数;"Post-triggler samples"设定后沿触发取样数;"Thres"设定门槛电压。

(5) "Trigger"区:用来设定触发方式。单击该区域的"设置"按钮后,弹出图4-17所示的"触发设置"对话框。

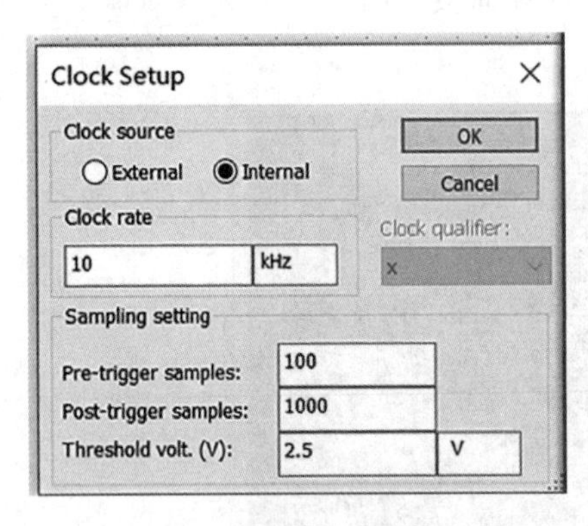

图4-16 "时钟设置"对话框

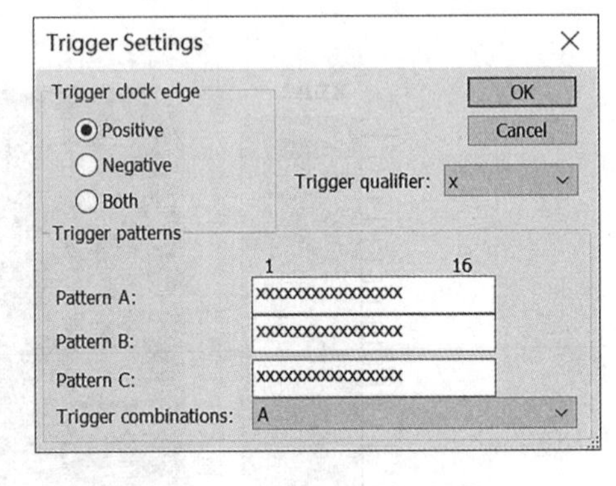

图4-17 "触发设置"对话框

其各项说明如下:

"Trigger clock edge"选项组:用来设置触发方式,包括"Positive"(上升沿触发)、"Negative"(下降沿触发)及"Both"(上升沿、下降沿均触发)三个选项。

"Trigger qualifier"下拉列表:用来设定触发检验,包括0、1、x(0、1均可)三个选项。如果设置为"x",则触发控制端不论高低电平都能产生触发控制;如果设置为"0"或"1",则仅当触发控制端输入信号为与0或1相匹配的电平时,触发控制端才起作用。

"Trigger patterns"区:设定触发的模式,可以在模式A、模式B及模式C中设定触发字,也可以在"混合触发"下拉列表中选择触发字。每个触发字有16位,触发字的某一位设置为

“x”时表示该位可以为 0 也可以为 1，三个触发字的默认值均为“xxxxxxxxxxxxxxxx”，表示只要第一个输入逻辑信号到达，逻辑分析仪均被触发而开始波形采集。

（八）逻辑转换器

逻辑转换器可以实现逻辑图、真值表、逻辑表达式间的相互转换。逻辑转换器的图标和面板如图 4-18 所示。

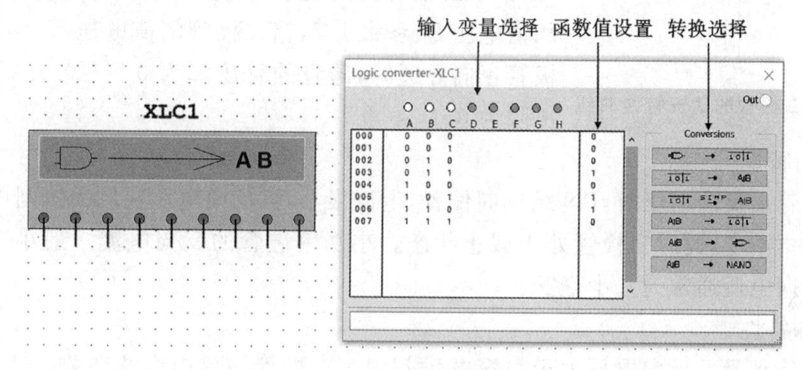

图 4-18 逻辑转换器

转换选择区域各按键的功能为：

[→ 1 0|1]：将逻辑图转换为真值表。

[1 0|1 → A|B]：将真值表转换为最小项表达式。

[1 0|1 SIMP→ A|B]：将真值表转换为最简与或式。

[A|B → 1 0|1]：将表达式转换为真值表。

[A|B →]：将表达式转换为由或门构成的逻辑图。

[A|B → NAND]：将表达式转换为由与非门构成的逻辑图。

由图 4-18 所示的真值表直接转换成的由与非门构成的电路如图 4-19 所示。

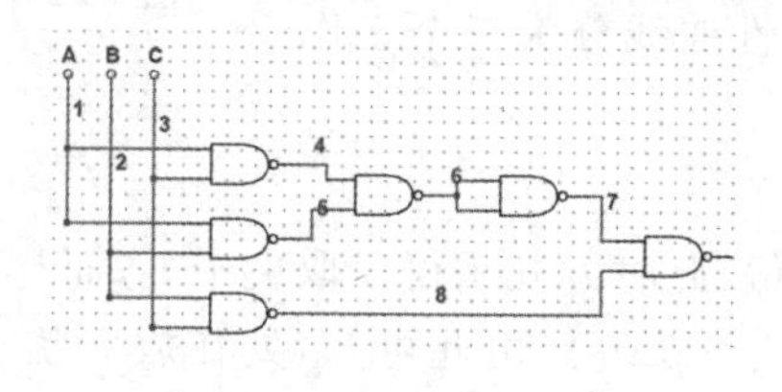

图 4-19 逻辑电路

仿真 1 半导体元器件特性曲线的测量

（一）基本原理

1. 半导体二极管的伏安特性

伏安特性是用来描述电压与电流之间关系的。硅二极管的伏安特性曲线如图 4-20 所示。

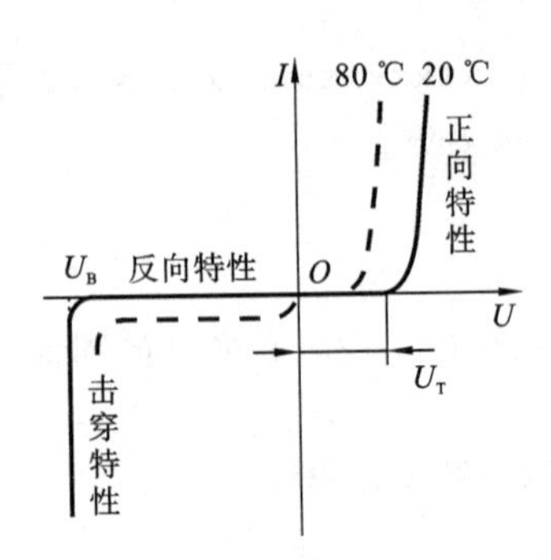

图 4-20　硅二极管的伏安特性曲线

1）正向特性

当二极管加正向电压较小时，由于外电场还不足以克服内电场对多子扩散运动的阻碍作用，因此二极管的正向电流为零，这一区域称为死区。当正向电压大于一定数值后，内电场被削弱，正向电流明显增长，二极管进入导通状态，该电压值称为阈值电压，记作 U_T。在室温下，硅二极管阈值电压 $U_T \approx 0.5$ V，锗二极管阈值电压 $U_T \approx 0.1$ V。二极管正向导通时，硅管的管压降为 0.6～0.8 V，锗管的管压降为 0.1～0.3 V。

2）反向特性

当二极管加反向电压时，PN 结反向偏置，电流很小，且反向电压在较大范围内变化时反向电流值基本不变，此时二极管处于截止状态。小功率硅管的反向电流一般小于 0.1 μA，而锗管的反向电流通常为几十毫安。

3）击穿特性

当二极管承受的反向电压大于击穿电压 U_B 时，二极管的反向电流急剧增大，此时二极管处于击穿状态。二极管的反向击穿电压一般在几十伏，甚至更高(高反压管可达几千伏)。

普通二极管一般工作在导通和截止状态。

在环境温度升高时，二极管的正向特性曲线将左移，反向特性曲线将下移(如图 4-20 虚线所示)。

2. 半导体三极管的伏安特性

输出回路中的电流 i_C 与电压 u_{CE} 之间的关系曲线可用数学函数表示为 $i_C = f(u_{CE})|_{i_B=常数}$，其伏安特性曲线如图 4-21 所示。

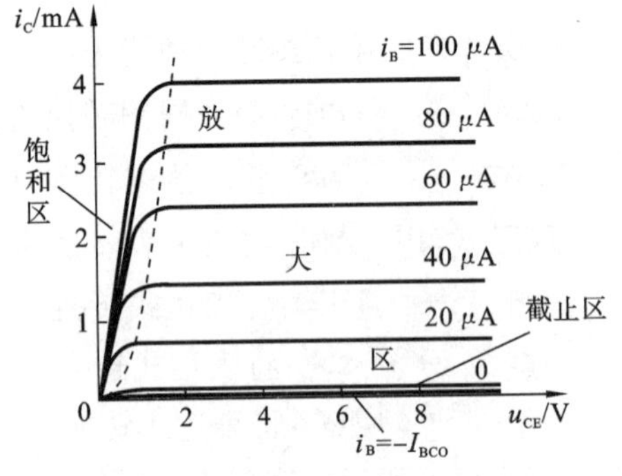

图 4-21　NPN 型硅三极管的共射极接法伏安特性曲线

通常将三极管的输出特性曲线分为三个工作区：放大区、饱和区、截止区。

(1) 放大区(又称线性区)。

发射结正偏且集电结反偏，此时 i_C 几乎仅仅取决于 i_B，而与 u_{CE} 无关，表现出 i_B 对 i_C 的控制作用，其关系是 $I_C = \bar{\beta} I_B$，$\Delta i_C = \beta \Delta i_B$。由此可知，处在放大状态下的三极管的输出端可以等效为一个电流控制的电流源。

(2) 饱和区。

发射结正偏且集电结正偏，此时 i_C 不仅仅与 i_B 有关，而且明显随 u_{CE} 增大而增大，其关系是 $I_C < \bar{\beta} I_B$。实际电路中，若三极管的 u_{BE} 增大，则 i_B 随之增大，但 i_C 基本不变，这说明三极管进入饱和区。一般认为，$u_{CE} = u_{BE}$，即 $u_{CB} = 0$ 时，三极管处于临界饱和状态。临界饱和状态下，三极管的管压降 U_{CES} 约为 0.7 V；深度饱和状态下，管压降通常在 0.1～0.3 V，此时集电极 c 和发射极 e 之间相当于开关合上。

(3) 截止区。

发射结反偏且集电结反偏，此时 $i_B = 0$，$i_C = 0$。集电极 c 和发射极 e 之间没有电流流过，相当于开关断开。一般认为，图 4-21 中 $i_B=0$ 的曲线以下的区域称为截止区，实际上，此时 $i_C \leqslant I_{CEO}$（穿透电流）。由于 I_{CEO} 极小，因此认为 i_C 近似为零。

从以上分析可知，三极管具有电流放大作用和开关作用。在模拟电路中，绝大多数情况下三极管用作放大元件，即使三极管处在放大状态；而在数字电路中，三极管多用作开关元件，即使三极管工作在饱和和截止状态。

（二）仿真内容

1. 二极管特性测试

伏安特性曲线是用来描述二极管实际特性的曲线模型，一般可以通过实测得到。作为非线性电阻元器件的二极管，其非线性性主要表现在单向导电性上，而导通后其非线性性则可忽略。

二极管伏安特性曲线测试电路如图 4-22(a)所示，其中 XIV1 是 IV 分析仪。

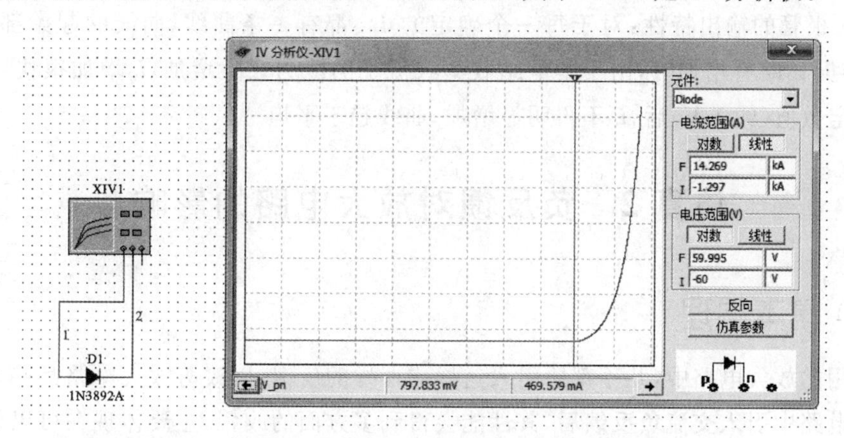

（a）测试电路　　（b）二极管的伏安特性曲线

图 4-22　二极管特性曲线测试

双击 IV 分析仪图标，打开其显示面板。按下仿真开关，得到二极管的伏安特性曲线如图 4-22(b)所示。单击 IV 分析仪操作面板上的“仿真参数”按钮，即可对其仿真参数进行相关设置。

2. NPN 型三极管伏安特性测试

构建的 NPN 型三极管伏安特性曲线测试电路如图 4-23(a)所示。双击 IV 分析仪图标，打开其显示面板。按下“仿真”按钮，得到三极管的伏安特性曲线，如图 4-23(b)所示。

（三）仿真结果分析

(1) 二极管具有单向导电性：二极管正向偏置时，导通，允许电流通过；二极管反向偏置时，截止，不允许电流通过，但是会有极小（小于微安级）的反向漂移电流。

(2) 二极管的单向导电性并不总是能够得到满足，当它被加上正向偏压时，它需要一个特定的电压才能通过，这个特定电压称为阈值电压。当二极管加的正向偏压小于阈值电压时，二极管将不导通，处于死区状态。

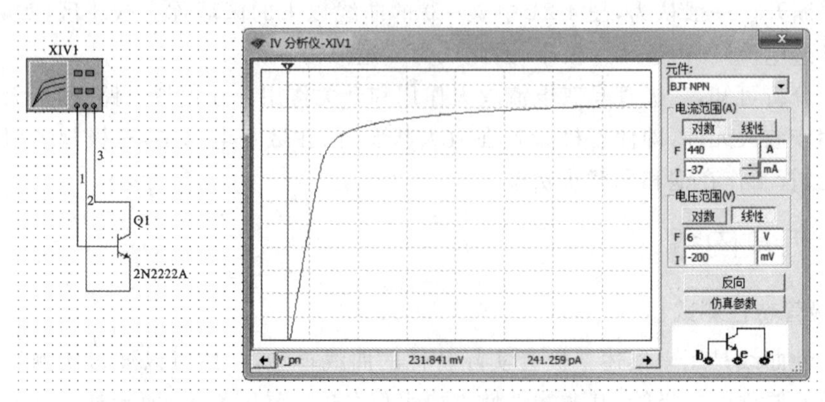

(a) 测试电路　　　(b) 三极管的伏安特性曲线

图 4-23　三极管伏安特性曲线测试

(3) 三极管的输出特性:对于每一个确定的 I_B,都有一条曲线,曲线的起始部分很陡。当 u_{CE} 由零开始略有增加时,由于集电结收集载流子的能力大大增加,i_C 增加很快,但当 u_{CE} 增加到一定数值(约 1 V)后,i_C 不再明显增加,曲线趋于平坦。

仿真 2　负反馈对放大电路的影响

(一) 基本原理

在实用的放大电路中,几乎都要引入这样或那样的反馈,以改善放大电路某些方面的性能。放大电路中引入交流负反馈后,其性能会得到多方面的改善,主要体现在可以稳定放大倍数,改变输入电阻、输出电阻,展宽频带,减小非线性失真等。

1. 减小非线性失真

放大电路中,如果输入信号的幅度较大,在动态过程中,放大电路可能工作到三极管、场效应管或集成运放的非线性部分,从而使输出波形产生一定的非线性失真。引入负反馈以后,非线性失真将会减小。

原放大电路产生的非线性失真如图 4-24(a)所示。输入为正、负对称的正弦波,输出是正半周大、负半周小的失真波形。引入负反馈后,输出端的失真波形反馈到输入端,与输入波形叠加。由于净输入信号是输入信号与反馈信号的差值,因此净输入信号成为正半周小、负半周大的波形。此波形经放大后,其输出端正、负半周波形之间的差异减小,从而减小了放大电路输出波形的非线性失真,如图 4-24(b)所示。

需要指出的是,负反馈只能减小放大电路自身产生的非线性失真,而对输入信号的非线性失真,负反馈无能为力。

2. 展宽通频带

由于负反馈可以提高放大倍数的稳定性,因此引入负反馈后,在低频区和高频区放大倍

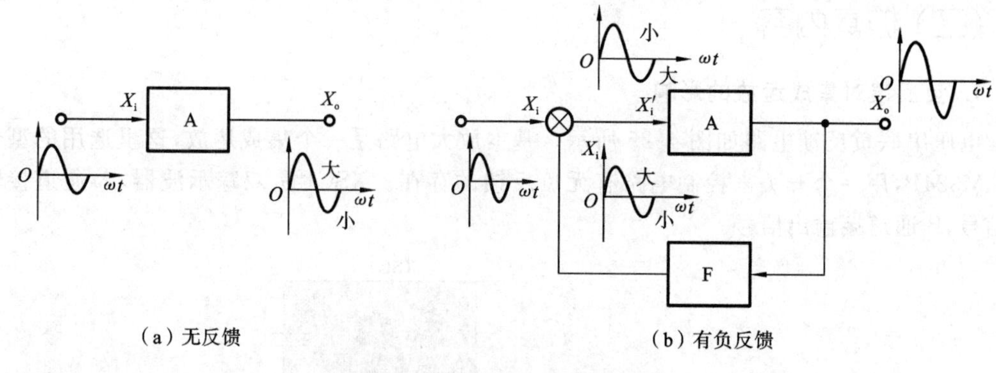

(a) 无反馈 (b) 有负反馈

图 4-24 负反馈减小非线性失真

数的下降程度将减小,从而可以使通频带展宽。

负反馈放大电路增益的一般表达式为

$$\dot{A}_f=\frac{\dot{A}}{1+\dot{A}\dot{F}}$$

根据频率特性分析,开环放大电路的高频特性为

$$\dot{A}_h=\frac{A_m}{1+j\dfrac{f}{f_H}}$$

式中:f_H 和 A_m 分别是开环放大电路的上限频率和中频区放大倍数。

当反馈系数 F 不随频率变化时,引入负反馈后的高频特性为

$$\dot{A}_{hf}=\frac{\dot{A}}{1+\dot{A}F}=\frac{A_m/(1+jf/f_H)}{1+[A_m/(1+jf/f_H)]F}=\frac{A_{mf}}{1+j[f/(1+A_mF)f_H]}$$

式中:$A_{mf}=A_m/(1+A_mF)$是引入负反馈后,闭环中频区放大倍数。

利用上式,根据上限频率的定义,可以求得闭环上限频率 f_{hf} 为

$$f_{hf}=(1+A_mF)f_H$$

该式说明,引入负反馈后,闭环上限频率比开环上限频率提高了$(1+A_mF)$倍。同理可以求得闭环下限频率 $f_{lf}=\dfrac{1}{1+A_mF}f_L$,即为开环下限频率的 $1/(1+A_mF)$。

按照通频带的定义,开环放大电路的通频带 f_{bw} 为

$$f_{bw}=f_H-f_L$$

闭环放大电路的通频带 f_{bwf} 为

$$f_{bwf}=f_{hf}-f_{lf}$$

由于 $f_{hf}\gg f_H$,$f_{lf}\ll f_L$,因此,闭环通频带远远大于开环通频带。当 $f_H\gg f_L$ 时,$f_{bw}=f_H-f_L\approx f_H$,所以

$$f_{bwf}=f_{hf}-f_{lf}\approx f_{hf}=(1+A_mF)f_H\approx(1+A_mF)f_{bw}$$

该式表明,引入负反馈后,通频带展宽约$(1+A_mF)$倍。

不同组态的负反馈稳定不同的增益,因而,不同组态的负反馈展宽不同增益的通频带。负反馈使哪个增益稳定,就展宽哪个增益的通频带。

(二)仿真内容

1. 负反馈对集成运放的影响

电压串联负反馈电路如图4-25所示。基本放大电路是一个集成运放,这里选用的型号是LM324P,用一个开关来控制电路有无负反馈的存在。XSC1是双踪示波器,A通道接输入信号,B通道接输出信号。

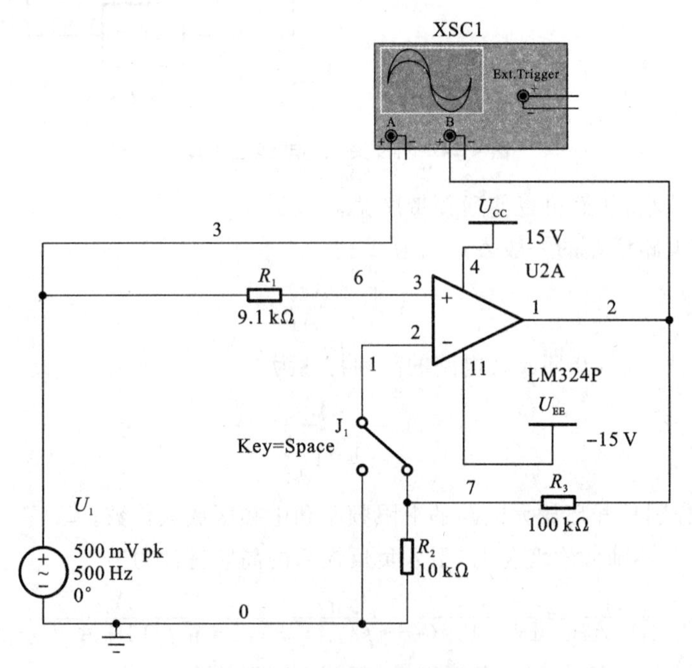

图4-25　电压串联负反馈电路

若开关J_1打向左边,则电路中没有负反馈,输入/输出信号波形如图4-26所示。上面A通道的波形是输入信号波形,下面B通道的波形是输出信号波形。可以看到,此时输出信号波形已经严重失真,表明集成运放工作在非线性区。

若开关J_1打向右边,则电路引入电压串联负反馈,输入/输出信号波形如图4-27所示。上面A通道的波形是输入信号波形,下面B通道的波形是输出信号波形。可以看到,此时输出信号波形没有失真,输出信号约为输入信号的11倍,表明集成运放工作在线性区,与理论值相符。

2. 负反馈放大电路对非线性失真的改善作用

负反馈放大电路如图4-28所示。R_5为反馈电阻,电容C_3是旁路电容,开关J_1控制电容接上与否,以决定电路有无负反馈。输入信号来源于一个交流电压源。XSC1是双踪示波器,示波器A通道接输出信号,B通道接输入信号。XBP1是波特仪,IN+接电路的输入端,OUT+接电路的输出端。

开关J_1闭合,电容C_3接上,即没有交流负反馈。打开示波器显示面板,按下仿真按钮,示波器上的显示波形如图4-29所示。上面B通道的波形是输入信号波形,下面A通道的波

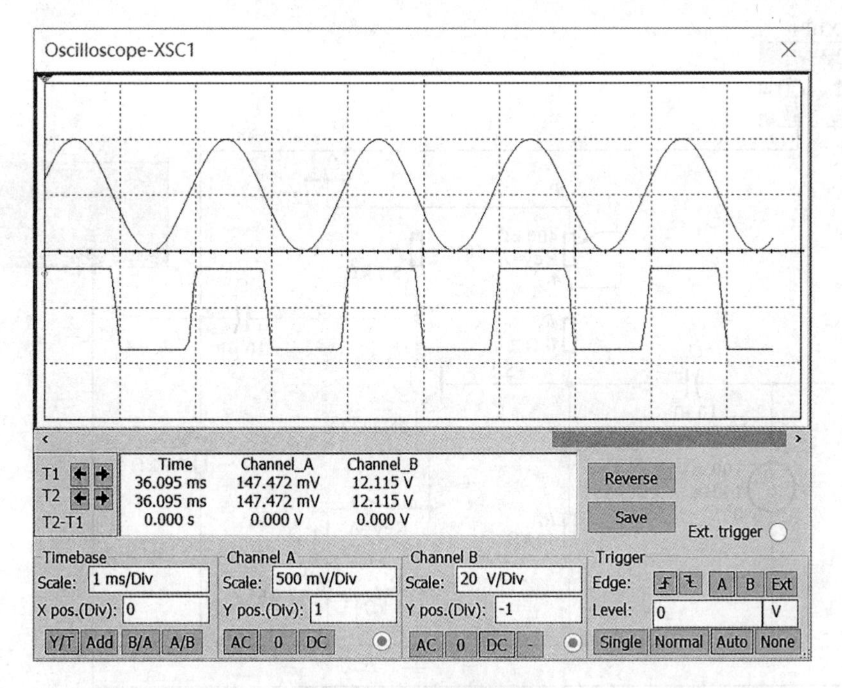

图 4-26　波形严重失真

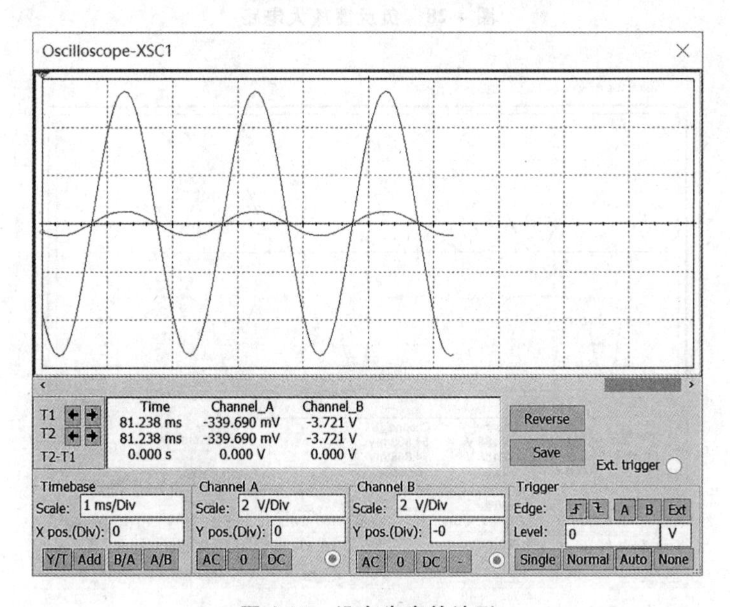

图 4-27　没有失真的波形

形是输出信号波形。可以看到，此时输出信号波形已经严重失真。

此时断开开关 J_1，即将电容 C_3 断开，加入交流负反馈，按下仿真按钮，示波器的显示波形如图 4-30 所示。上面 B 通道的波形是输入信号波形，下面 A 通道的波形是输出信号波形，此时输出信号波形没有失真，输出信号相比输入信号放大了约 2.5 倍，而与图 4-29 所示的输出波形相比明显幅度减小了。这与理论相符。

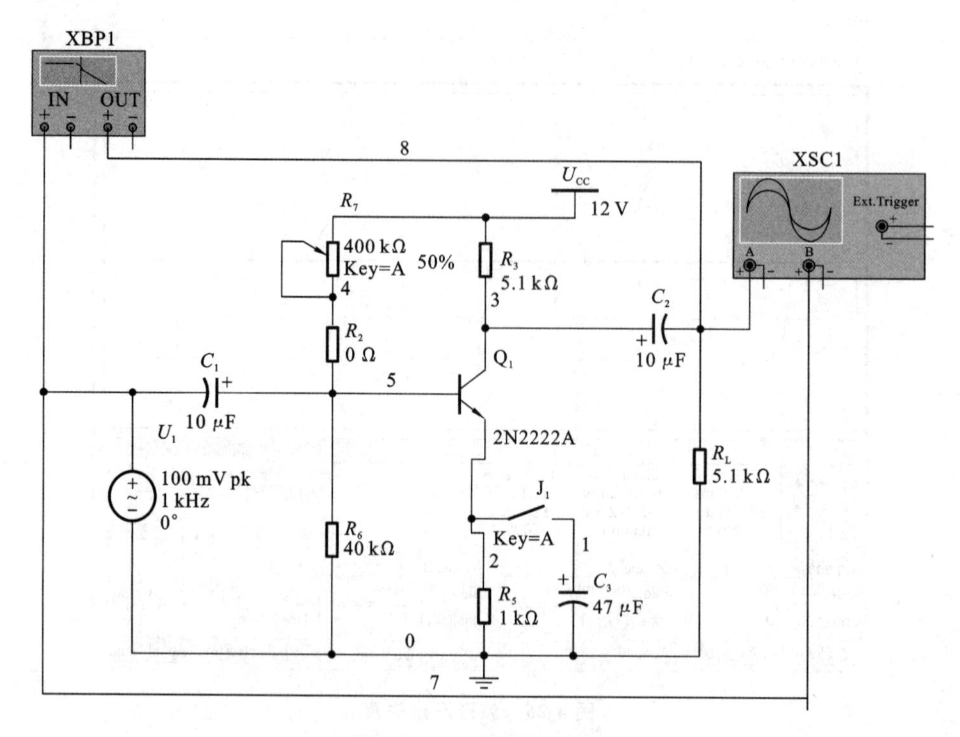

图 4-28　负反馈放大电路

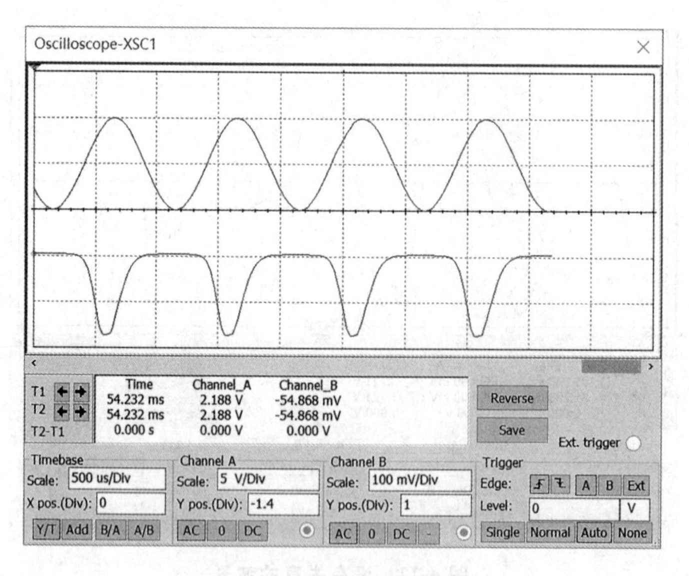

图 4-29　失真波形

3. 负反馈放大电路对频带展宽的改善作用

负反馈放大电路如图 4-28 所示。开关 J_1 闭合，电容 C_3 接上，即没有交流负反馈。打开波特仪显示面板，并单击“Magnitude”按钮将显示模式切换到幅频特性。按下仿真按钮，波特仪显示幅频特性曲线，如图 4-31 所示。

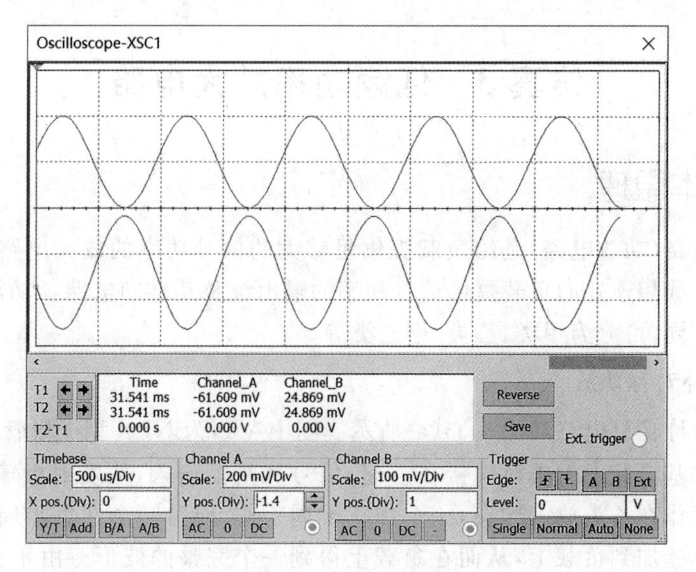

图 4-30 不失真波形

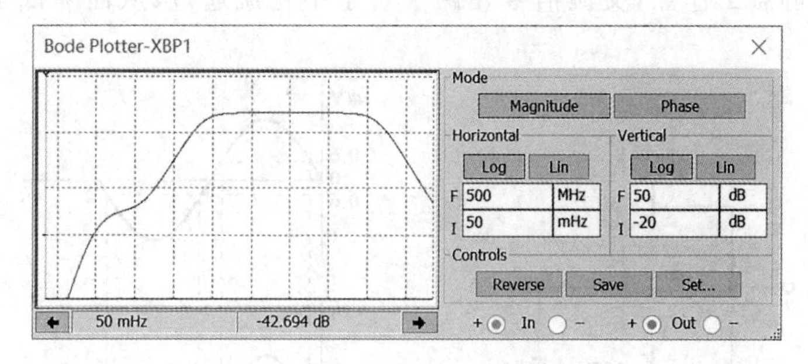

图 4-31 没有负反馈的幅频特性曲线

此时断开开关 J_1，即将电容 C_3 断开，加入交流负反馈，按下仿真按钮，波特仪显示幅频特性曲线如图 4-32 所示。可以看到，加入交流负反馈后，电路的频带宽度明显增加。

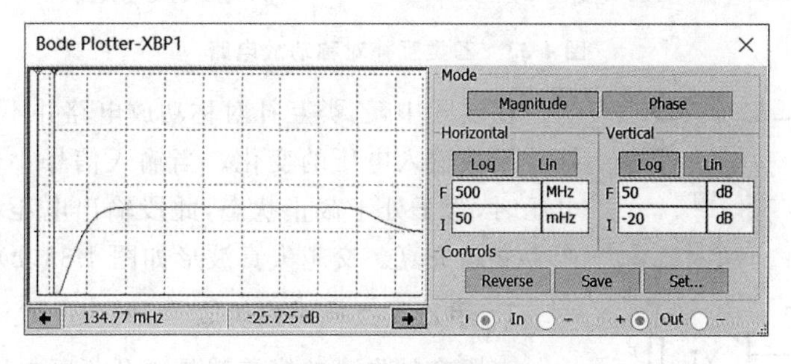

图 4-32 加入负反馈的幅频特性曲线

(三) 仿真结果分析

(1) 对于理想运放，需引入负反馈才能使其工作在线性区。

(2) 负反馈对放大电路的失真具有很好的改善作用。

(3) 负反馈对放大电路的频带展宽具有明显的改善作用。

仿真 3　低频功率放大电路

(一) 基本原理

功率放大电路(功放电路)是给负载提供足够大的信号功率的放大电路,通常作为放大设备中直接与负载相连并向负载提供信号功率的输出级及其推动电路。功放电路按其三极管导通时间的不同,可分为甲类、乙类、甲乙类等。

1. 乙类互补对称功放

乙类互补对称功放电路如图 4-33(a)所示。图中 VT_1 为 NPN 型三极管,VT_2 为 PNP 型三极管。两管的基极和发射极对应接在一起,信号从基极输入,从发射极输出,R_L 为负载。使两个管子都工作在乙类放大状态,一个在正半周工作,而另一个在负半周工作,同时使这两个输出波形都能加到负载上,从而在负载上得到一个完整的波形。由于乙类功放电路中的三极管不需要静态工作点,交流信号在两个管子中轮流通过,从而降低了自身的功率损耗,提高了效率。

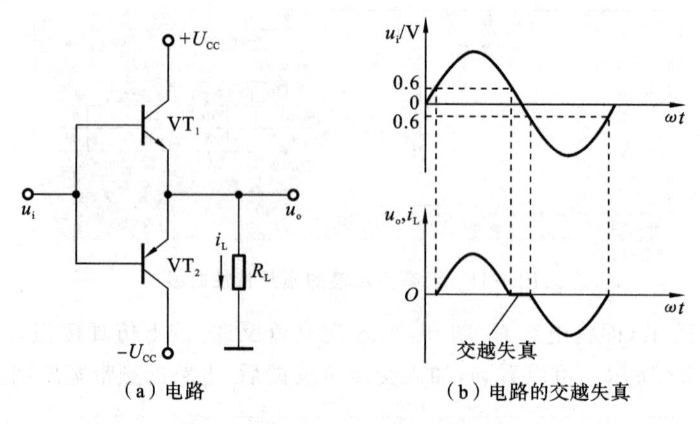

(a) 电路　　(b) 电路的交越失真

图 4-33　乙类互补对称功放电路

在实际中,乙类互补对称功放电路并不能使输出电压很好地反映输入电压的变化。当输入信号小于三极管的死区电压时,管子处于截止状态,此段输出电压在通过零值处会产生交越失真。交越失真波形如图 4-33(b)所示。

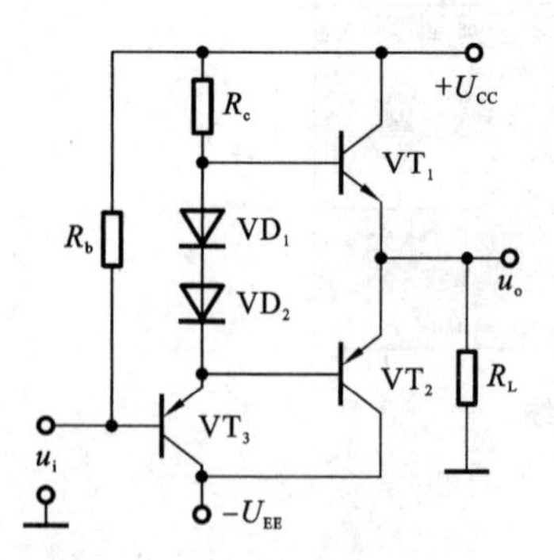

图 4-34　甲乙类双电源互补对称功放电路

2. 甲乙类互补对称功放

克服交越失真的措施就是避开死区电压区,使每一个三极管处于微导通状态,即电路处于甲乙类状态。甲乙类双电源互补对称功放电路如图 4-34 所示,利用二极管产生的压降为 VT_1 和 VT_2 管提供一个适当的偏压,即

$$U_{BE1}+U_{EB2}=U_{VD1}+U_{VD2}$$

使 VT_1 和 VT_2 管处于微导通状态。由于电路对称,因此静态时没有输出电压。

（二）仿真内容

1. 乙类互补对称功放的交越失真

构建的乙类双电源互补对称功放电路如图 4-35 所示。双踪示波器 XSC1 的 A 通道接功放电路的输入交流信号端，B 通道接功放电路的输出交流信号端。

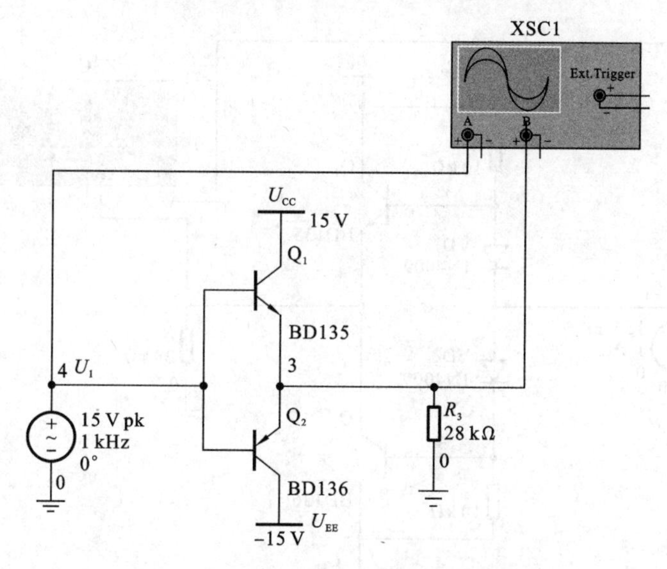

图 4-35　乙类双电源互补对称功放电路

按下仿真开关，示波器上显示的波形如图 4-36 所示。上面 A 通道的波形是输入信号波形，下面 B 通道的波形是输出信号波形。可以看到，输出信号幅度比输入信号幅度略低，这

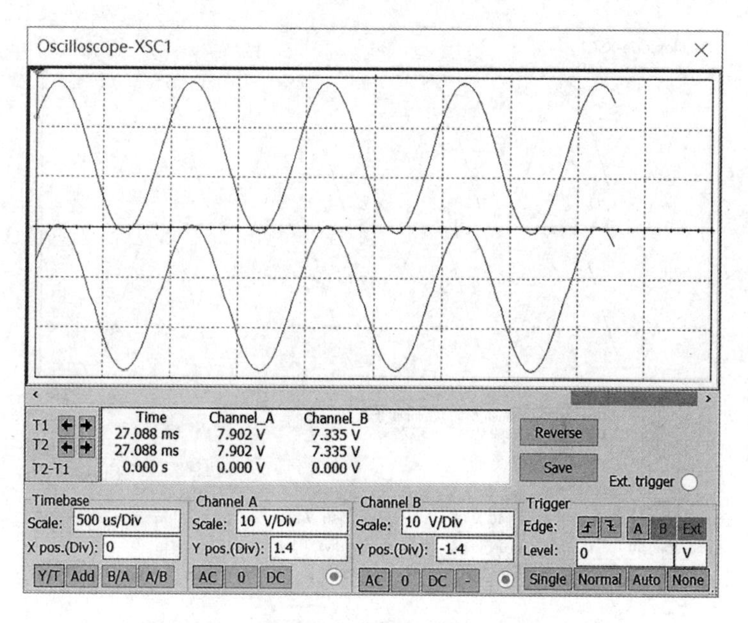

图 4-36　乙类互补对称功放的输入/输出波形

是由于输出信号波形在正负半周交替的过程中(即过零处)产生了失真,期间输出信号为零,说明三极管处在截止状态。

2. 甲乙类互补对称功放的波形分析

构建的甲乙类双电源互补对称功放电路如图 4-37 所示。双踪示波器 XSC1 的 A 通道接功放电路的输入交流信号端,B 通道接功放电路的输出交流信号端。

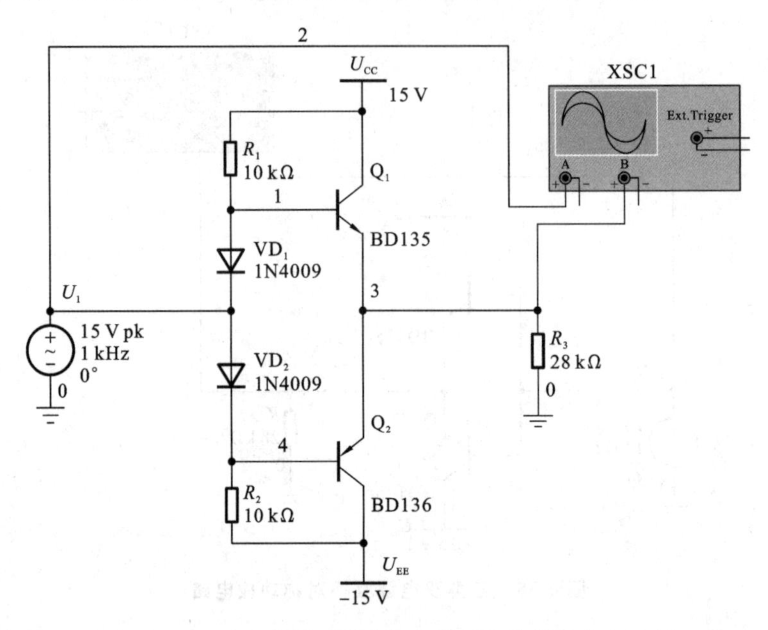

图 4-37　甲乙类双电源互补对称功放电路

按下仿真开关,示波器上显示的波形如图 4-38 所示。上面 A 通道的波形是输入信号波

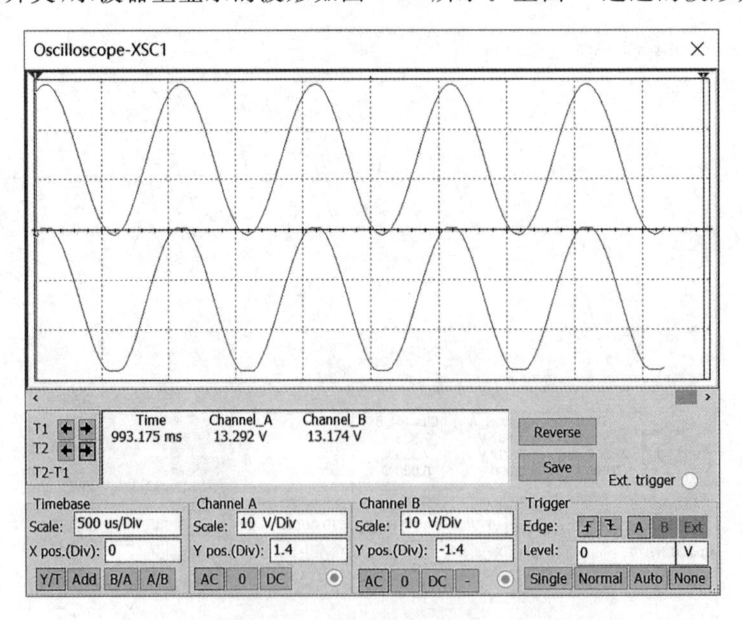

图 4-38　甲乙类互补对称功放的输入/输出波形

形,下面B通道的波形是输出信号波形。可以看到,输出信号幅度约等于输入信号幅度,输出信号波形没有产生失真,即交越失真消除了。

3. 电路故障现象分析

甲乙类双电源互补对称功放电路如图4-37所示。若电路出现下列故障,电路将出现什么现象?

① R_1 开路;② R_2 开路;③ VD_1 短路;④ R_1 短路。

(三)仿真结果分析

(1) 功放电路输出信号幅度约等于输入信号幅度,即没有电压放大,是因为功放电路的基本放大单元是共集电极放大电路。

(2) 对于乙类互补对称功放,输入信号数值极小(小于阈值电压)时,三极管进入死区状态,会产生交越失真。

(3) 甲乙类互补对称功放电路使功放管在静态时进入微导通,从而有效地消除了交越失真。

(4) 甲乙类互补对称功放电路中:① 若 R_1 开路,则输出波形只有负半周;② 若 R_2 开路,则输出波形只有正半周;③ 若 VD_1 短路,则输出波形在正半周出现交越失真;④ 若 R_1 短路,则输出是一条直线,数值为14.3 V。

仿真4 电压比较器

(一)基本原理

电压比较器是用来判断输入信号与基准电压之间数值大小的电路,通常由集成运放组成,运放的一个输入端输入基准电压,另一个输入端接入被比较的输入电压 u_i,并使集成运放工作在非线性区,即电路处在开环状态或正反馈状态。

为了正确画出电压比较器的电压传输特性,必须求出以下的三要素:① 比较器的输出高电平 U_{OH} 和输出低电平 U_{OL}。② 比较器的阈值电压 U_T:通常可令 $u_P=u_N$,解得的输入电压就是阈值电压 U_T。③ 比较器的组态:若输入电压 u_i 从运放的"−"端输入,为反相比较器;若输入电压 u_i 从运放的"+"端输入,为同相比较器。

1. 单限电压比较器

电路如图4-39(a)所示,集成运放工作在开环状态,同相输入端接地,反相输入端接输入信号 u_i,则电路阈值电压 $U_T=0$,这种电路称为过零比较器。集成运放的输出端加双向稳压管(稳压值为 $\pm U_Z$)限幅电路,从而获得合适的输出高电平 U_{OH} 和输出低电平 U_{OL},电阻 R 是限流电阻。当输入电压 $u_i<0$ 时,输出高电平,$u_o=U_{OH}=+U_Z$;当 $u_i>0$ 时,输出低电平,$u_o=U_{OL}=-U_Z$。电压传输特性如图4-39(b)所示,这一类比较器的输出 u_o 在 u_i 逐渐增大过 U_T 时的跃变方向是下降沿,称之为反相电压比较器。若想获得与 u_o 跃变方向相反的电压传输特性,则将图4-39(a)所示电路中 u_i 与地对调即可。

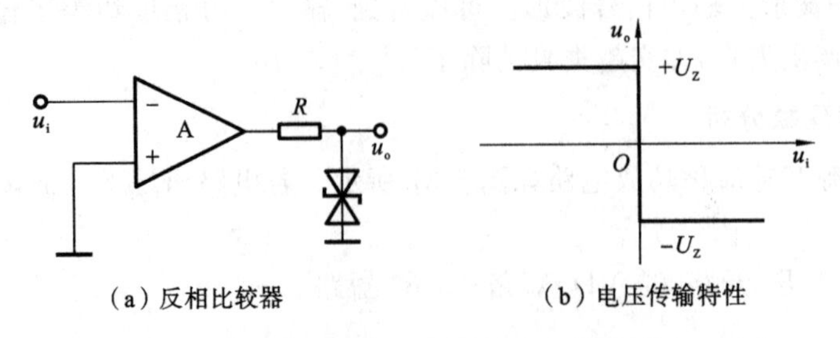

（a）反相比较器　　　　（b）电压传输特性

图 4-39　电压比较器的输出限幅电路

图 4-40(a)所示的是阈值电压不等于零的一般单限比较器，U_{REF}为外加参考电压。由电路可求出阈值电压为

$$U_T=-\frac{R_2}{R_1}U_{REF}$$

若 $U_{REF}<0$，则电路的电压传输特性如图 4-40(b)所示。

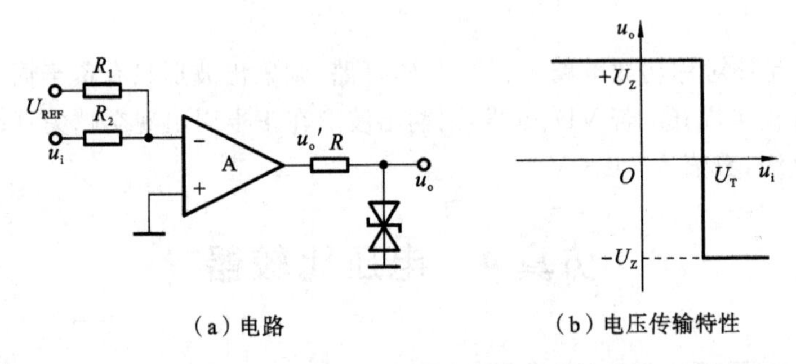

（a）电路　　　　（b）电压传输特性

图 4-40　一般单限比较器及其电压传输特性

2. 滞回电压比较器

滞回比较器的电路中引入了正反馈，如图 4-41(a)所示的为反相输入滞回比较器。

由电路可求得阈值电压为

$$U_T=\pm\frac{R_1}{R_1+R_2}\cdot U_Z$$

设输入电压 u_i 极小时，电路有 $u_P>u_N$，输出高电平，$u_o=U_{OH}=+U_Z$，此时阈值电压为 $U_{T+}=$

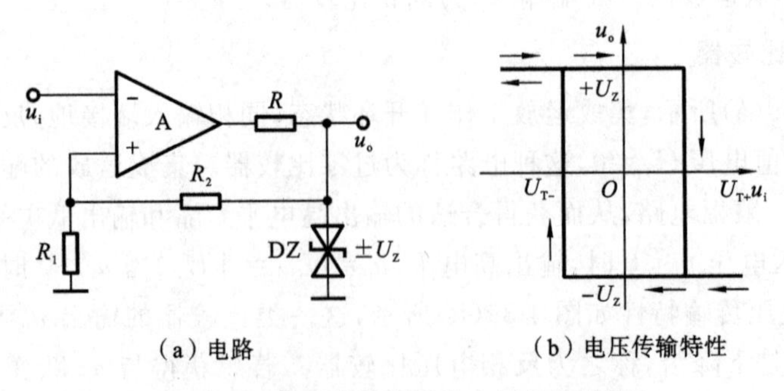

（a）电路　　　　（b）电压传输特性

图 4-41　滞回比较器及其电压传输特性

$+\frac{R_1}{R_1+R_2}\cdot U_Z$。当输入电压 u_i 逐渐增大到 U_{T+} 时，电路输出电压从 $+U_Z$ 跃变为 $-U_Z$，此时电路阈值电压变为 $U_{T-}=-\frac{R_1}{R_1+R_2}\cdot U_Z$。同理，设输入电压 u_i 极大时，电路有 $u_P<u_N$，输出电压 $u_o=U_{OL}=-U_Z$ 保持不变；当输入电压 u_i 逐渐减小到 U_{T-} 时，电路输出电压从 $-U_Z$ 跃变为 $+U_Z$，此时电路阈值电压又变为 U_{T+}。由此可见，u_o 从 $+U_Z$ 跃变为 $-U_Z$ 和 u_o 从 $-U_Z$ 跃变为 $+U_Z$ 的阈值电压是不同的，电压传输特性如图 4-41(b)所示。

(二) 仿真内容

1. 单限比较器的仿真分析

单限比较器的仿真电路如图 4-42 所示。双踪示波器 XSC1 的 A 通道接电路的输入端，B 通道接电路的输出端。

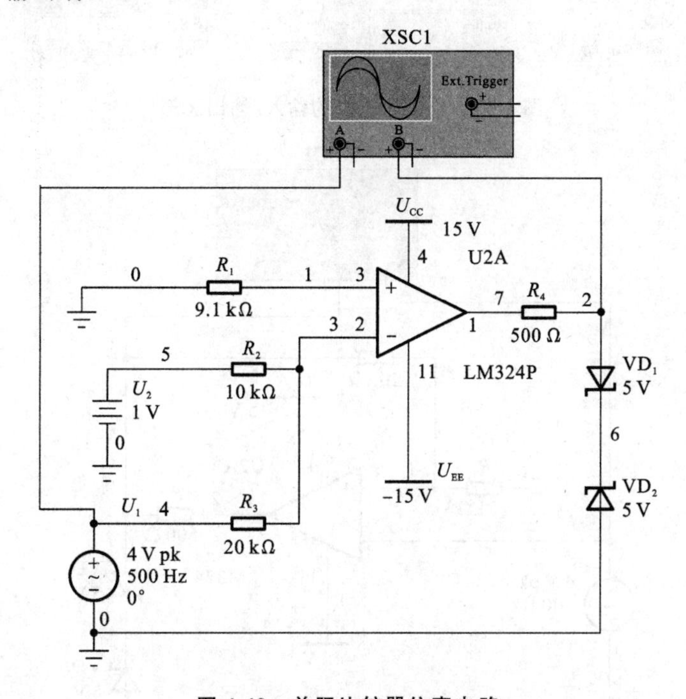

图 4-42　单限比较器仿真电路

按下仿真开关，示波器上显示的波形如图 4-43 所示。上面 A 通道的波形是输入信号波形，下面 B 通道的波形是输出信号波形。可以看到，输入信号为正弦波，而输出信号为矩形波。输出信号的高电平为+5 V，低电平为－5 V，矩形波在输入信号为－2 V时产生跳变，且随着输入信号的增加，输出信号产生下降沿，即此电路为反相比较器，与理论相符。

2. 滞回比较器的仿真分析

滞回比较器的仿真电路如图 4-44 所示。双踪示波器 XSC1 的 A 通道接电路的输入端，B 通道接电路的输出端。

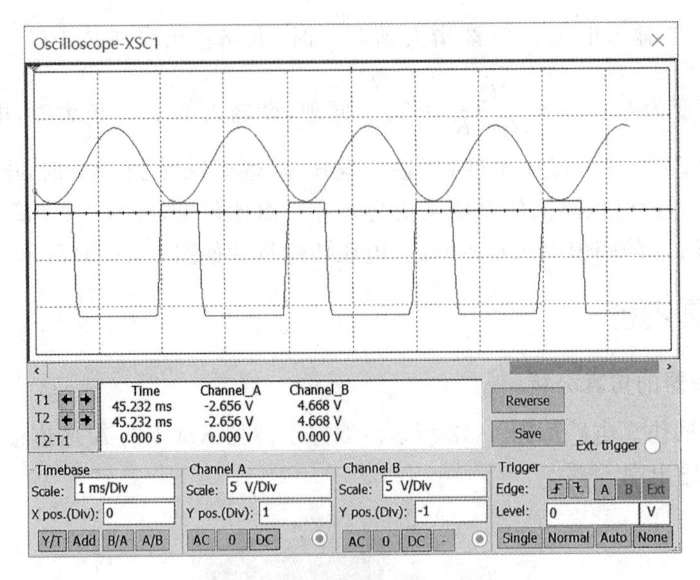

图 4-43　单限比较器的输入/输出波形

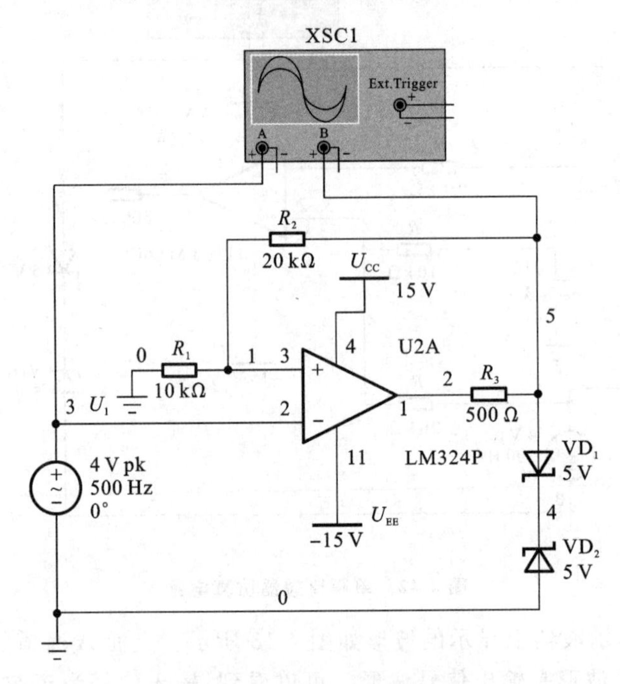

图 4-44　滞回比较器的仿真电路

按下仿真开关，示波器上显示的波形如图 4-45 所示。上面 A 通道的波形是输入信号波形，下面 B 通道的波形是输出信号波形。可以看到，比较器电路将输入的正弦波转换成矩形波输出。输出信号的高电平为＋5 V，低电平为－5 V，矩形波随着输入信号的增大到＋5/3 V时产生下降沿，随着输入信号的减小到－5/3 V 时产生上跳沿，与理论相符。

将示波器的工作方式设置成 B/A 方式，可以观察到比较器的电压传输特性，如图 4-46 所示。

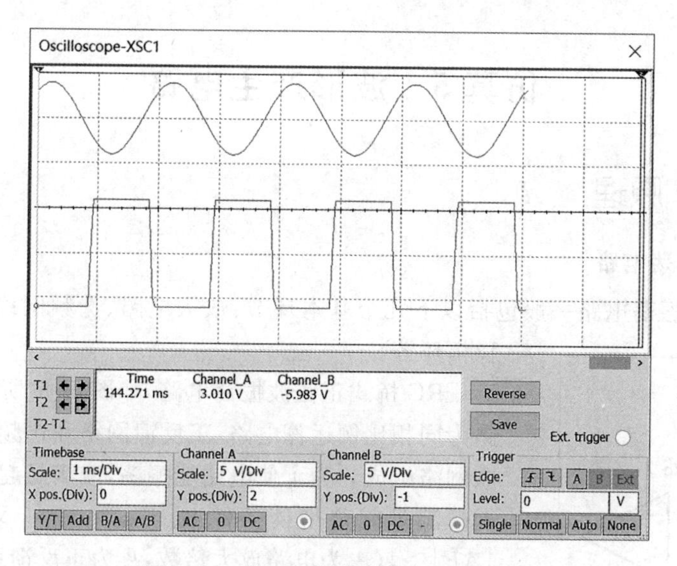

图 4-45　滞回比较器的输入/输出波形

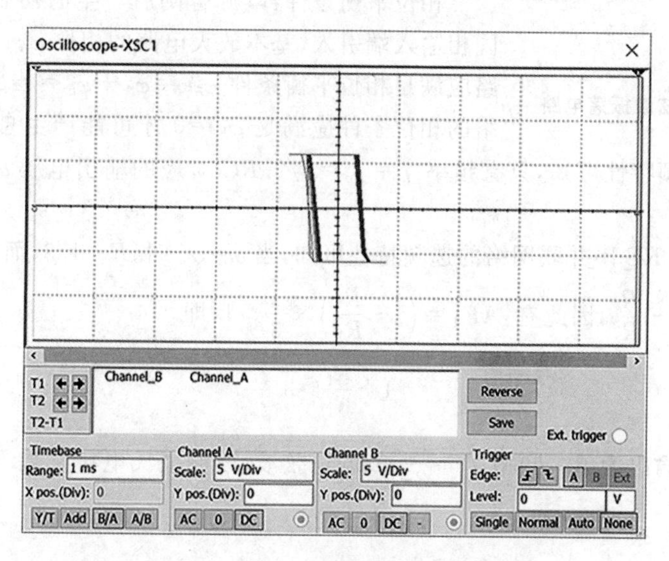

图 4-46　滞回比较器的电压传输特性

(三) 仿真结果分析

(1) 比较器的输出只有两个状态:高电平或低电平,因此通常可以用来实现将模拟信号转换成数字信号。

(2) 单限比较器只有一个阈值电压,输入电压 u_i 逐渐增大或减小过程中过 U_T 时,输出电压产生跃变。

(3) 滞回电压比较器有两个阈值电压,输入电压增加时的门限值与输入电压减小时的门限值不同,电路只对某一个方向变化的电压敏感,如此提高了抗干扰能力。

(4) 改变参考电压的大小和极性,比较器的电压传输特性将产生水平方向的移动;改变稳压管的稳定电压可使电压传输特性产生垂直方向的移动。

仿真5 波形产生电路

(一) 基本原理

1. 正弦波振荡电路

一个正弦波振荡电路一般包括以下几个基本环节:放大电路、选频网络、正反馈网络及稳幅环节。

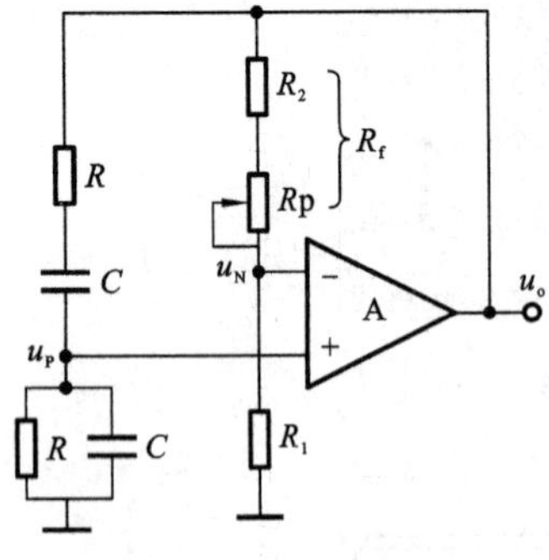

图 4-47 RC 正弦波振荡电路

RC 桥式正弦波振荡电路,如图 4-47 所示。基本放大电路为同相比例运算电路,正反馈网络和选频网络由 RC 串并联网络组成。为了使电路能振荡,应满足起振条件:$\dot{A}\dot{F}>1$,即既满足相位平衡条件 $\varphi_A+\varphi_F=2n\pi$,又满足幅值条件 $|\dot{A}\dot{F}|>1$(A 为电路放大倍数,F 为正反馈系数)。

相位平衡条件:电源合闸后产生的初始电压信号 u_i 由同相输入端引入,基本放大电路的相位 $\varphi_A=0$。由于振荡电路应满足相位平衡条件 $\varphi_{AF}=\varphi_A+\varphi_F=\pm 2n\pi$,因此反馈网络的相位条件应满足 $\varphi_F=0$ 才可能产生自激振荡。由 RC 串并联网络的选频特性可知,只有频率 $f=f_o=1/2\pi RC$ 对应的输出电压 u_o 才满足振荡的相位平衡条件。

幅值条件:由 RC 串并联网络的选频特性可知,当 $\omega=\omega_o$ 时,$\dot{F}=1/3$,而放大电路的电压放大倍数为 $A=1+\dfrac{R_f}{R_1}$,因此有 $|\dot{A}\dot{F}|=\left(1+\dfrac{R_f}{R_1}\right)\times\dfrac{1}{3}>1$,即

$$1+\frac{R_f}{R_1}>3$$

电路起振后输出为单一频率 $f_o=\dfrac{1}{2\pi RC}$ 的正弦波,改变文氏电桥参数 R、C,即可改变振荡频率 f_o。

2. 矩形波产生电路

矩形波产生电路输出电压只有两种状态:不是高电平,就是低电平,所以电压比较器是它的重要组成部分。此外,还应有 RC 电路,RC 电路既作为反馈网络,又作为延迟环节。电路可通过 RC 充、放电实现输出状态的自动转换。

图 4-48(a)所示的为矩形波产生电路,图中滞回比较器的输出电压 u_o 为 $\pm U_Z$,阈值电压为

$$U_{T+}=+\frac{R_1}{R_1+R_2}\cdot U_Z,\quad U_{T-}=-\frac{R_1}{R_1+R_2}\cdot U_Z$$

设电源合闸后电冲击在电路输出端产生高电平,即输出电压 $u_o=+U_Z$,此时同相输入端电压 $u_P=U_{T+}$。u_o 通过 R_3 对电容 C 正向充电,如图中实线箭头所示,反相输入端电压 u_N 逐渐升高,此时 $u_N<u_P=U_{T+}$,$u_o=+U_Z$ 保持不变;随着 u_N 继续增大至略大于 U_{T+},滞回比

较器发生跃变，输出电压 u_o 从 $+U_Z$ 跃变为 $-U_Z$，则 u_P 也从 U_{T+} 跃变为 U_{T-}，随后 u_o 通过 R_3 对电容 C 反向充电，如图中虚线箭头所示，反相输入端电压 u_N 逐渐降低，直至略小于 U_{T-}，此时滞回比较器输出电压 u_o 又从 $-U_Z$ 跃变为 $+U_Z$，电容又开始正向充电。上述过程周而复始，电路产生了自激振荡，输出矩形波。

电路中电容正向充电与反向放电的时间常数均为 R_3C，且幅值也相等，u_o 波形如图 4-48(b)所示，是占空比为 50% 的矩形波，所以也称该电路为方波产生电路。

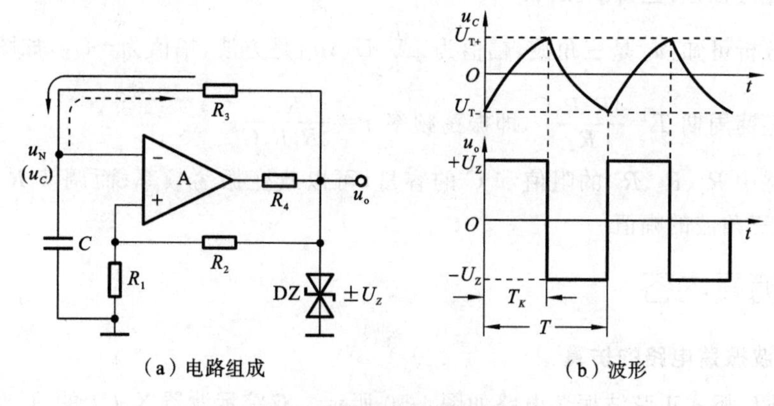

（a）电路组成　　（b）波形

图 4-48　矩形波产生电路

可求出振荡周期 $T=2R_3C\ln\left(1+\frac{2R_1}{R_2}\right)$，即振荡频率 $f=1/T$。调整电阻 R_1、R_2、R_3 和电容 C 的数值可以改变电路的振荡频率，而要改变 u_o 的振荡幅值，则需通过更换稳压管来改变 U_Z。

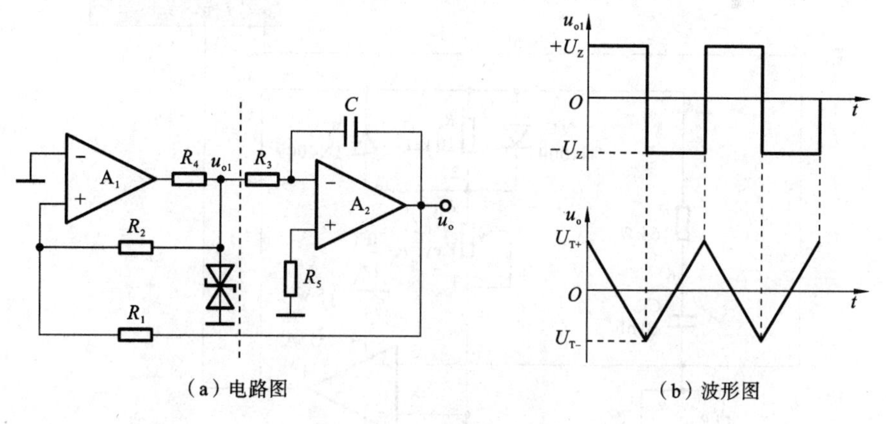

（a）电路图　　（b）波形图

图 4-49　三角波产生电路

3. 三角波产生电路

在图 4-49(a)所示的三角波产生电路中，虚线左边为同相输入滞回比较器，右边为积分电路。滞回比较器的输出电压 $u_{o1}=\pm U_Z$，它的输入电压是积分电路的输出电压 u_o，电路阈值电压为

$$U_{T+}=+\frac{R_1}{R_2}U_Z,\quad U_{T-}=-\frac{R_1}{R_2}U_Z$$

积分电路的输入电压是滞回比较器的输出电压 u_{o1}，而且 u_{o1} 不是 $+U_Z$ 就是 $-U_Z$。设初

态时，u_{o1}正好从$-U_Z$跃变为$+U_Z$，此时电路阈值电压为$U_{T-}=-\frac{R_1}{R_2}U_Z$，积分电路反向积分，输出电压$u_o$随时间的增长线性下降；当$u_o$降至略小于$U_{T-}$时，$u_{o1}$将从$+U_Z$跃变为$-U_Z$，此时电路阈值电压为$U_{T+}=+\frac{R_1}{R_2}U_Z$，积分电路正向积分，输出电压$u_o$随时间的增长线性增大；当$u_o$增至略大于$U_{T+}$时，$u_{o1}$将从$-U_Z$跃变为$+U_Z$，回到初态，积分电路又开始反向积分。电路重复上述过程，产生自激振荡。

由以上分析可知：u_o是三角波，幅值为$\pm\frac{R_1}{R_2}U_Z$；u_{o1}是方波，幅值为$\pm U_Z$，如图 4-49(b)所示。可求出振荡周期$T=\frac{4R_1R_3C}{R_2}$，即振荡频率$f=\frac{R_2}{4R_1R_3C}$。

调节电路中R_1、R_2、R_3的阻值和C的容量，可以改变振荡频率；而调节R_1和R_2的阻值，可以改变三角波的幅值。

(二) 仿真内容

1. 正弦波振荡电路的仿真

构建的 RC 桥式正弦波振荡电路如图 4-50 所示。双踪示波器 XSC1 的 A 通道接运放的同相输入端(测反馈电压波形)，B 通道接电路的输出端。

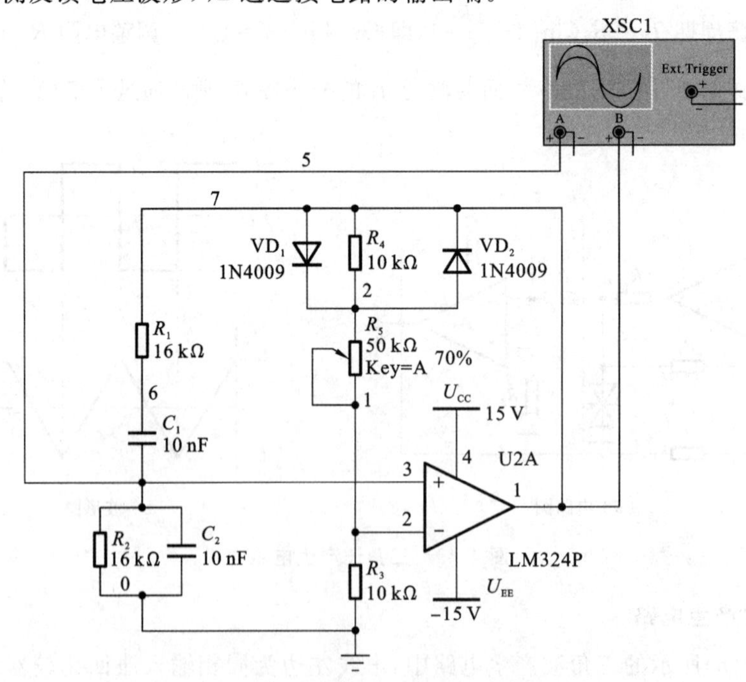

图 4-50　正弦波发生器的仿真电路

按下仿真开关，示波器上显示的波形如图 4-51 所示。电位器R_5的下半部分在 70%(R_5为 15 kΩ)时，电路起振。

电位器R_5的下半部分调整到 64%(R_5为 18 kΩ)，得到稳定的不失真输出电压如图

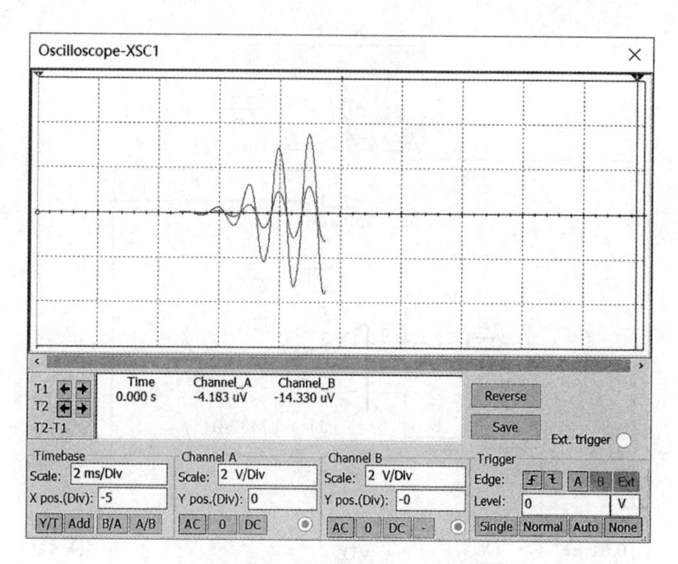

图 4-51 正弦波起振过程

4-52所示。可以看到输出正弦波的周期约为 1.03 ms，可得振荡频率为 970 Hz，反馈系数（反馈电压与输出电压之比）约为 0.33。这与理论相符。

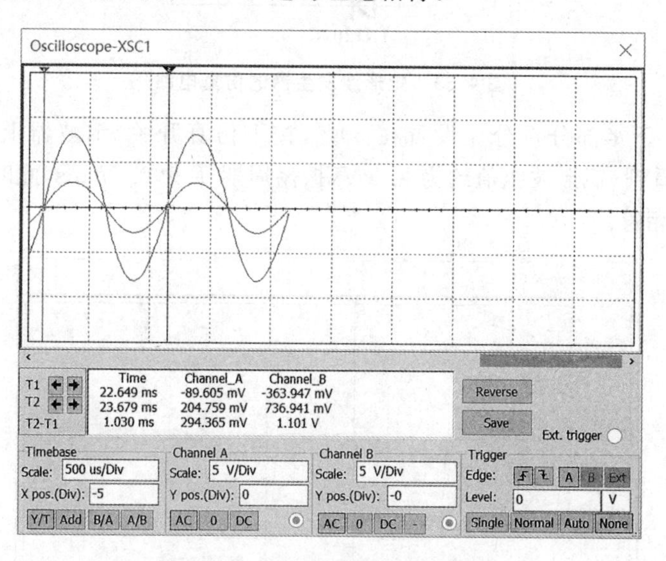

图 4-52 稳定状态时的电压波形

当电位器 R_5 的下半部分调整到 62%（R_5 为 19 kΩ）时，输出电压波形明显失真。

如果去掉二极管，电位器 R_5 的下半部分百分比设置在 70%时，电路起振后，输出波形出现失真，此时将电位器 R_5 下半部分百分比调整到 80%，则输出电压稳定；进一步上调电位器下半部分百分比（R_5 阻值下降），电路无输出波形。可见，二极管的确起稳幅作用。

2. 矩形波产生电路的仿真

构建的占空比可调的矩形波产生电路如图 4-53 所示。双踪示波器 XSC1 的 A 通道接运放的反相输入端，B 通道接电路的输出端。

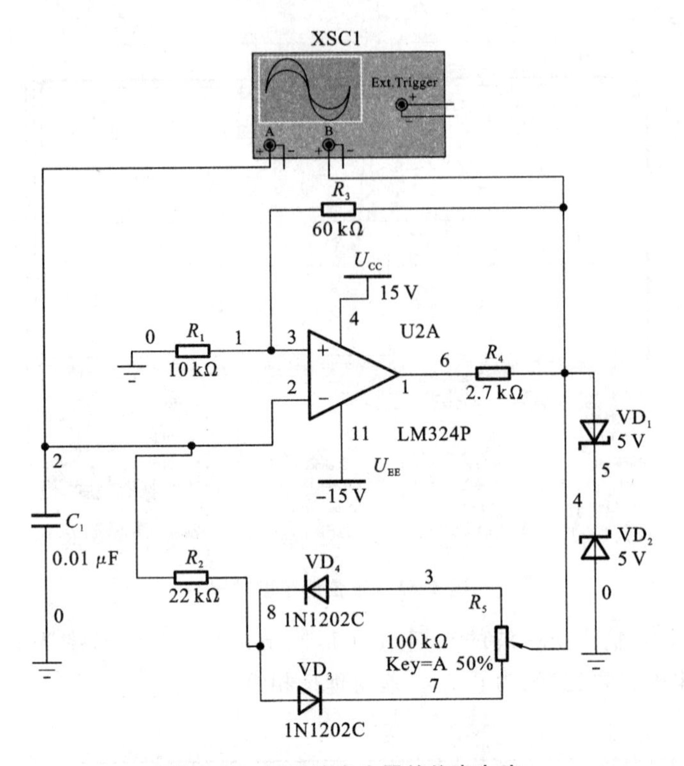

图 4-53 矩形波发生器的仿真电路

将电位器 R_5 下半部分百分比设置在 50%，按下仿真开关，示波器上显示的波形如图 4-54所示。可以看到，矩形波幅值约为 5.4 V，振荡周期 T 为 0.57 ms，此时矩形波占空比为 50%。这与理论相符。

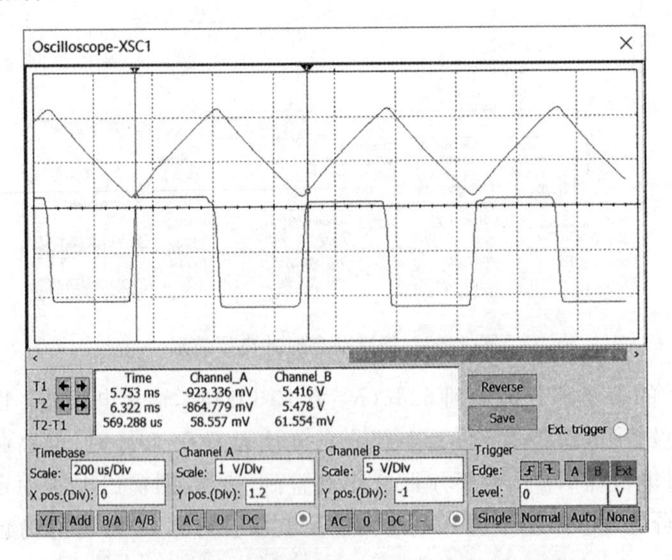

图 4-54 R_5 下半部分百分比为 50%时的输出波形

若将电位器 R_5 下半部分百分比调整到 25%，按下仿真开关，示波器上显示的波形如图 4-55 所示。可以看到，矩形波的幅值和振荡周期不变，高电平持续时间约为 0.19 ms，此时

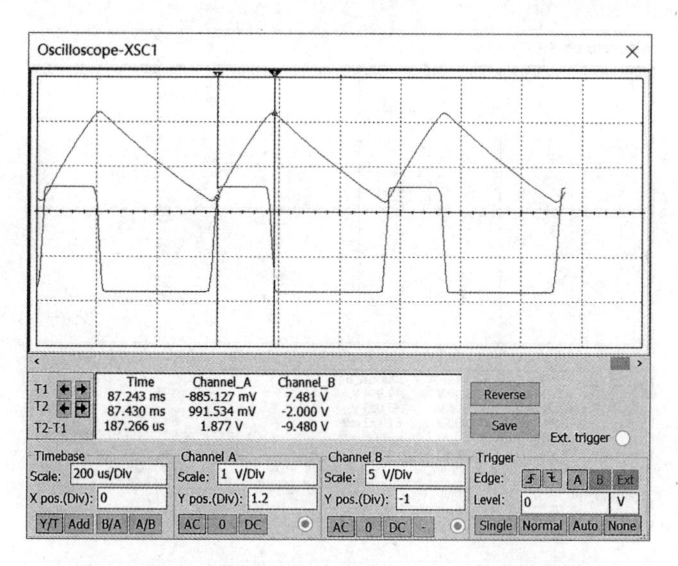

图 4-55　R_5 下半部分百分比为 25%时的输出波形

矩形波占空比为 30%。这与理论相符。

3. 三角波产生电路的仿真

构建的三角波产生电路如图 4-56 所示。双踪示波器 XSC1 的 A 通道接运放的输出端(即测滞回比较器的输出波形),B 通道接电路的输出端。

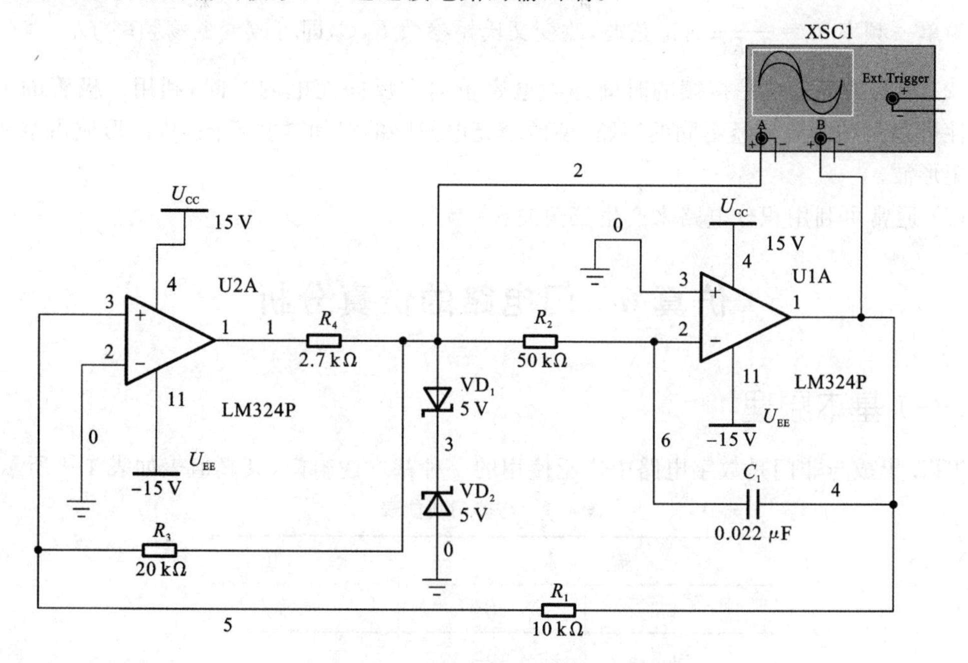

图 4-56　三角波发生器的仿真电路

按下仿真开关,示波器上显示的波形如图 4-57 所示。可以看到,滞回比较器的输出波形为正负半周对称的矩形波,整个电路的输出波形为正负半周对称的三角波,三角波的幅值约为 2.99 V,振荡周期 T 为 2.35 ms。这与理论相符。

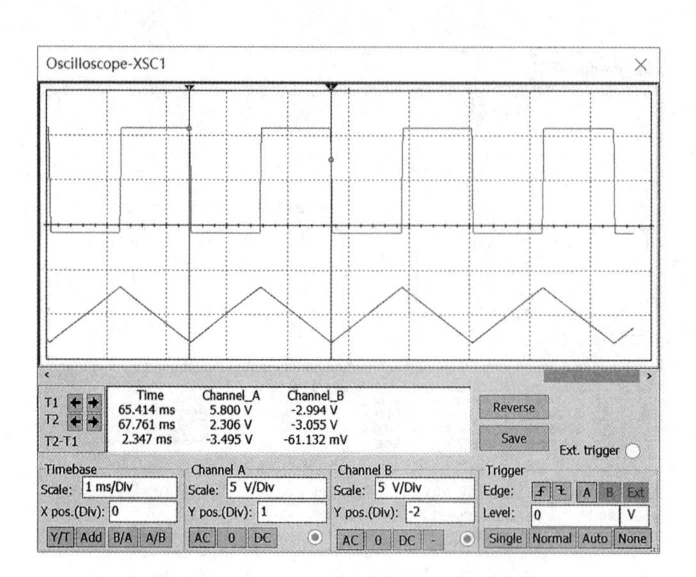

图 4-57　三角波产生电路的输出波形

(三) 仿真结果分析

(1) RC 桥式振荡电路起振条件为 $\dot{A}\dot{F}>1$,但是基本放大电路的放大倍数 A 太大容易使输出产生失真;而维持振荡的条件是 $\dot{A}\dot{F}=1$,利用二极管可以达到稳幅的效果;电路起振后输出为单一频率 $f_o=\dfrac{1}{2\pi RC}$的正弦波,改变文氏桥参数 R、C,即可改变振荡频率 f_o。

(2) 矩形波高低电平持续的时间即为电容正向和反向充电的时间,利用二极管的单向导电性可以引导电流流经不同的通路,使两个充电回路的时间常数不同,从而形成占空比可调的矩形波。

(3) 通常可利用积分电路来产生三角波。

仿真 6　门电路的仿真分析

(一) 基本原理

TTL 集成与非门是数字电路中广泛使用的一种基本逻辑门,其真值表如表 4-1 所示。

表 4-1　与非门功能表

输　入		输　出
A	B	L
0	0	1
0	1	1
1	0	1
1	1	0

1. TTL 与非门主要参数

1）输出高电平 U_{OH} 和输出低电平 U_{OL}

U_{OH} 是指与非门一个以上的输入端接低电平或接地时，输出电压的大小。此时门电路处于截止状态。如输出空载，U_{OH} 必须大于标准高电平（$U_{SH}=2.4$ V），一般在 3.6 V 左右。当输出端接有拉电流负载时，U_{OH} 将降低。

U_{OL} 是指与非门的所有输入端均接高电平时，输出电压的大小。此时门电路处于导通状态。如输出空载，U_{OL} 必须低于标准低电平（$U_{SL}=0.4$ V），约为 0.1 V 左右。接有灌电流负载时，U_{OL} 将上升。

2）低电平输入电流 I_{IL}

I_{IL} 是指当一个输入端接地，而其他输入端悬空时，输入端流向接地端的电流，又称输入短路电流。I_{IL} 的大小关系到前一级门电路能带动负载的个数。

3）高电平输入电流 I_{IH}

I_{IH} 是指当一个输入端接高电平，而其他输入端接地时，流过接高电平输入端的电流，又称交叉漏电流。它主要作为前级门输出为高电平时的拉电流。当 I_{IH} 太大时，就会因为"拉出"电流太大，而使前级门输出高电平降低。

4）输入开门电平 U_{ON} 和关门电平 U_{OFF}

U_{ON} 是指与非门输出端接额定负载时，使输出处于低电平状态时所允许的最小输入电压。换句话说，为了使与非门处于导通状态，输入电平必须大于 U_{ON}。

U_{OFF} 是指使与非门输出处于高电平状态所允许的最大输入电压。

2. 竞争冒险

在由门电路组成的组合逻辑电路中，从信号输入到稳定输出需要一定的时间，不同通路上门的级数不同，或者门电路平均延迟时间的差异，使信号从输入经不同通路传输到输出级的时间不同。基于这个原因，可能会使逻辑电路产生错误输出，出现不应有的尖峰干扰脉冲，通常把这种现象称为竞争冒险。如果负载电路对尖峰脉冲不敏感（例如，负载为光电器件），就不必考虑尖峰脉冲的消除问题。如果负载电路是对尖峰脉冲敏感的电路，则必须采取措施防止和消除由于竞争冒险而产生的尖峰脉冲。

常用的消除竞争冒险现象的方法有：① 接入滤波电容；② 引入选通脉冲；③ 修改逻辑设计，增加冗余项。

（二）仿真内容

1. 门电路的基本特性

利用 2 输入与非门 7400N 构建门电路的测试仿真电路如图 4-58 所示。输入端使用频率为 1 kHz 的方波信号，输出端用示波器观察输出波形，并用发光二极管作为指示。

启动"Simulate"菜单中的混合模式仿真设置（Mixed-Mode Simulation Setting）命令，打开对话框选择使用"Use Real Pin modes（真实管脚模型）"。

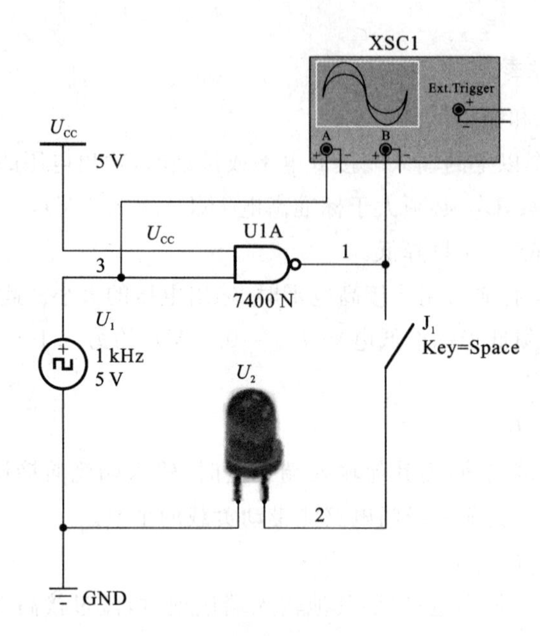

图 4-58　门电路的测试电路

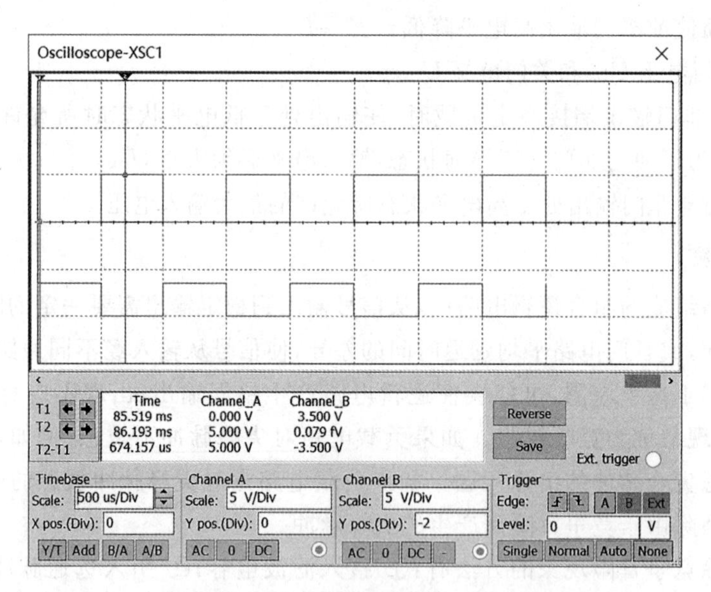

图 4-59　门电路空载时的输入输出波形

将开关 J_1 打开,即与非门空载。运行仿真开关后,示波器面板显示出如图 4-59 所示的波形。上面 A 通道的波形是输入信号波形,下面 B 通道的波形是输出信号波形,可以看到,输出信号高电平为 3.5 V,低电平为 0 V。

将开关 J_1 闭合,即将发光二极管接到与非门输出端,再次运行仿真,其波形如图 4-60 所示。可以看到,输出信号幅值比空载时的减小了,这与实际情况相符合。

当输入方波信号的频率升高到 10 MHz 时,电路输入/输出波形如图 4-61 所示。可以看到,此时输入波形和输出波形有明显的延迟。

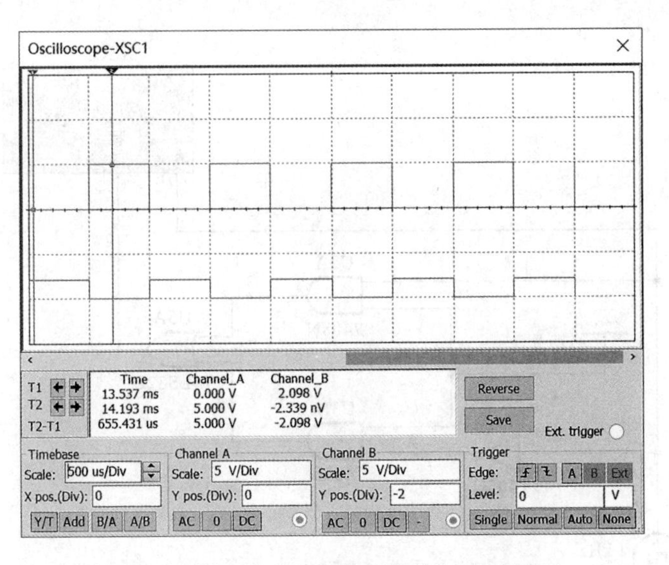

图 4-60 接入发光二极管后的输入/输出波形

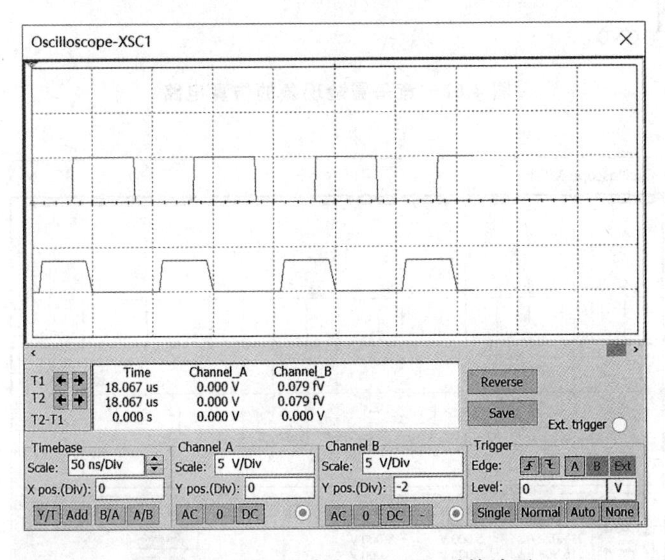

图 4-61 输入方波为 10 MHz 时的波形

2. 竞争冒险的仿真

竞争冒险现象的仿真电路如图 4-62 所示。三个输入信号 A、B、C 分别为频率为 1 kHz 幅度为 5 V 的方波信号、+5 V、+5 V，该电路实现的是 $F=AB+\overline{A}C$。从逻辑表达式看，无论输入信号如何变化，输出应保持高电平（“1”）不变。

进行仿真后，示波器面板显示出如图 4-63 所示的波形。上面 A 通道的波形是输入信号波形，下面 B 通道的波形是输出信号波形。可以看到，由于非门 7405N 的延时，在输入信号的下降沿，电路输出端有一个负的窄脉冲，即输出波形出现毛刺（竞争冒险）现象。

若适当修改逻辑表达式、增加冗余项，可达到消除竞争冒险的效果，电路如图 4-64 所

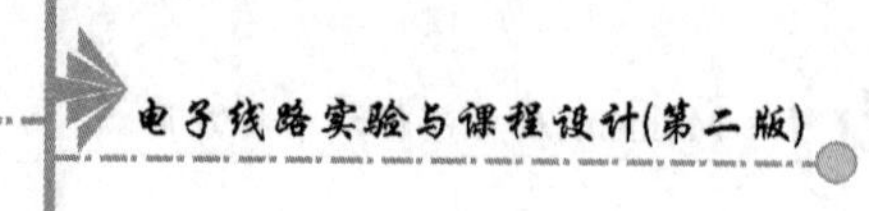

图 4-62　竞争冒险现象的仿真电路

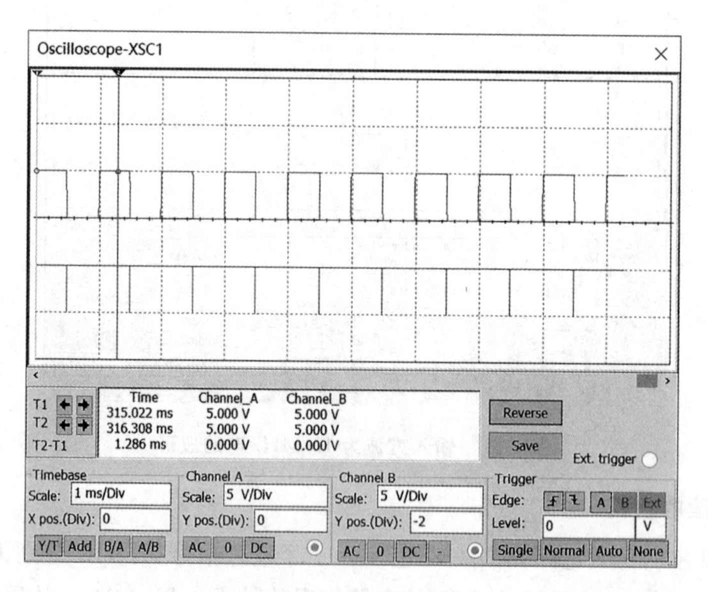

图 4-63　竞争冒险现象

示。该电路的逻辑表达式是 $F=\overline{\overline{AB+\overline{A}C+BC}}$。

进行仿真后，示波器面板显示出如图 4-65 所示的波形。上面 A 通道的波形是输入信号波形，下面 B 通道的波形是输出信号波形。可以看到，加入冗余项 BC 后，电路输出波形的毛刺消失了，即有效消除了竞争冒险现象。

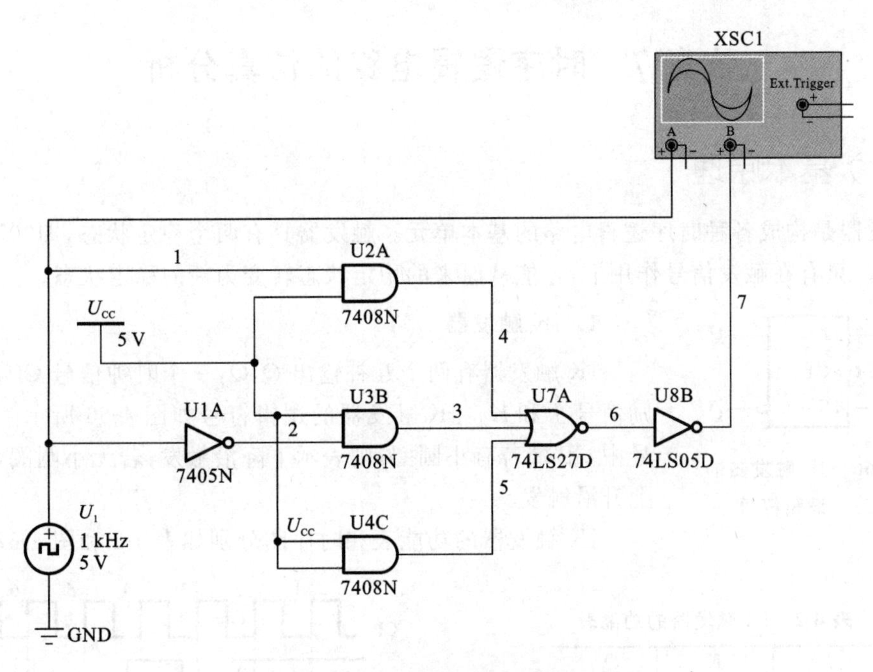

图 4-64 加冗余项后的仿真电路

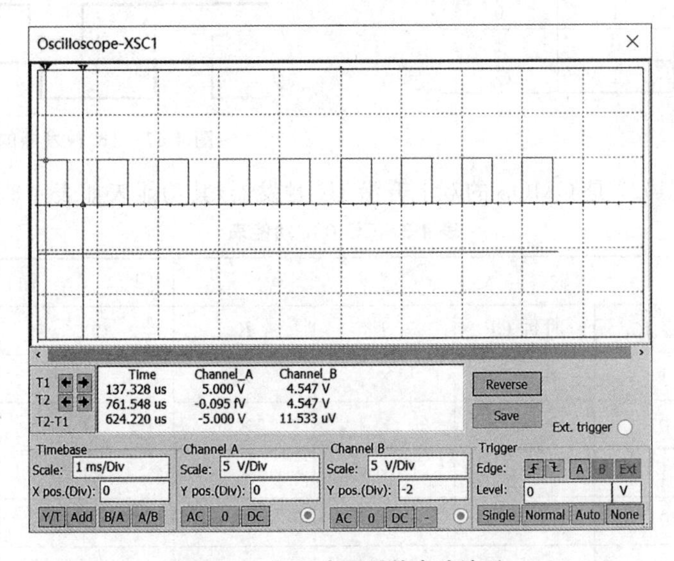

图 4-65 加冗余项后的电路波形

(三) 仿真结果分析

(1) 与非门,输出空载,输出高电平 U_{OH} 大于标准高电平($U_{SH}=2.4$ V),输出低电平 U_{OL} 低于标准低电平($U_{SL}=0.4$ V)。当输出端接有拉电流负载时,U_{OH} 将降低;

(2) 门电路存在传输延时现象;

(3) 由门电路组成的组合逻辑电路存在竞争冒险现象,可通过增加冗余项消除竞争冒险。

仿真7　时序逻辑电路的仿真分析

(一) 基本原理

触发器是构成各种时序逻辑电路的基本单元。触发器具有两个稳定状态,即"0"状态和"1"状态。只有在触发信号作用下,才能从原来的稳定状态转变为新的稳定状态。

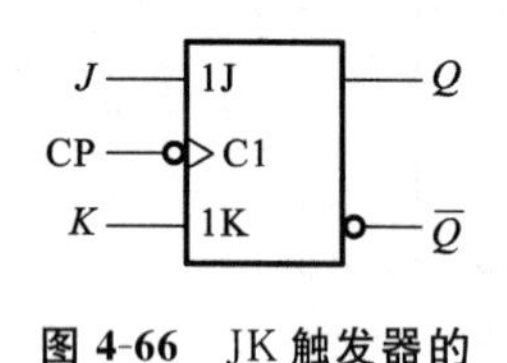

图 4-66　JK 触发器的逻辑符号

1. JK 触发器

JK 触发器有两个互补输出 Q、$\overline{Q}$,一个时钟信号 CP,两个激励信号 J 和 K。JK 触发器的逻辑符号如图 4-66 所示。逻辑符号中 CP 端若有小圆圈,则表示下降沿触发;若无小圆圈,则表示上升沿触发。

JK 触发器的功能表和时序图分别如表 4-2 和图 4-67 所示。

表 4-2　JK 触发器的功能表

J	K	Q_{n+1}
0	0	Q_n
0	1	0
1	0	1
1	1	$\overline{Q_n}$

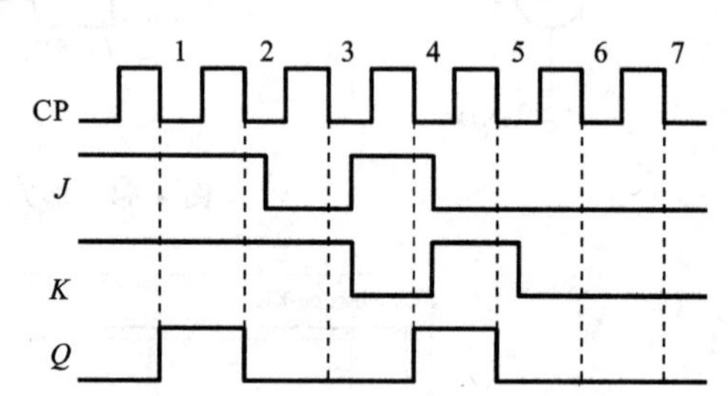

图 4-67　JK 触发器的时序图

集成电路 CC4027 是 CMOS 的双上升沿 JK 触发器,其功能表如表 4-3 所示。

表 4-3　CC4027 功能表

输　入					输　出	
预置 S_D	清零 R_D	时钟 CP	J	K	Q^{n+1}	$\overline{Q}^{n+1}$
0	1	×	×	×	0	1
1	0	×	×	×	1	0
1	1	×	×	×	1	1
0	0	↓	×	×	Q^n	$\overline{Q}^n$
0	0	↑	0	0	Q^n	$\overline{Q}^n$
0	0	↑	0	1	0	1
0	0	↑	1	0	1	0
0	0	↑	1	1	$\overline{Q}^n$	Q^n

2. 时序逻辑电路设计原则和步骤

时序逻辑电路的设计原则是:当选用小规模集成电路时,所用的触发器和逻辑门电路的数目应最少，而且触发器和逻辑门电路的输入端数目也应为最少，所设计出的逻辑电路应力求最简，并尽量采用同步系统。

(1) 逻辑抽象。首先，分析给定的逻辑问题，确定输入变量、输出变量及电路的状态数；然后，定义输入、输出逻辑状态的含义，并按照题意列出状态转换图或状态转换表，即把给定的逻辑问题抽象为一个时序逻辑函数来描述。

(2) 状态化简。状态化简的目的在于将等价状态尽可能合并，以得出最简的状态转换图。

(3) 状态编码。时序逻辑电路的状态是用触发器状态的不同组合来表示的。因此，首先要确定触发器的数目 n。如果需要获得 M 个状态组合，则可根据 $2^{n-1}<M\leqslant 2^n$ 来确定需要的触发器数目 n。每组触发器的状态组合都是一组二值代码，称状态编码。

(4) 选定触发器的类型，并求出状态方程、驱动方程和输出方程。

(5) 根据驱动方程和输出方程画出逻辑电路图。

(6) 检查设计的电路能否自启动。

(二) 仿真内容

1. JK 触发器的仿真

利用集成电路构建的 JK 触发器功能测试仿真电路如图 4-68 所示。J、K 均为高电平("1")，CP 采用频率为 1 kHz 的方波，则该电路用于测试 JK 触发器的翻转功能。利用四踪示波器进行观察波形，A 通道和 B 通道分别接触发器的两个输出端，C 通道接 CP。

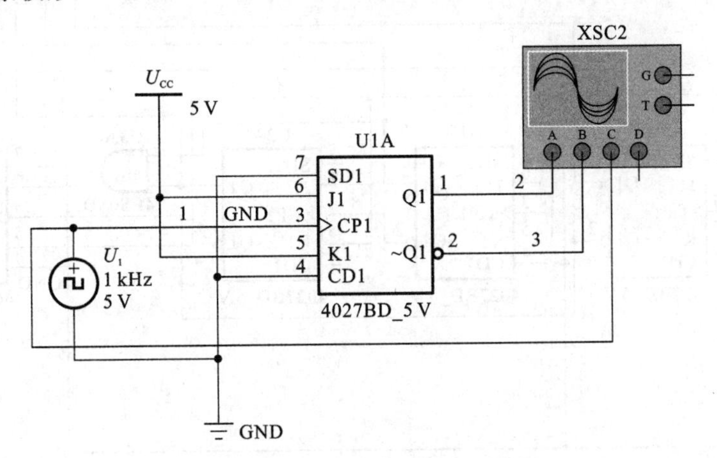

图 4-68 JK 触发器功能测试电路

进行仿真后，示波器面板显示出如图 4-69 所示的波形。由上而下，A 通道的波形是输出 Q 的波形，B 通道的波形是反相输出 $\bar{Q}$ 的波形，C 通道是脉冲 CP 的波形。可以看到，输出信号随着 CP 的上升沿翻转，两个输出端波形互补，即触发器工作正常。

2. 异步时序逻辑电路的仿真

利用四个 JK 触发器组成的异步时序逻辑电路如图 4-70 所示。利用四踪示波器观察波形，四个通道 A、B、C、D 分别接四个触发器的 Q 输出端(自左向右)。

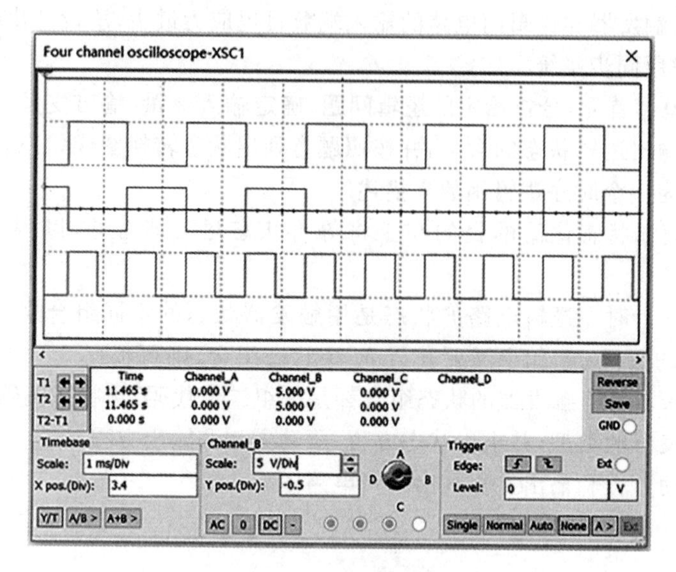

图 4-69　JK 触发器的输出波形

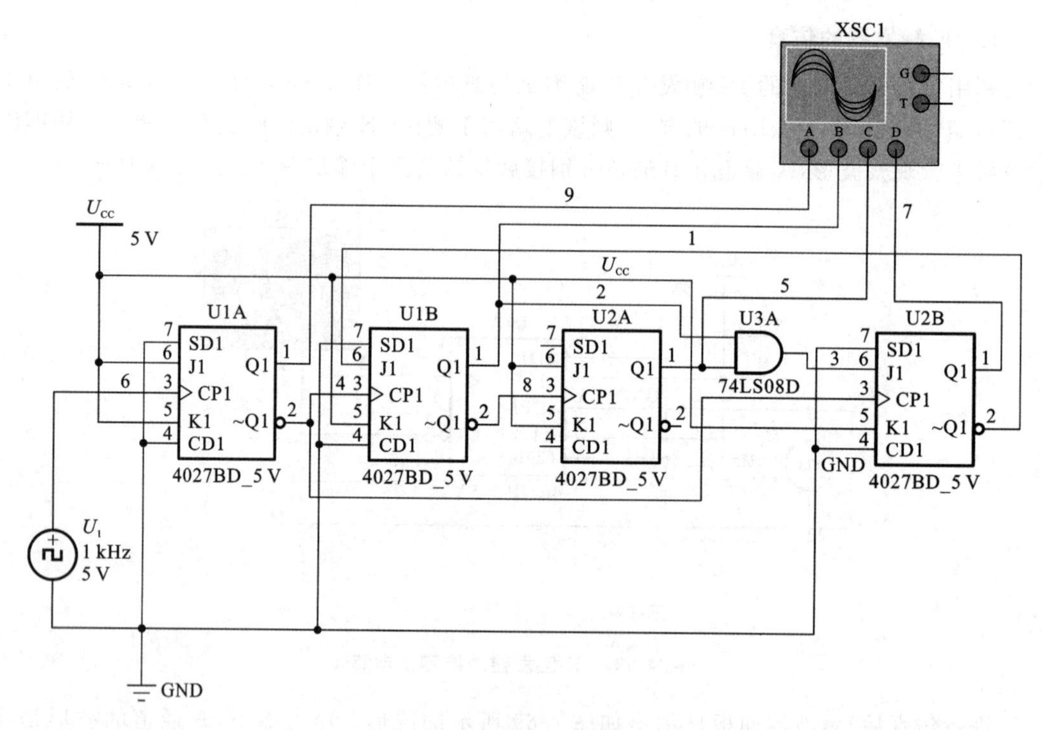

图 4-70　异步时序逻辑电路

进行仿真后，示波器面板显示出如图 4-71 所示的波形。由上而下，分别为四个通道 A、B、C、D 的波形。可以看到，该电路为一个十进制计数器，D 通道(U2B 的 Q 端)为高位，A 通道(U1A 的 Q 端)为低位，计数状态有十个：0000、0001、0010、0011、0100、0101、0110、0111、1000、1001。

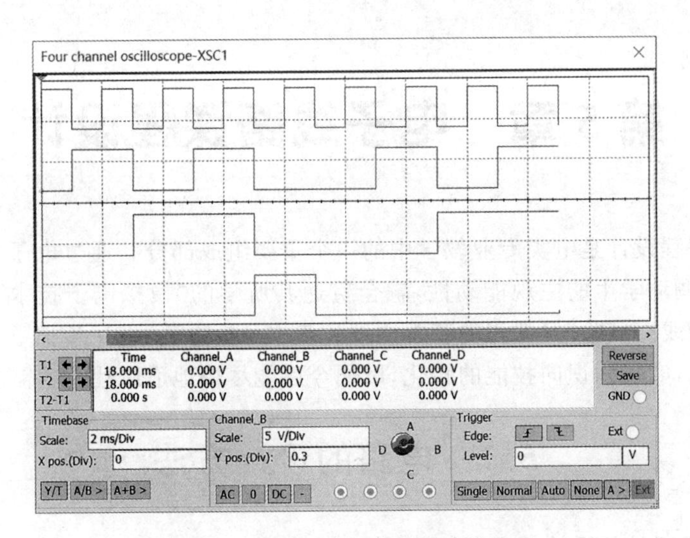

图 4-71　异步时序逻辑电路输出波形

（三）仿真结果分析

（1）触发器只有在一定的外部信号（CP）作用下，才会发生状态变化，且触发器具有记忆功能，可以用来存储二进制信息。

（2）一个触发器可表示 0 和 1 两种状态，而 n 个触发器则可以有 2^n 种状态组合，所以若要设计 M 进制计数器（获得 M 个计数状态），可根据 $2^{n-1} < M \leqslant 2^n$ 来确定需要的触发器数目 n。

第 5 章　电子线路课程设计

电子线路课程设计是电类专业教学中的一个重要组成部分。通过电子线路课程设计的训练，可以全面调动学生的主观能动性，融会贯通其所学的"模拟电子技术""数字电路与逻辑设计"和"电子线路实验"等课程的基本原理和基本分析方法，进一步把书本知识与工程实际需要结合起来，实现知识向技能的转化，以便今后能尽快地适应社会的需求。

5.1　电路的设计方法

1. 模拟电子系统的设计方法

图 5-1 所示的为模拟电子系统的示意图。系统首先采集信号，即进行信号的提取。通常，这些信号来源于测试各种物理量的传感器、接收器，或者来源于用于测试的信号发生器。对于实际系统，传感器或接收器所提供信号的幅值往往很小，噪声很大，且容易受干扰，因此，在加工信号之前需将其进行预处理。预处理，即根据实际情况利用隔离、滤波、阻抗变换等各种手段将有用信号分离出来并进行放大。当信号足够大时，再进行信号的加工，如信号的运算、转换、比较、采样、保持等。最后，通常要经过功率放大以驱动执行机构(负载)，或者经过模/数转换变为计算机可以接收的信号。

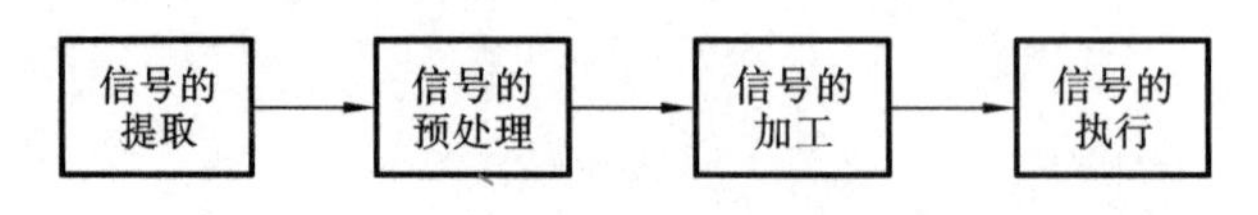

图 5-1　模拟电子系统的示意图

对模拟信号处理的电路称为模拟电路，对模拟信号最基本的处理是放大。在电子系统中，常用的模拟电路如下：

(1) 放大电路：用于信号的电压、电流或功率放大。

(2) 滤波电路：用于信号的提取、变换或抗干扰。

(3) 运算电路：完成一个或多个信号的加、减、乘、除、积分、微分等运算。

(4) 信号转换电路：用于将电流信号转换成电压信号或将电压信号转换成电流信号，将直流电压转换成与之成正比的频率，等等。

(5) 信号发生电路：用于产生正弦波、矩形波、三角波等。

(6) 直流电源：将 220 V、50 Hz 的交流电转换成具有不同输出电压和电流的直流电，作为各种电子电路的供电电源。

模拟电子系统的设计，应根据设计任务要求，在经过可行性的分析与论证后，拿出系统的总体设计方案，画出总体设计结构框图。在确定总体方案后，根据设计的技术要求，选择合适的功能单元电路，确定所需要的具体器件(型号及参数)。最后再将元器件及单元电路安装起来，设计出完整的系统电路。

2. 数字电子系统的设计方法

数字电子系统通常由组合逻辑和时序逻辑功能部件组成，而这些功能部件又可以有各种各样的 SSI(小规模)、MSI(中规模)、LSI(大规模)器件组成。数字电子系统的设计方法有试凑法和自上而下法。

试凑法的基本思想是：把系统的总体方案分成若干个相对独立的功能部件，然后用组合逻辑电路和时序逻辑电路的设计方法分别设计并构成这些功能部件，或者直接选择合适的 SSI、MSI、LSI 器件实现上述功能，最后把这些已经确定的部件按要求拼接组合起来，便构成完整的数字系统。

对于一些规模不大、功能不太复杂的数字系统，选用 MSI、LSI 器件，采用试凑法设计，具有设计过程简单、电路调试方便、性能稳定可靠等优点。因此目前试凑法仍被广泛使用。

试凑法并不是盲目的，通常按如下具体步骤进行。

(1) 分析系统的设计要求，确定系统的总体方案：消化设计任务书，明确系统的功能，如数据的输入/输出方式、系统需要完成的处理任务等。拟定算法，即选定实现系统功能所遵循的原理和方法。

(2) 划分逻辑单元，确定初始结构，建立总体逻辑图：逻辑单元划分可采用由粗到细的方法，先将系统分为处理器和控制器，再按处理任务或控制功能逐一划分。逻辑单元大小要适当，以功能比较单一、易于实现且便于进行方案比较为原则。

(3) 选择功能部件去构成：将上面划分的逻辑单元进一步分解成若干相对独立模块，以便直接选用标准 SSI、MSI、LSI 器件来实现。器件的选择应尽量选用 MSI 和 LSI。这样可提高电路的可靠性，便于安装调试，简化电路设计。

(4) 将功能部件组成数字系统：连接各个模块，绘制总体电路图。画图时应综合考虑各功能之间的配合问题，如时序的协调、负载和匹配，竞争与冒险的消除，初始状态的设置，电路的启动，等等。

3. 电子信息系统的组成原则

在设计电子信息系统时，不但要考虑如何实现预期的功能和性能指标，而且还要考虑系统的可测性和可靠性。所谓可测性，一方面是为了调试方便引出合适的测试点，另一方面是为系统设计有一定故障覆盖率的自检电路和测试激励信号。所谓可靠性，是指系统在工作环境下能够稳定运行，具有一定的抗干扰能力。

在系统设计时，应尽可能做到以下记点：

(1) 必须满足系统的功能和性能指标的要求。

(2) 电路要尽可能简单。因为同样功能的电路，电路越简单，元器件数目越少，连线和焊点越少，出现故障的概率就越小，系统的可靠性自然就越强。

(3) 电子兼容性。电子系统常常不可避免地工作在复杂的电磁环境中，空间电磁场的变化对电子系统会造成不同程度的干扰，与此同时，电子系统本身也会对其他电子设备造成干扰。所谓电磁兼容性，是指电子系统的预定环境中，既能够抵抗周围电磁场的干扰，又能够较少地影响周围环境。在设计电子系统时，应采取必要措施抑制干扰源或阻断干扰源的传播途径，以保证系统正常工作。在电子系统中，多采用隔离、屏蔽、滤波、去耦、接地等技术来获得较强的抗干扰能力。

5.2 电路的故障检查和排除

实验中遇到的典型故障通常有三类:一是设计错误,二是布线错误,三是器件与底板故障。其中,首先大量的故障是由于接触不良,如导线与底板插孔、器件管脚与底板插孔之间等的接触不良,其次是布线上的错误,如漏线和错线,而集成器件本身的问题是较少的。

设计错误在这里指的不是逻辑设计错误,而是指所用的器件不合适或电路中各器件之间在配合上的错误。例如,电路动作的边沿选择与电平选择,电路延迟时间的配合,以及某些器件的控制信号变化对时钟脉冲所处状态的要求,等等,这些因素在设计时应引起足够的重视。

在正确设计的前提下,实验故障检查的一般方法如下:

(1) 检查集成电路正方向是否插对、包括电源线与地线在内的连线是否有漏线与错线、是否有两个以上输出端错误地连在一起等。

(2) 使用万用表测量实验电路电源端与地线之间是否有开路与短路现象。

(3) 用万用表测量直流稳压电源输出电压是否为所需值(+5 V),然后接通电源,观察电路及各种器件有无异常发热等现象。

(4) 检查各集成电路是否均已加上电源。可靠的检查方法是用万用表直接测量集成块电源端和地线两脚之间的电压。这种方法可以检查出因底板、集成块引脚等原因造成的故障。

(5) 检查是否有不允许悬空的输入端(例如,TTL 中规模以上的控制输入端、CMOS 电路的各输入端等)未接入电路。

(6) 进行静态(或单步工作)测量。使电路处在某一输入状态下,观察电路的输出是否与设计要求一致。用真值表检查电路是否正常。若发现差错,必须重复测试,仔细观察故障现象,然后把电路固定在某一故障状态,用万用表测试电路中各器件输入、输出端的电压。

(7) 如果无论输入信号怎样变化,输出一直保持高电平不变,则可能集成块没有接地或接地不良。若输出信号保持与输入信号同样的变化规律,则可能集成块没有接电源。

(8) 对于含有多个相同逻辑门的器件,如果使用时有逻辑门闲置,在检查故障时,可以调换逻辑门使用。实验中使用器件替换法也是一种有效的检查故障的方法,以排除器件功能不正常引起的电路故障。

(9) 电路故障的检查方法可用逐级跟踪的方法进行。静态检查是使电路处在某一故障的工作状态,动态检查则在某一规律信号作用下检查各级工作波形。具体检查次序可以从输入端开始,按信号流程依次逐级向后检查,也可以从故障输出端向输入方向逐级检查,直至找到故障为止。

(10) 对于含有反馈线的闭合电路,应设法断开反馈线进行检查,必要时对断开的电路进行状态预置后,再进行检查。

设计1 数字电子钟设计

(一) 设计任务

利用各种中小规模集成电路及数码显示器件等，设计一个有时、分、秒显示，且有校时功能的数字电子钟。

(二) 设计要求

要求设计的数字电子钟具有以下功能：

(1) 计时准确，以数字形式显示时、分、秒。

(2) 小时的计时要求为24小时制，分和秒的计时要求为满60进位。

(3) 校正时间。

(4) 定时控制。

(5) 仿广播电台整点报时。

(三) 设计原理

数字电子钟系统的组成框图如图5-2所示。

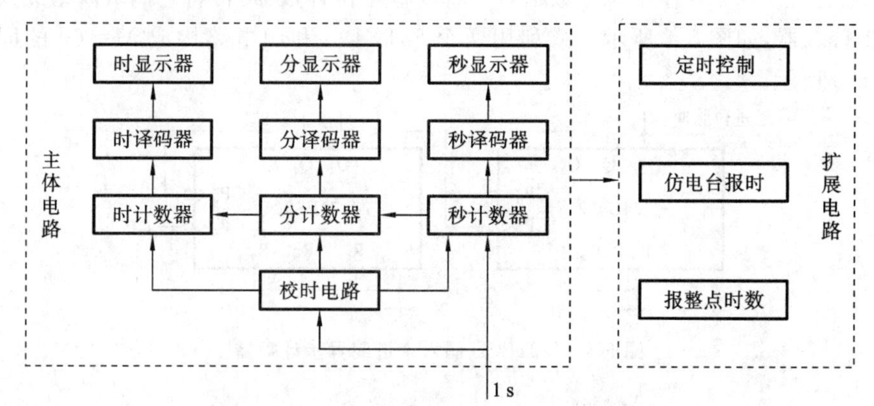

图5-2 多功能数字电子钟系统组成框图

由外部分别向秒计数器和校时电路提供标准秒脉冲信号。秒计数器计满60后向分计数器进位，分计数器计满60后向时计数器进位，时计数器按照“23翻0”规律计数。计数器的输出经译码器送显示器。计时出现误差时可以用校时电路进行校时、校分、校秒。

其中，主体电路完成数字电子钟的计时显示及校时功能，扩展电路完成数字电子钟的定时控制及报时功能。扩展电路必须在主体电路正常运行的情况下才能进行功能扩展。

(四) 设计方案

1. 时基电路设计

时基电路的作用是产生一个标准时间信号(高电平持续时间为1 s)，由振荡器电路和分频器电路两部分构成。振荡器由555定时器构成，产生1 kHz的方波；分频器由3个74LS90采用串行进位级联构成，产生秒脉冲信号；分频器的时钟脉冲来源于多谐振荡器。完整的时基电路如图5-3所示。

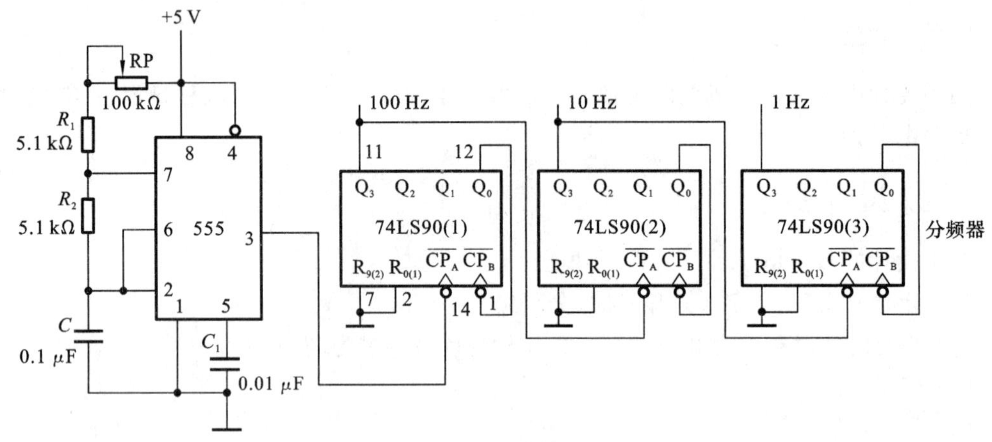

图5-3　时基电路

2. 时、分、秒计数器的设计

分计数器和秒计数器都是模$M=60$的计数器，其计数规律为00—01—…—58—59—00—…。可选用74LS92作十位计数器，74LS90作个位计数器，再将它们级联组成模数$M=60$的异步计数器，如图5-4所示。或利用两个74LS190和门电路构成$M=60$的同步计数器，如图5-5所示。

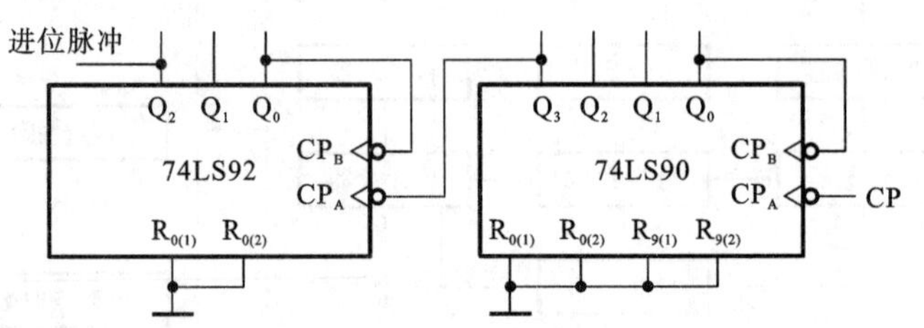

图5-4　8421BCD码六十进制异步计数器

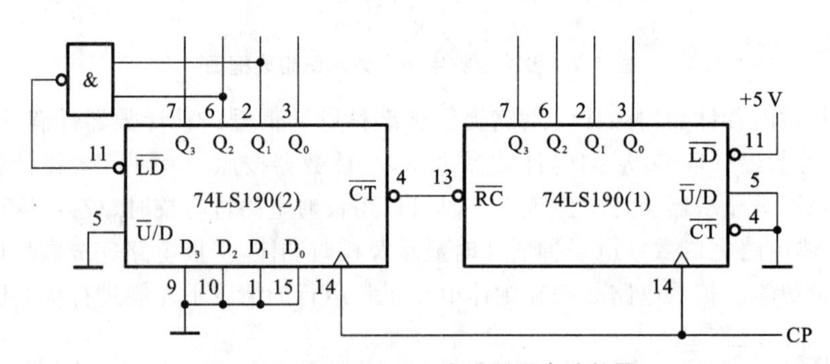

图5-5　8421BCD码六十进制同步计数器

时计数器是一个“23翻0”的特殊进制计数器，即当数字电子钟运行到23时59分59秒时，秒的个位计数器再输入一个秒脉冲时，数字钟应自动显示为00时00分00秒，实现日常生活中习惯用的计时规律。可选用 74LS161 实现，如图 5-6 所示。

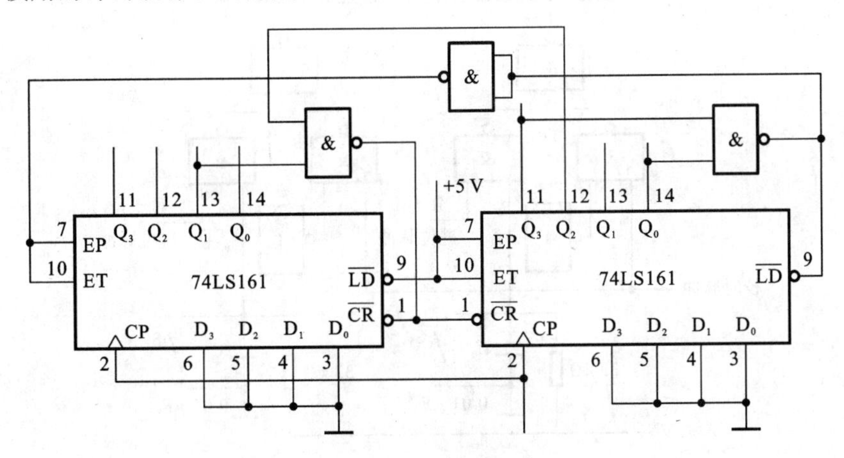

图 5-6 时计数器电路

3. 译码显示电路的设计

译码显示电路用于将计得的 8421BCD 码形式的时、分、秒译成十进制数，并在七段数码显示器上显示出来。可采用 4511 和共阴极七段数码显示器实现，如图 5-7 所示。由于时、分、秒各显示 2 位，因此共需要 6 个 4511 和 6 个共阴极七段数码管。将时、分、秒计时电路与译码显示电路相连起来，就组成了数字电子钟的计数、译码及显示电路。

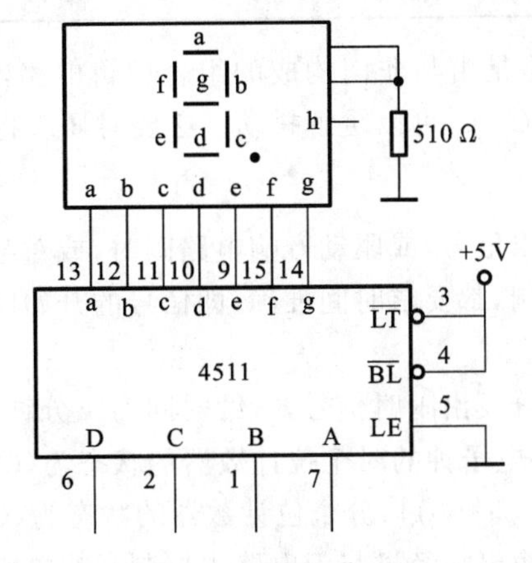

图 5-7 译码显示电路

4. 校时电路的设计

当数字电子钟接通电源或者计时出现误差时，需要校正时间(或称校时)。校时是数字电子钟应具备的基本功能。一般电子手表都具有时、分、秒等的校时功能。这里只进行分和时的校时。

对校时电路的要求是，在时校正时不影响分和秒的正常计数；在分校正时不影响秒和时的正常计数。校时通过开关控制，使计数器对 1 Hz 的校时脉冲计数。图 5-8 所示的为校时、校分电路。其中 S_1 为校分用的控制开关，S_2 为校时用的控制开关，它们的控制功能如表 5-1 所示。校时脉冲采用 1 Hz 脉冲，当开关信号 S_1 或 S_2 分别为 0 时，可进行校时。

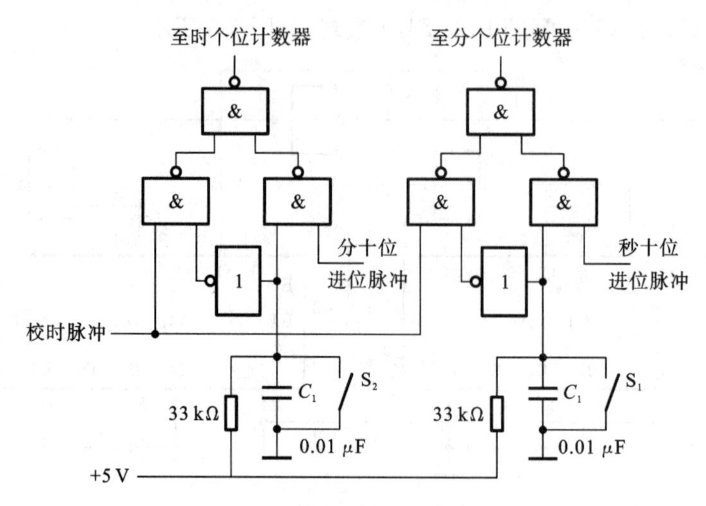

图 5-8　校时电路

表 5-1　校时开关的功能

S_2	S_1	功　能
1	1	计数
1	0	校分
0	1	校时

需要注意的是，校时电路是由与非门构成的组合逻辑电路，开关信号 S_1 或 S_2 为 0 或 1 时，可能会产生抖动，接电容 C_1、C_2 可以缓解抖动。必要时还应将其改为去抖动开关电路。

5. 定时控制电路的设计

数字钟在指定的时刻发出信号，或驱动音响电路闹时，或对某装置的电源进行接通或断开控制。不管是闹时还是控制，都要求时间准确，即信号的开始时刻与持续时间必须满足规定的要求。

例如，要求上午 7 时 39 分发出闹时信号，持续时间为 1 分钟。

因为 7 时 39 分对应数字电子钟的时个位计数器的状态为 $(Q_3Q_2Q_1Q_0)_{H1}=0111$，分十位计数器的状态为 $(Q_3Q_2Q_1Q_0)_{M2}=0011$，分个位计数器的状态为 $(Q_3Q_2Q_1Q_0)_{M1}=1001$。若将上述计数器输出为 1 的所有输出端经过与门电路去控制音响电路，可以使音响电路正好在 7 点 39 分响，持续 1 分钟后停响。所以闹时控制信号 Z 的表达式为

$$Z=(Q_2Q_1Q_0)_{H1}\cdot(Q_1Q_0)_{M2}\cdot(Q_3Q_0)_{M1}$$

如果用与非门实现上式所表示的逻辑功能，则可以将 Z 进行变换，即

$$Z=\overline{\overline{(Q_2Q_1Q_0)_{H1}}\cdot\overline{\overline{(Q_1Q_0)_{M2}\cdot(Q_3Q_0)_{M1}}}}$$

实现上式的逻辑电路如图 5-9 所示，其中 74LS20 为 4 输入二与非门，74LS03 为集电极开路(OC 门)的 2 输入四与非门，因 OC 门的输出端可以进行“线与”，使用时在它们的输出端与电源+5 V 端之间应接一个电阻 R_L，外接电阻 R_L 的最大值

$$R_{L\max}=\frac{U_{CC}-U_{OH\min}}{nI_{OH}+mI_{IH}}$$

当 OC 门输出为低电平时，外接电阻 R_L 最小值

$$R_{\text{Lmin}}=\frac{U_{\text{CC}}-U_{\text{OLmax}}}{I_{\text{OL}}-mI_{\text{IL}}}$$

式中：$R_L=3.3\ \text{k}\Omega$。

如果控制 1 kHz 高音和驱动音响电路的两级与非门也采用 OC 门，则 R_L 的值应重新计算。

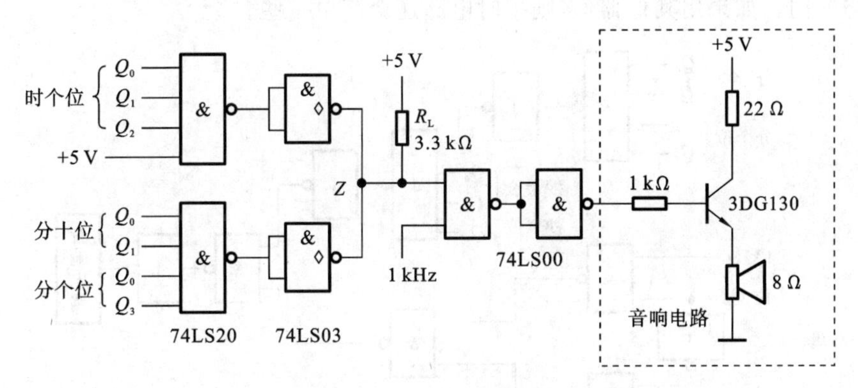

图 5-9 闹时控制电路

对图 5-9 所示电路分析不难发现，7 点 39 分或者 17 点 39 分时，音响电路的晶体管导通，则扬声器发出 1 kHz 的声音。持续 1 分钟后晶体管因输入端为 0 而截止，电路停闹。如果闹钟只在 7 点 39 响，则小时的十位也应参与控制。

6. 仿电台整点报时电路的设计

仿广播电台整点报时电路的功能要求：每当数字钟计时快要到整点时发出声响，通常按照 4 低音 1 高音的顺序发出间断声响，以最后一声高音结束的时刻为整点时刻。

设 4 声低音(约 500 Hz)分别发生在 59 分 51 秒、53 秒、55 秒及 57 秒，最后一声高音(约 1 kHz)发生在 59 分 59 秒，它们的持续时间均为 1 秒，如表 5-2 所示。

表 5-2 秒个位计数器的状态

CP/秒	Q_{3S1}	Q_{2S1}	Q_{1S1}	Q_{0S1}	功能
50	0	0	0	0	
51	0	0	0	1	鸣低音
52	0	0	1	0	停
53	0	0	1	1	鸣低音
54	0	1	0	0	停
55	0	1	0	1	鸣低音
56	0	1	1	0	停
57	0	1	1	1	鸣低音
58	1	0	0	0	停
59	1	0	0	1	鸣高音
00	0	0	0	0	停

由表 3-2 可得

$$Q_{3S1}=\begin{cases}0 & 500\ \text{Hz 输入音响}\\1 & 1\ \text{kHz 输入音响}\end{cases}$$

只有当分十位的 $Q_{2M2}Q_{0M2}=11$,分个位的 $Q_{3M1}Q_{0M1}=11$,秒十位的 $Q_{2S2}Q_{0S2}=11$ 及秒个位的 $Q_{0S1}=1$ 时,音响电路才能工作。仿电台整点报时电路如图 5-10 所示。这里采用的都是 TTL 与非门。如果用其他器件,则报时电路还会简单一些。

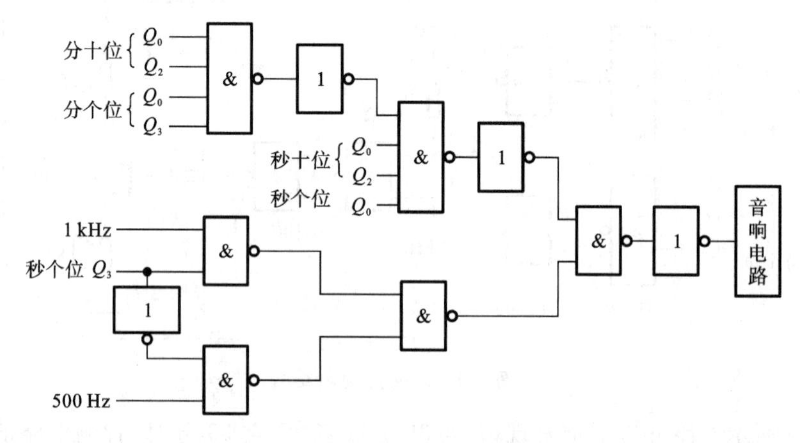

图 5-10　仿电台整点报时电路

(五) 主体电路的装调

将电路按照信号的流向分级安装调试,逐级级联。级联时如果出现时序配合不同步,或尖峰脉冲干扰,引起逻辑混乱,可以增加多级逻辑门来延时。如果显示字符变化很快,模糊不清,可能是由于电源电流的跳变引起的,可在集成电路器件的电源端 U_{CC} 加退耦滤波电容。通常用几十微法的大电容与 0.01 μF 的小电容相并联。

设计 2　数字频率计设计

(一) 设计任务

设计一个简易数字频率计,要求用数码管显示测量的信号频率。

(二) 性能指标

(1) 测量频率范围:1 Hz~9.999 kHz。

(2) 输入电压幅度:大于 300 mV。

(3) 输入信号波形:任意周期信号波形。

(三) 设计原理

所谓频率,就是周期信号在单位时间(1 s)内变化的次数。若在一定时间间隔 T 内测得

这个周期信号的重复变化次数为N,则其频率可表示为

$$f_x=\frac{N}{T}$$

数字频率计的组成框图如图5-11(a)。被测信号u_x经衰减放大整形电路变成计数器所要求的脉冲信号Ⅰ,其频率与被测信号的频率f_x相同。时基电路提供标准时间基准信号Ⅱ,本次课程设计中其高电平持续时间$t_1=1$ s。当1 s信号来到时,闸门开通,被测脉冲信号通过闸门,计数器开始计数,直到1 s信号结束时闸门关闭,停止计数。若在闸门时间1 s内计数器计得的脉冲个数为N,则被测信号频率$f_x=N$(Hz)。逻辑控制电路的作用有两个:一是产生锁存脉冲Ⅳ,使显示器上的数字稳定显示;二是产生清零脉冲Ⅴ,确保计数器每次测量从零开始计数。各信号时序关系如图5-11(b)所示。

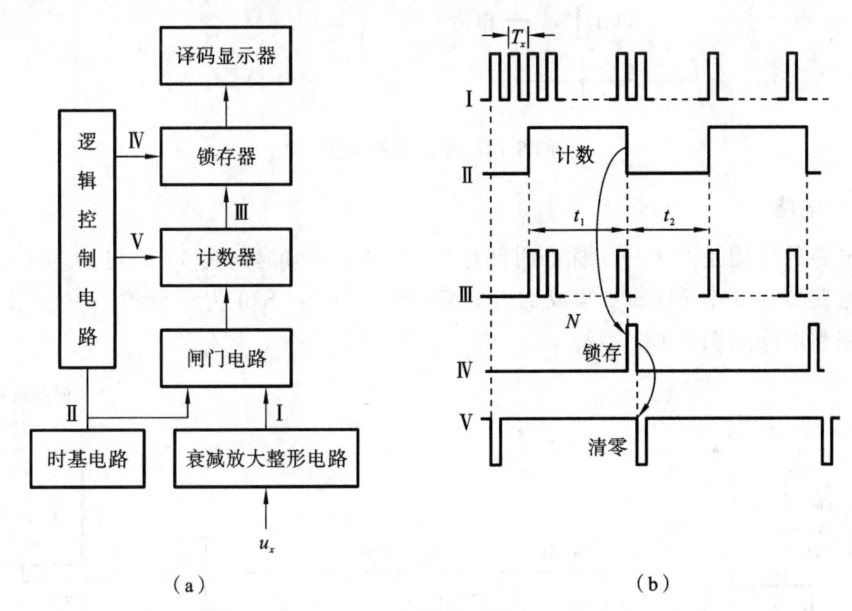

图5-11 数字频率计的组成框图和时序波形图

(四)设计方案

1. 衰减放大整形系统

衰减放大整形系统包括衰减器、跟随器、放大器和施密特触发器,它将正弦波输入信号u_i整形成同频率方波u_o。

衰减器可由电阻组成的分压器构成,测试信号首先通过衰减开关选择输入衰减倍率。幅值过大的被测信号需经过分压器分压再送入后级放大器,以免波形失真。

跟随器通常由运放构成,起阻抗变换的作用,使输入阻抗提高。

放大器由三极管和电阻、电容组成,目的是将一定频率的周期信号(如正弦波、三角波等)进行放大。

整形电路由施密特触发器组成,整形后的方波送到闸门以便计数。这里,整形电路选用555定时器构成施密特触发器,对放大器的输出信号进行整形,使之成为矩形脉冲。

将放大器和整形电路级联起来构成如图 5-12 所示的放大整形电路。

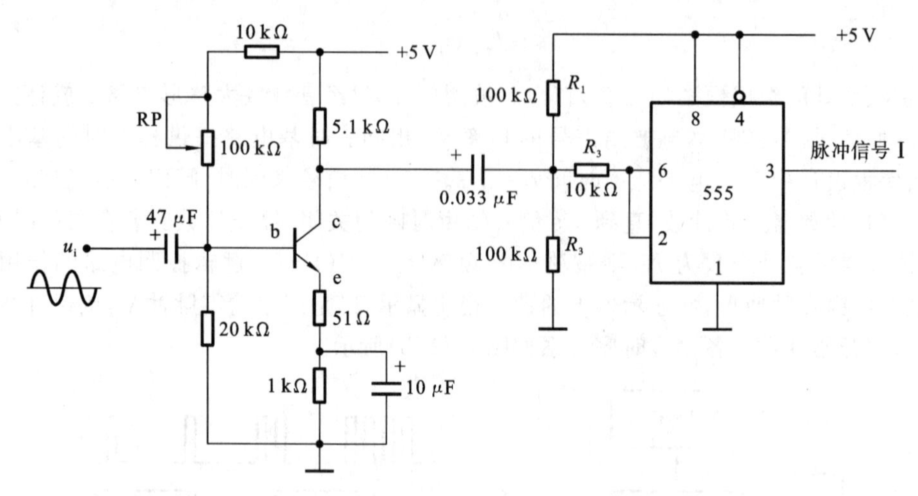

图 5-12　放大整形电路

2. 时基电路

时基电路的作用是产生一个标准时间信号(高电平持续时间为 1 s),可由 555 定时器构成的多谐振荡器和 3 个 74LS90 构成的分频器(每一个 74LS90 为十分频)产生。这里不再赘述。其完整电路如图 5-13 所示。

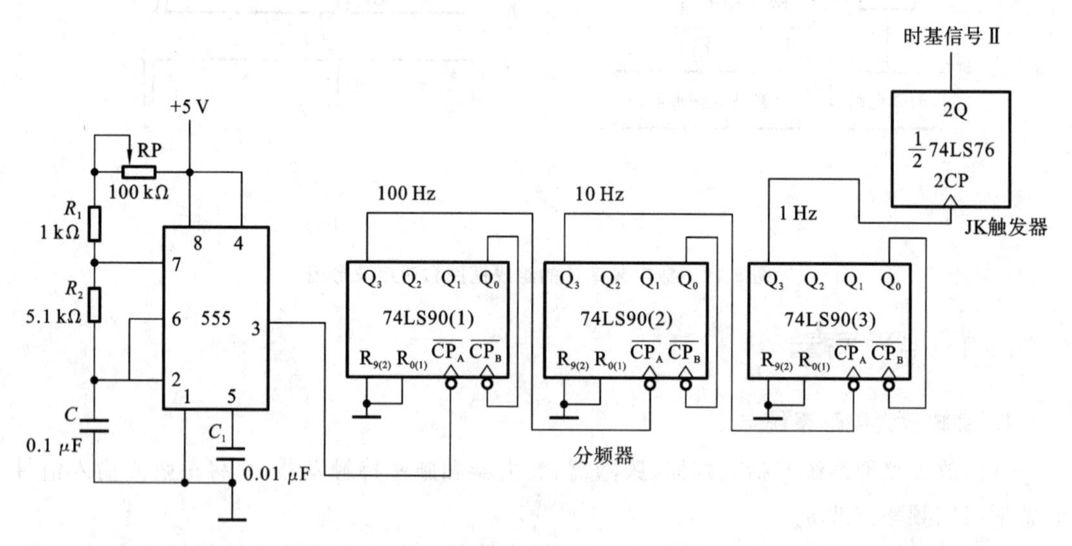

图 5-13　时基电路

3. 逻辑控制电路

根据图 5-11(b)所示时序,在时基信号 II 结束时产生的负跳变用来产生锁存信号 IV,锁存信号 IV 的负跳变又用来产生清零信号 V。脉冲信号 IV 和 V 可由两个单稳态触发器 74LS221 产生,它们的脉冲宽度由电路的时间常数决定。

74LS221 是一个双单稳态触发器,每一个触发器的功能如表 5-3 所示,输入/输出波形关系如图 5-14 所示。输入脉冲 B_1 触发后还可以借助 B_2 再触发，使输出脉冲展宽，故称为可重触发。由图 5-14 可见，未加重触发脉冲时的输出端脉宽为 t_{w1}，加重触发脉冲后的脉宽变为 t_{w2}，即

$$t_{w2}=T+t_{w1}$$

式中：

$$t_{w1}=0.45R_{ext}C_{ext}$$

式中：R_{ext} 为其外接定时电阻；C_{ext} 为其外接定时电容。

表 5-3　74LS221 功能表

CLR	A	B	Q	$\overline{Q}$
0	×	×	0	1
×	1	×	0	1
×	×	0	0	1
1	0	↑	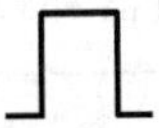	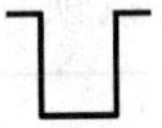
1	↓	1	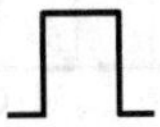	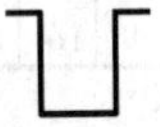
↑	0	1	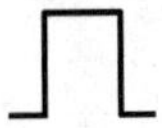	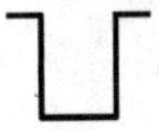

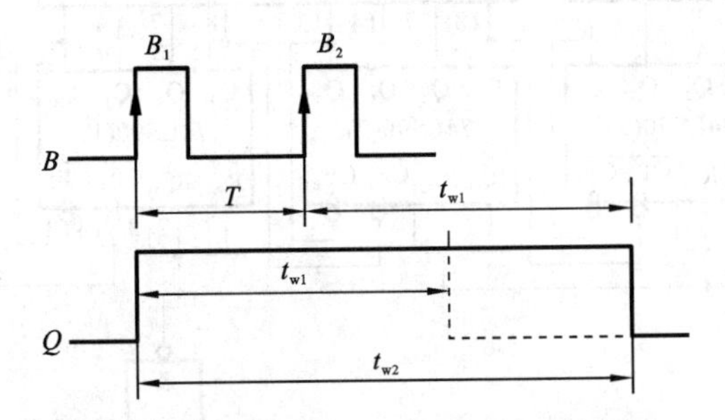

图 5-14　双单稳态触发器的输入/输出波形

由 74LS221 组成的逻辑控制电路如图 5-15 所示。当 $1\,\overline{R_D}=1B=1$ 时，触发脉冲从 1A 端输入，在触发端的负跳变作用下，输出端 1Q 可获得一个正脉冲。将 1Q 端输出的正脉冲接入输入端 2A，当 $2\,\overline{R_D}=2B=1$ 时，采用相同的连接可在 $2\overline{Q}$ 端获得一个负脉冲，其波形关系正好满足图 5-11(b)所示波形Ⅳ和Ⅴ的要求。

4. 闸门电路

闸门电路由与非门组成，该电路有两个输入端和一个输出端。输入端的一端接门控信号，另一端接整形后的被测方波信号。闸门是否开通受门控信号的控制：当门控信号为高电平时，闸门开启，而门控信号为低电平时，闸门关闭。显然，只有在闸门开启的时间内，被测信号才能通过闸门进入计数器，计数器计数时间就是闸门开启的时间。这里，门控信号为时基电路产生的持续 1 s 的高电平。

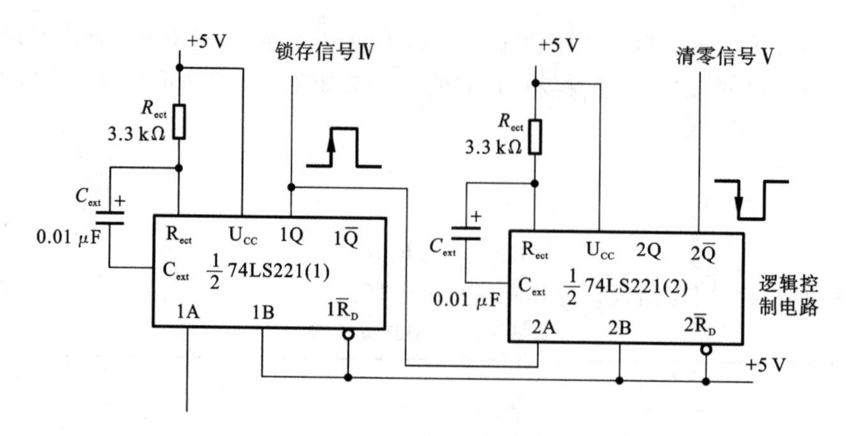

图 5-15　逻辑控制电路

5. 计数锁存电路

计数锁存电路由计数器和锁存器组成,计数锁存电路如图 5-16 所示。

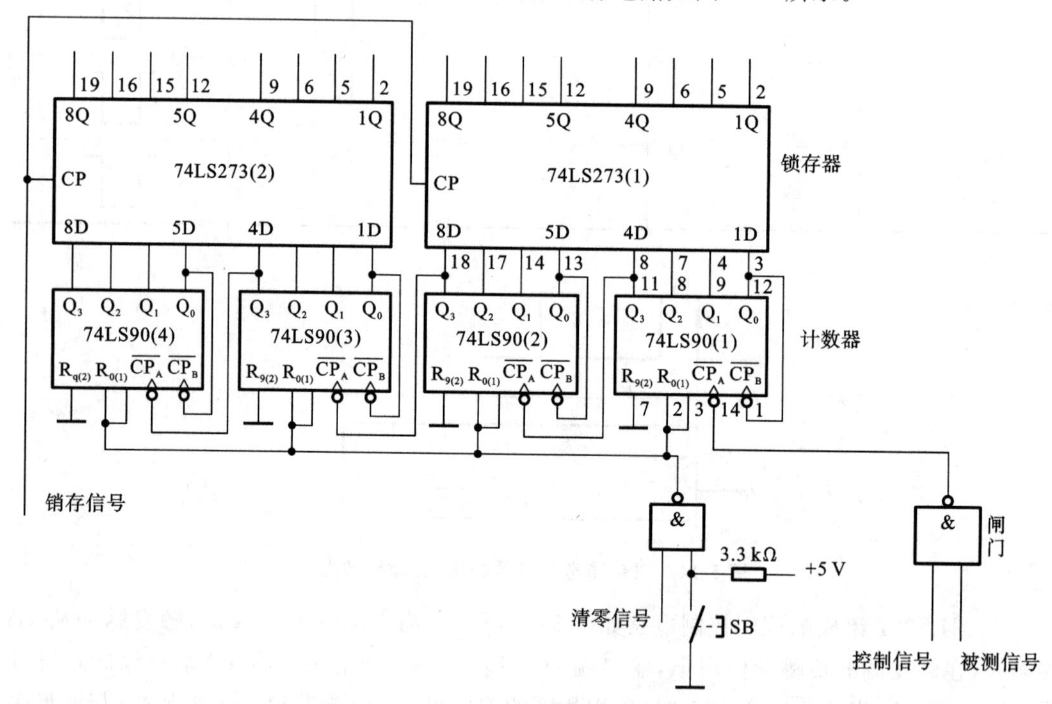

图 5-16　计数锁存电路

根据设计要求,测量频率范围为 1 Hz～9.999 kHz,即频率值可由 4 位数字显示,则计数器相应由 4 个 74LS90 级联构成。

锁存器的作用是将计数器在 1 s 结束时所计得的数进行锁存,使显示器上能稳定地显示此时计数器的计数值。如图 5-11(b)所示,1 s 计数时间结束时,逻辑控制电路发出锁存信号Ⅳ,将此时计数器的计数值送译码显示器。这里,选用 8D 锁存器 74LS273 完成上述功能。

8D 锁存器 74LS273 管脚图如图 5-17 所示。当时钟脉冲 CP 的正跳变沿来到时,锁存器的输出等于输入,即 $Q=D$,从而将计数器的输出值送到锁存器的输出端。正脉冲结束后,无

论 D 为何值，输出 Q 的状态仍保持原来的状态不变。所以在计数期间，计数器的输出不会送到译码显示器。

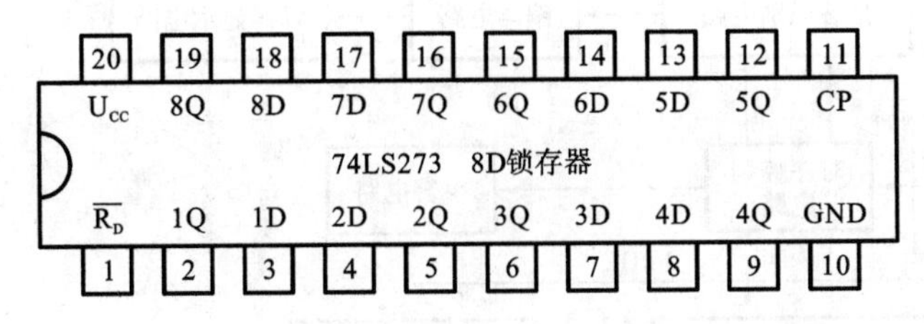

1D~8D	数据输入端
1Q~8Q	数据输出端
$\overline{R_D}$	清除端
CP	时钟端

图 5-17　74LS273 8D 锁存器管脚图

6. 译码显示电路

参考第 2 章实验 12。

(五) 任务扩展

设计一个频率扩展电路，将频率测量范围扩大到 100 kHz，同时可实现频率量程的自动切换。

设计 3　8 路竞赛抢答器设计

(一) 设计任务

设计一个简易竞赛抢答器电路。

(二) 性能指标

(1) 允许 8 路选手参加抢答，各用一个抢答按钮，编号分别为 1、2、3、4、5、6、7、8。

(2) 系统电路设置外部(启动)复位开关，能够实现对 LED 显示器的自动清零以及抢答开始的控制功能，该开关由主持人控制，当主持人按动(启动)复位开关时，LED 显示器自动清零，同时绿色 LED 灯亮，抢答开始。

(3) 抢答器具备锁存和显示功能。选手按动按钮，锁存相应的编号，扬声器发出声响提示，并在七段数码管上显示选手号码。选手抢答实行优先锁存，第一个抢答信号可以使其他抢答信号无效。优先抢答选手的编号一直保持到主持人将系统清除为止。

(4) 抢答器具备定时抢答功能，且每次抢答时间由主持人自行设定。当主持人启动复位开关后，以倒计时方式进行计数并显示，同时扬声器发出短暂声响予以提示。

(5) 如果在规定时间内进行抢答，则抢答有效，停止计数。

(6) 如抢答时间到，没有选手抢答，则本次抢答无效，系统封锁输入电路，系统进行短暂的报警，红色 LED 亮，禁止选手超时抢答。

(三) 设计原理

综合设计要求，8 路竞赛抢答器由抢答识别电路、编码电路、译码显示电路、抢答时间设定电路、时序控制电路、报警电路等几个部分组成,其系统总体框图如图 5-18 所示。

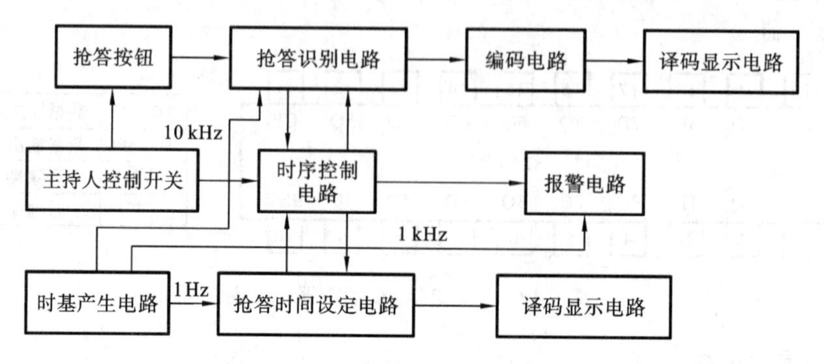

图 5-18　8 路竞赛抢答器总体框图

竞赛抢答器的基本工作过程如下。主持人将开关置于“清除”位置,抢答器处于禁止工作状态,编号显示器处于灭灯状态;抢答时间设定电路显示抢答时间,当主持人公布抢答题目并宣布“抢答开始”,同时将控制开关置于“开始”位置时,抢答器处于工作状态,抢答时间设定电路进行倒计时。若定时时间到,却没有选手抢答,则系统报警,抢答识别电路处于禁止工作状态,禁止选手超时抢答。若在定时时间内有选手抢答,则抢答器要完成以下工作:

(1) 抢答识别电路处于禁止工作状态,并锁存抢答选手信息;

(2) 编码电路完成抢答选手信息的编码,由译码显示电路显示选手编号;

(3) 时序控制电路使抢答时间设定电路处于禁止工作状态,并保持到主持人将系统清零为止;

(4) 当选手回答问题完毕时,主持人通过控制开关,使系统恢复到禁止工作状态,以便进行下一轮抢答。

(四) 设计方案

1. 抢答识别电路设计

抢答识别电路所起的作用是识别抢答信号的先后,并锁存抢答编号,以供编码电路使用,同时,使其他抢答按键操作无效。其电路原理如图 5-19 所示。在这里选用 8D 触发器 74LS273 结合逻辑门完成设计。74LS273 的管脚及功能在课程设计“数字频率计设计”中已经介绍,这里不再介绍。

抢答识别电路的基本工作过程为:当主持人控制开关 S 处于“清除”状态时,8D 触发器 74LS273 的 8 个输出端(Q 端)全部处于低电平状态,则 CF=0,门 G_2 输出高电平,10 kHz 的时钟信号加载到 74LS273 的 CP 端,抢答识别电路处于等待状态。当主持人将开关拨到“开始”位置时,抢答识别电路处于工作状态,选手可以开始抢答。当有选手按下抢答开关(如按下 5 号开关)时,74LS273 的输出 $1Q2Q3Q4Q5Q6Q7Q8Q=00001000$,门 G_1 输出高电平,门 G_2 输出低电平,74LS273 的 CP 端收到高电平,74LS273 处于禁止工作状态,封锁其他按键的输入。当按下的按键松开后,由于 74LS273 的 5Q 仍维持高电平不变,因此 74LS273 仍处于禁止工作状态,其他按键的输出信号不会被接收。当抢答者回答完问题后,由主持人操作控制开关 S,使抢答识别电路复位,进行下一轮抢答识别。

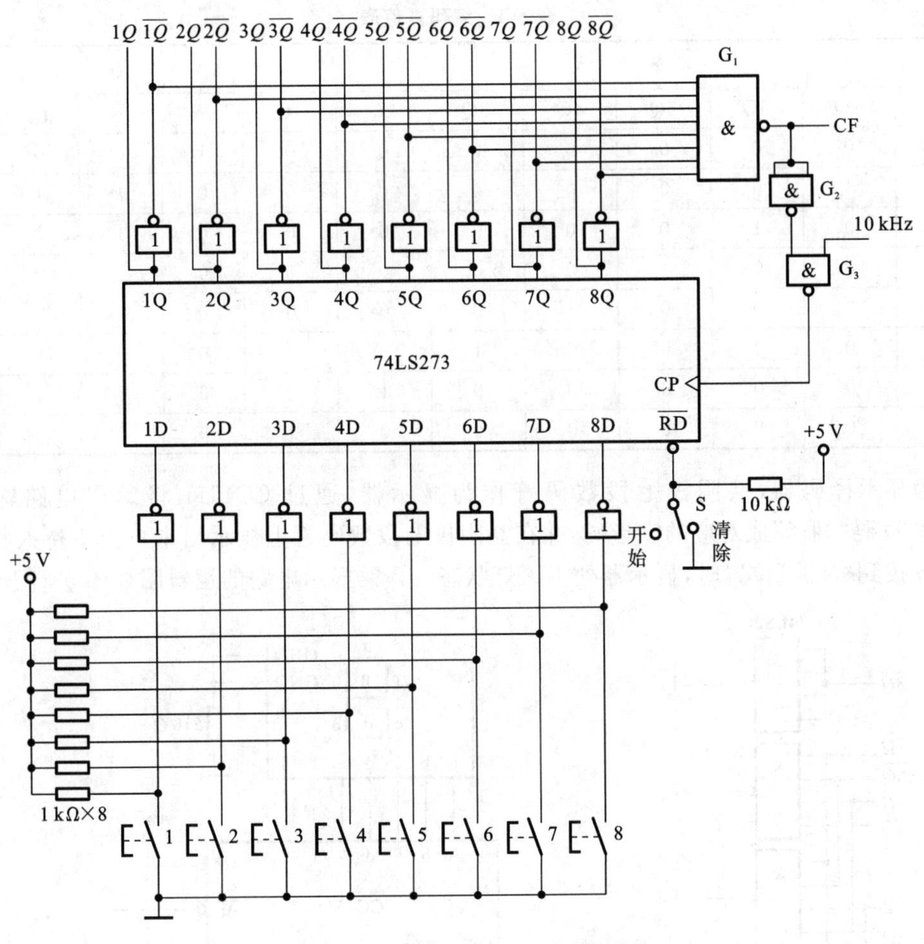

图 5-19 抢答器抢答识别电路原理图

2. 编码显示电路设计

编码显示电路的主要作用是对抢答识别电路存储的抢答选手信息进行编码，生成选手编号，并送七段显示电路显示。这里用逻辑门电路实现对抢答信号的编码，编码电路输出对应的是 8421BCD 编码。编码电路输出送显示译码器，“翻译”成对应的七段显示码送七段显示器显示。当主持人将控制开关拨到“清除”位置时，七段显示器灭灯。

1）编码电路

编码电路的输入为 74LS273 的输出端的状态，输出为 1～8 的 8421BCD 码。由于 74LS273 的输入端 1D、2D……8D 具有互斥关系，因此可列真值表如表 5-4 所示。

由真值表可得编码电路的输出表达式：

$$F_8=\overline{\overline{8Q}},\quad F_4=\overline{\overline{7Q}\cdot\overline{6Q}\cdot\overline{5Q}\cdot\overline{4Q}}$$

$$F_2=\overline{\overline{7Q}\cdot\overline{6Q}\cdot\overline{3Q}\cdot\overline{2Q}},\quad F_1=\overline{\overline{7Q}\cdot\overline{5Q}\cdot\overline{3Q}\cdot\overline{1Q}}$$

编码电路的逻辑图如图 5-20 所示。

2）译码显示电路

译码显示电路完成将编码电路的输出送七段显示器显示的功能。这里选用 CC4511 作

表 5-4　编码真值表

输入								输出			
8Q	7Q	6Q	5Q	4Q	3Q	2Q	1Q	F_8	F_4	F_2	F_1
1	0	0	0	0	0	0	0	1	0	0	0
0	1	0	0	0	0	0	0	0	1	1	1
0	0	1	0	0	0	0	0	0	1	1	0
0	0	0	1	0	0	0	0	0	1	0	1
0	0	0	0	1	0	0	0	0	1	0	0
0	0	0	0	0	1	0	0	0	0	1	1
0	0	0	0	0	0	1	0	0	0	1	0
0	0	0	0	0	0	0	1	0	0	0	1

为显示译码器，共阴极七段数码管作为显示器，通过 CC4511 将编码电路输出的 8421BCD 码“翻译”成对应的字形码，并在共阴极七段数码管上显示出来。当主持人将控制开关 S 拨到“清除”位置时，显示器处于灭灯状态。译码显示电路的逻辑图如图 5-21 所示。

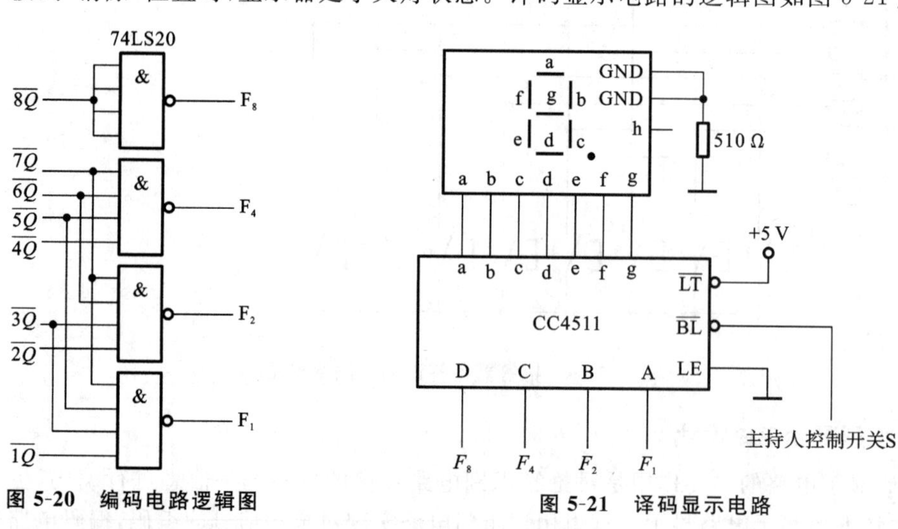

图 5-20　编码电路逻辑图

图 5-21　译码显示电路

3. 抢答时间设定电路设计

该电路完成抢答时间的倒计时。当主持人将开关 S 由“清除”拨到“开始”时，秒脉冲信号启动抢答时间计时电路进行倒计时，并通过显示器显示。若抢答时间到，无选手抢答，则本次抢答无效，倒计时电路停止计数；如在抢答时间未到前有选手抢答，则本次抢答有效。倒计时电路停止计数。该电路由主持人拨动开关 S 到“清除”时予以复位，启动下一轮抢答。在这里选用十进制同步加/减计数器 74LS190 进行设计。

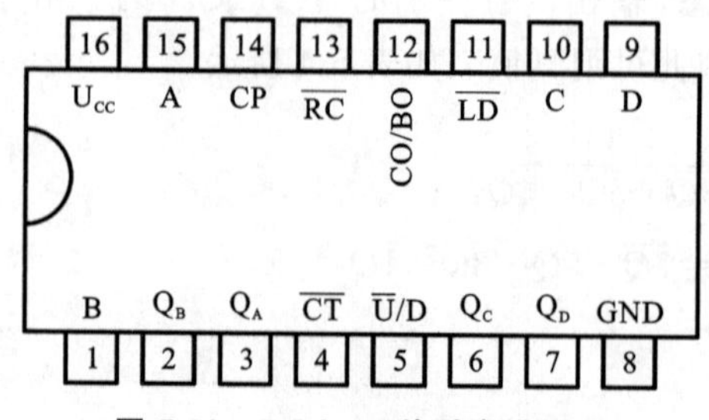

图 5-22　74LS190 外引脚排列图

74LS190 的外引脚排列和功能表分别如图 5-22 和表 5-5 所示。

表 5-5 74LS190 功能表

输入								输出			
$\overline{CT}$	$\overline{LD}$	$\overline{U}/D$	CP	D	C	B	A	Q_D	Q_C	Q_B	Q_A
1	×	×	×	×	×	×	×	保持			
0	0	×	×	D	C	B	A	D	C	B	A
0	1	0	↑	×	×	×	×	加法计数			
0	1	1	↑	×	×	×	×	减法计数			

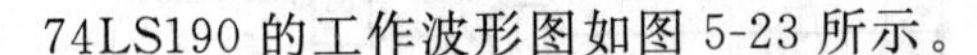

74LS190 的工作波形图如图 5-23 所示。

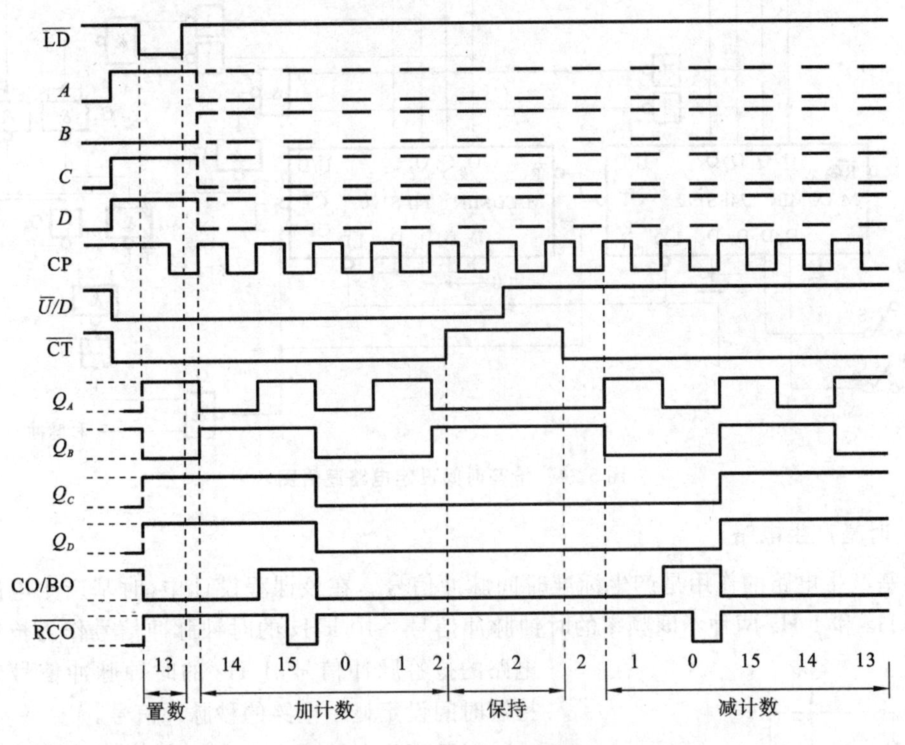

图 5-23 74LS190 工作波形图

抢答时间设定电路的基本工作过程为：在开始抢答前，主持人根据题目的难易程度设定一定的抢答时间，如将题目设定为容易、一般、较难、难四个层次，对应抢答时间为 10 秒、20 秒、30 秒、40 秒。主持人通过时间设定开关 S_1、S_2 设定完对应的抢答时间后，首先使主持人控制开关 S 处于"清除"状态，完成时间预置，当开关 S 由"清除"拨到"开始"时，抢答识别电路和抢答时间设定电路同时处于工作状态，启动对抢答时间的减计数。若抢答时间未到且有选手抢答，则控制信号 CF 处于高电平，使门 G_5 输出低电平、门 G_6 输出高电平、门 G_7 输出低电平，从而禁止秒脉冲信号进入，抢答时间设定电路处于停止工作状态；若定时时间到，无选手抢答，则门 G_4 输出低电平（$\overline{TP}=0$），门 G_6 输出高电平，门 G_7 输出低电平，抢答时间设定电路也处于停止工作状态，等待主持人重新开启工作状态。抢答时间设定电路的逻辑图如图 5-24 所示。

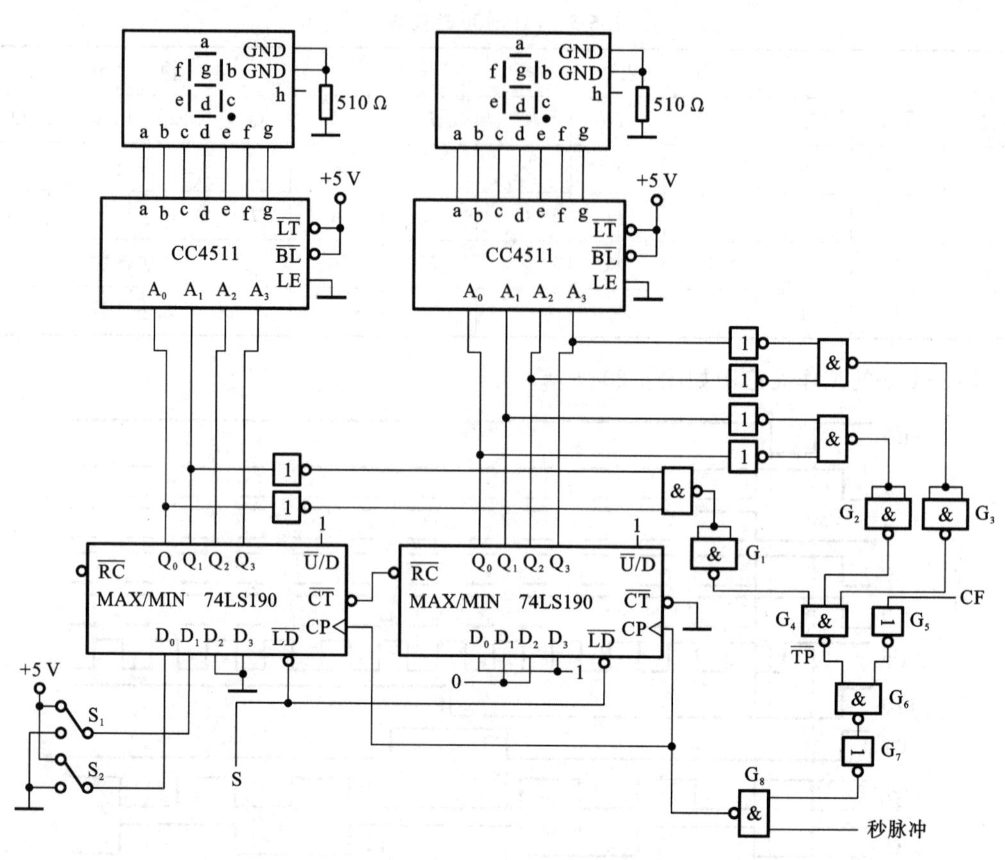

图 5-24　抢答时间设定电路逻辑图

4. 时基产生电路

时基产生电路的作用是产生标准时间脉冲信号。在该课程设计中，时基产生电路将产生 10 kHz 和 1 Hz 两种不同频率的时钟脉冲信号。10 kHz 的时钟脉冲信号作为抢答识别电路的抢答脉冲信号，1 Hz 的时钟脉冲信号则作为抢答时间设定显示电路的秒脉冲信号。

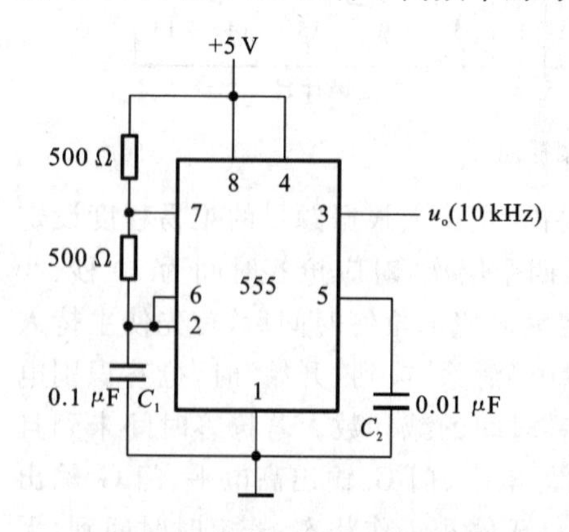

图 5-25　多谐振荡器电路逻辑图

时基产生电路由 555 定时器构成的多谐振荡器和异步计数器 74LS90 构成的分频电路构成。555 定时器构成的多谐振荡器用来产生 10 kHz 的时钟脉冲信号，其振荡频率 $f \approx 1.43/[(R_1+2R_2)C_1]$。多谐振荡器电路的逻辑图如图 5-25 所示。多谐振荡器已经在第 2 章实验 16“定时器 555 及其应用”中进行了介绍，在这里不再介绍。

10 kHz 的时钟脉冲信号通过分频电路分别产生 1 kHz、100 Hz、10 Hz、1 Hz 的信号，其中 1 Hz 的信号作为秒脉冲信号，分频电路逻辑图如图 5-26 所示。

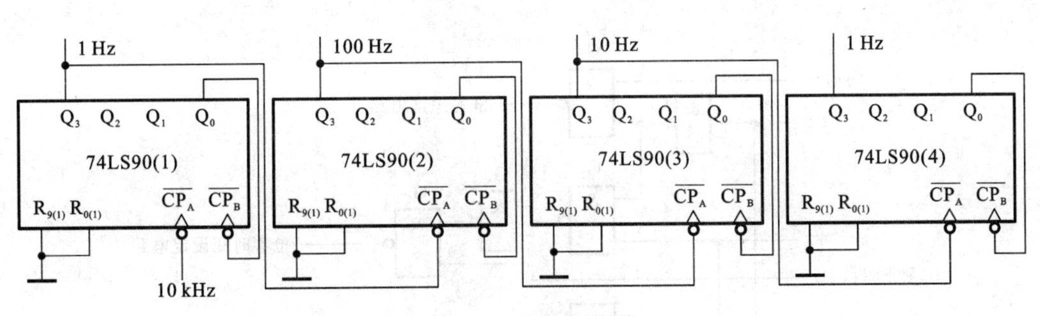

图 5-26 分频电路逻辑图

5. 报警电路设计

该电路完成当主持人开启抢答开关、在规定时间内有有效抢答以及在规定时间内没有选手抢答时的报警提示。

(1) 主持人开启抢答开关即为主持人将开关由“清除”拨到“开始”，此时 $S=1$；

(2) 在规定时间内有选手抢答，CF=1；

(3) 在规定时间内没有选手抢答且定时时间到，$\overline{TP}=0(TP=1)$。

报警电路逻辑图如图 5-27 所示，其中 1 kHz 的时钟脉冲信号由时基产生电路产生。

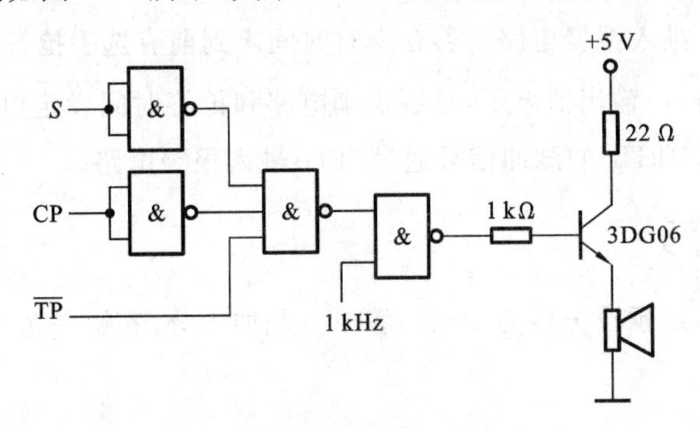

图 5-27 报警电路逻辑图

6. 时序控制电路设计

时序控制电路是抢答器电路的控制关键，完成抢答器电路各个操作的时序控制，它主要实现以下功能：

(1) 主持人将控制开关拨到“开始”位置时，抢答识别电路和抢答时间设定电路进入正常工作状态，同时扬声器发声提示。

(2) 当参赛选手按下抢答键，抢答识别电路和抢答时间设定电路停止工作，同时扬声器发声提示。

(3) 当设定的抢答时间到且无人抢答时，抢答识别电路和抢答时间设定电路停止工作，同时扬声器发声提示。

时序控制电路逻辑图如图 5-28 所示。

其基本工作过程为：当主持人将控制开关由“清除”拨到“开始”时，若无选手抢答且定时时间未到，则 CF=0，TP=0($\overline{TP}=1$)，门 G_1 和 G_4 输出高电平，10 kHz 的时钟脉冲信号和

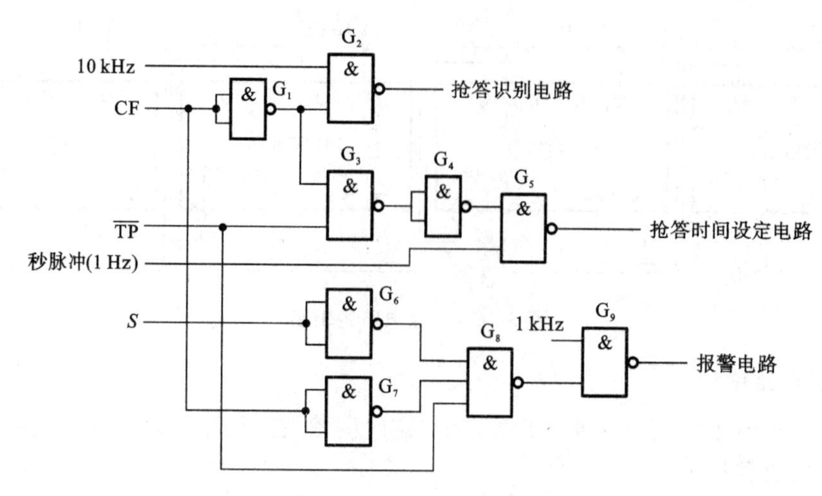

图 5-28　时序控制电路逻辑图

1 Hz的秒脉冲信号分别通过门 G_2 和 G_5 进入抢答识别电路和抢答时间设定电路，抢答识别电路和抢答时间设定电路处于工作状态，同时，门 G_6 输出低电平，门 G_8 输出高电平，1 kHz 的脉冲信号通过门 G_9 进入报警电路。若在定时时间未到前有选手抢答(CF=1)或定时时间到($\overline{TP}=0$)，门 G_1 和 G_4 输出低电平，抢答识别电路和抢答时间设定电路处于禁止状态，同时，门 G_8输出高电平，1 kHz 的脉冲信号通过门 G_9 进入报警电路。

(五) 任务扩展

设计计分电路，每组预设分数为 10 分，答对一题加 1 分，答错一题减 1 分。

设计 4　音响电路设计

(一) 设计任务

设计一个音响放大电路，使其具备总音量控制、高低音增益独立调节功能。

要求：前置放大器、音调电路采用集成运放 LM324 设计；功率放大器采用分立器件设计；用 3 个喇叭分别播放高、中、低三个频段的声音，实验时可用负载电阻替代喇叭；其余元件根据具体条件选用。

(二) 主要技术指标

额定功率 $P_O=U_O^2/R_L\geqslant 0.3$ W($r\leqslant 3\%$)。输入阻抗 $R_i\gg 20$ kΩ。频率响应 $f_L<50$ Hz，$f_H=20$ kHz；音调控制特性：1 kHz 处增益为 0 dB，125 Hz 和 8 kHz 处有±12 dB 的调节范围，$A_{uL}=A_{uH}\geqslant 20$ dB。信噪比 SNR>70 dB。

（三）设计原理

音响放大电路的功能是将其他电子设备（如 MP3、计算机声卡、DVD 等）的音源信号进行电压放大，再经功率放大去推动扬声器输出。

1. 音响放大电路的结构

一个基本的音响放大电路主要由前置放大器、音调电路和功率放大器三部分组成，如图 5-29 所示。

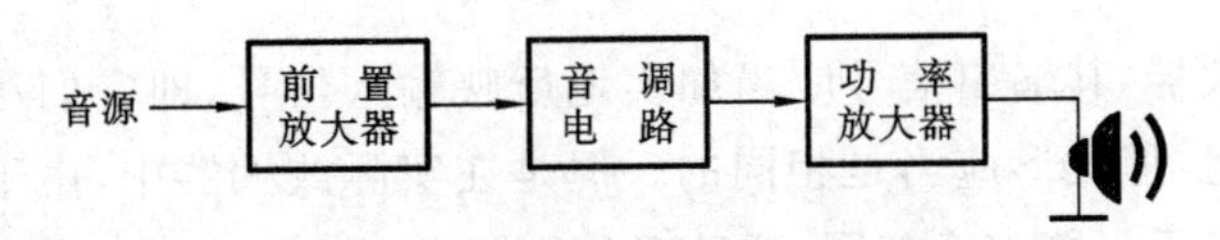

图 5-29　音响放大电路组成框图

1）前置放大器

前置放大器的作用简单说来就是缓冲，将外部输入的音源信号进行放大并输出。外部音源信号由较长的导线输入，并且信号源可能存在较高的内阻，电流输出能力不强，因此需要缓冲来将其转换为低内阻的信号源，以便驱动后级电路。

2）音调电路

音调电路（或称均衡电路）是采用多个针对不同频段的音频信号进行调节的电路，通过用多个扬声器分别对高、中、低音进行表现，尽可能真实地还原出声音信号。

音调电路由低通、高通、带通等滤波器组成，对音频信号进行电子分频，得到高、中、低三个（或更多）频段，然后分别对这些频段的信号进行放大。听者可以根据具体需求，对声音信号中某些频率段的增益（放大倍数）进行调整。常用的音调电路只是对高频段或低频段的增益进行提升或衰减，而中频段的增益保持不变。

3）功率放大器

外部音源信号经过前置放大、音调调节后，输入最后的功率放大器，然后就可以输出去驱动扬声器发出声音。所以功率放大器的主要任务是为负载提供一定不失真、功率大、效率高的输出功率。

若用分立器件设计电路，考虑到晶体管发射结正向偏置时才导通，则可选用 2 个性能对称的异型管，组成互补对称电路。也可以采用类似 TDA2030 的集成功率放大器，其本质就是一个运放，和其他小信号放大用的运放相比，有较大电流输出能力，可以输出较大的功率。

2. 音响放大电路的指标

这里重点说明频率响应、失真度、信噪比这三个基础指标。在评价一件音响器材或者一个系统水准之前，必须先要考核这三项指标，这三项指标中的任何一项不合格，都说明该器材或者系统存在着比较重大的缺陷。

1）频率响应

音响系统的频率特性常用以分贝刻度的纵坐标表示功率和用以对数刻度的横坐标表示频率的频率响应曲线来描述。当声音功率比正常功率低 3 dB 时，这个功率点称为频率响应的高频截止点和低频截止点。高频截止点与低频截止点之间的频率即为该设备的频率响应;声压与相位滞后随频率变化的曲线分别称为幅频特性和相频特性,合称频率特性,这是考察音响性能优劣的一个重要指标。

从理论上讲,20～20000 Hz 的频率响应足够了。低于 20 Hz 的声音人的耳朵虽听不到,但其他感觉器官却能觉察,也就是能感觉到所谓的低音力度,因此为了完美地播放各种乐器和语言信号,放大器只有实现高保真目标,才能将音调的各次谐波均重放出来。所以应将放大器的频带扩展,下限延伸到 20 Hz 以下,上限应提高到 20000 Hz 以上。

2) 失真度

一个理想的放大器,其输出信号应当如实地反映输入信号,即它们尽管在幅度上不同,时间上也可能有延迟,但波形应当是相同的。但是在实际放大器中,由于种种原因,输入信号与输入信号的波形不可能完全相同,这种现象称为失真。

放大器产生失真的原因主要有两个。

其一是非线性失真。产生非线性失真的主要原因来自晶体管的非线性特性或放大电路静态工作点设置不合适两方面。另外,输入信号过大也会导致失真。

一个电路非线性失真的大小常用非线性失真系数 r 来衡量。r 的定义为:输出信号中谐波电压幅度与基波电压幅度的百分比。显然,r 值越小,电路的性能也就越好。

其二,放大电路中有隔直电容、射极旁路电容、结电容和各种寄生电容,使得电路对不同频率的输入信号所产生的增益及相移是不同的。这样,当输入信号是非正弦波时,即使电路工作在线性区,也会产生失真,这种失真称为线性失真。

3) 信噪比

信噪比(SNR)被定义为“在设备最大不失真输出功率下信号与噪声的比率”。信噪比通常不是直接进行测量的,而是通过测量噪声信号的幅度换算出来的,通常的方法是:给放大器一个标准信号,通常是峰峰值为 2 V、频率为 1 kHz 的正弦信号,调整放大器的放大倍数,使其达到最大不失真输出功率或幅度,记下此时放大器的输出幅度 U_s,然后撤除输入信号,测量此时出现在输出端的噪声电压,记为 U_n,再根据 $SNR=20\lg(U_s/U_n)$ 就可以计算出信噪比了。

音响电路中噪声的来源很复杂,可以大致归结为三种:

第一种是元器件产生的固有噪声,电路中几乎所有的元器件在工作时都会产生一定的噪声。现在很多优质元器件的固有噪声都很小,在设计电路时选择优质元器件就可以把这种噪声压制到非常低的水平,小到根本不会听见。

第二种噪声来源于电路本身的设计失误或者安装工艺上的缺陷,电路设计失误往往会导致电路的轻微自激,这种自激一般在可以听到的声音范围之外,但是在某些特定条件下,它们会对声音的中高频产生断续的影响,从而产生噪声。安装工艺失误,比如,接插件接触不良,接触表面形成二极管效应,或者接触电阻随温度、振动等影响发生变化而导致信号传输特性变化,将产生噪声。此外,元器件在排布时,将高热的元器件排布在对温度敏感的元器件旁边,或者将一些有轻微振动的元器件放在对振动敏感的元器件旁边,或者没有足够的避震措施……这些都会产生一定的噪声。

第三种噪声则是非常广泛的，也是经常被提起的干扰噪声，主要包括空间辐射干扰噪声、线路串扰噪声及传输噪声。其中传输噪声是信号在传输过程中由于传输介质而产生的，比如接插件的接触不良、信号线材质不佳、地电流串扰等。

附录A　DE2-115 系统资源

DE2-115 系统框图如附图-1 所示。本附录给出部分开发板硬件资源配制。

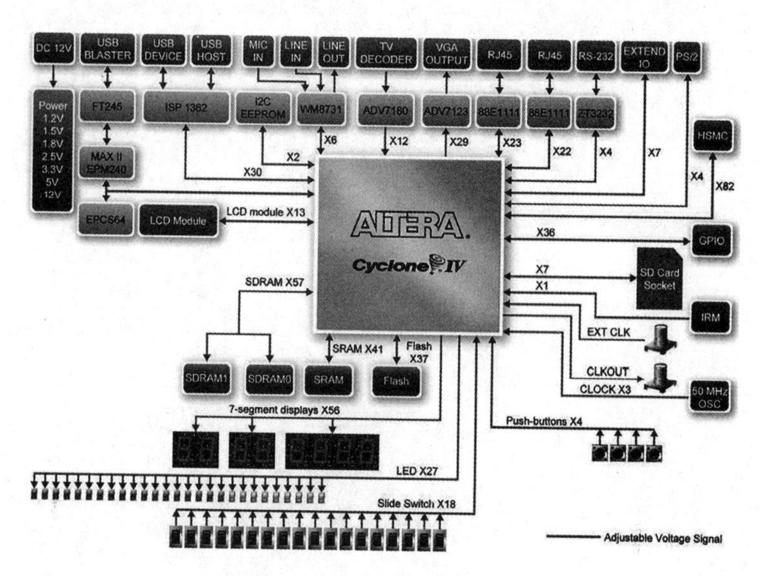

附图-1　DE2-115 系统框图

1. 拨动开关

DE2-115 开发板上有 18 个拨动开关，与 Cyclone IV E FPGA 间的连接如附图-2 所示。这些开关没有去抖动电路，它们可以作为对电平敏感的电路的输入数据。每个开关都直接连接到 Cyclone IV E FPGA。当拨动开关至 DOWN 位置(靠近开发板边缘)时输出为低电平，当拨动开关至 UP 位置时输出为高电平。拨动开关的引脚配置见附表-1。

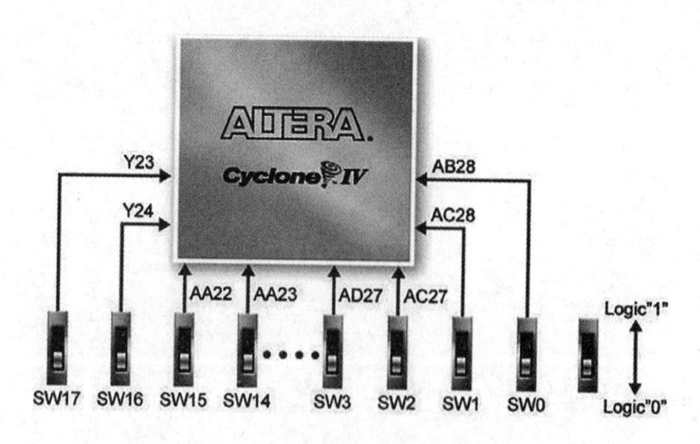

附图-2　按钮开关和 FPGA 的连接

附表-1 拨动开关引脚配置

信号名	FPGA 引脚号	说　明	I/O 标准
SW0	PIN_AB28	Slide Switch[0]	Depending on JP7
SW1	PIN_AC28	Slide Switch[1]	Depending on JP7
SW2	PIN_AC27	Slide Switch[2]	Depending on JP7
SW3	PIN_AD27	Slide Switch[3]	Depending on JP7
SW4	PIN_AB27	Slide Switch[4]	Depending on JP7
SW5	PIN_AC26	Slide Switch[5]	Depending on JP7
SW6	PIN_AD26	Slide Switch[6]	Depending on JP7
SW7	PIN_AB26	Slide Switch[7]	Depending on JP7
SW8	PIN_AC25	Slide Switch[8]	Depending on JP7
SW9	PIN_AB25	Slide Switch[9]	Depending on JP7
SW10	PIN_AC24	Slide Switch[10]	Depending on JP7
SW11	PIN_AB24	Slide Switch[11]	Depending on JP7
SW12	PIN_AB23	Slide Switch[12]	Depending on JP7
SW13	PIN_AA24	Slide Switch[13]	Depending on JP7
SW14	PIN_AA23	Slide Switch[14]	Depending on JP7
SW15	PIN_AA22	Slide Switch[15]	Depending on JP7
SW16	PIN_Y24	Slide Switch[16]	Depending on JP7
SW17	PIN_Y23	Slide Switch[17]	Depending on JP7

2. 按钮开关

DE2-115 提供了 4 个按钮开关,如附图-3 所示。每个按钮开关都通过一个施密特触发器进行了去抖动处理。4 个施密特触发器的输出信号分别为 KEY0、KEY1、KEY2、KEY3,直接连接到了 Cyclone IV E FPGA。当按钮没有被按下时,它的输出是高电平,按下去则给出一个低电平。这些按钮开关适合用来给内部电路提供(模拟的)时钟或者复位信号。按钮开关的引脚配置见附表-2。

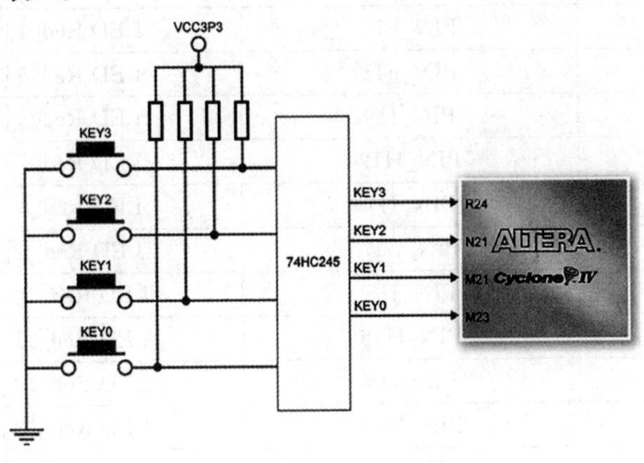

附图-3 按钮开关和 FPG 的连接

附表-2　按钮开关引脚配置

信号名	FPGA 引脚号	说　明	I/O 标准
KEY0	PIN_M23	Push-button[0]	Depending on JP7
KEY1	PIN_M21	Push-button[1]	Depending on JP7
KEY2	PIN_N21	Push-button[2]	Depending on JP7
KEY3	PIN_R24	Push-button[3]	Depending on JP7

3. 发光二极管

DE2-115 开发板共有 27 个直接由 FPGA 控制的 LED,其中有 18 个红色 LED,8 个绿色 LED。LED 和 Cyclone IV E FPGA 之间的连接如附图-4 所示,每一 个 LED 都由 Cyclone IV E FPGA 的一个引脚直接驱动,其输出为高电平则点亮 LED,输出为低电平则 LED 熄灭。LED 的引脚配置见附表-3。

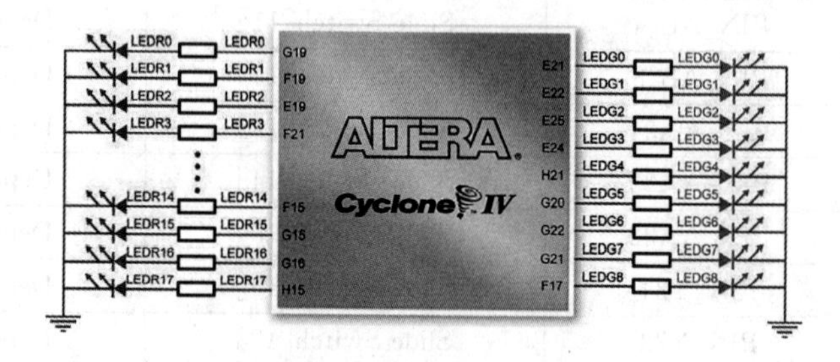

附图-4　LED 和 FPGA 间连接示意

附表-3　LED 引脚配置

信号名	FPGA 引脚号	说　明	I/O 标准
LEDR0	PIN_G19	LED Red[0]	2.5 V
LEDR1	PIN_F19	LED Red[1]	2.5 V
LEDR2	PIN_E19	LED Red[2]	2.5 V
LEDR3	PIN_F21	LED Red[3]	2.5 V
LEDR4	PIN_F18	LED Red[4]	2.5 V
LEDR5	PIN_F18	LED Red[5]	2.5 V
LEDR6	PIN_J19	LED Red[6]	2.5 V
LEDR7	PIN_H19	LED Red[7]	2.5 V
LEDR8	PIN_J17	LED Red[8]	2.5 V
LEDR9	PIN_G17	LED Red[9]	2.5 V
LEDR10	PIN_J15	LED Red[10]	2.5 V
LEDR11	PIN_H16	LED Red[11]	2.5 V
LEDR12	PIN_J16	LED Red[12]	2.5 V
LEDR13	PIN_H17	LED Red[13]	2.5 V
LEDR14	PIN_F15	LED Red[14]	2.5 V

续表

信号名	FPGA 引脚号	说　明	I/O 标准
LEDR15	PIN_G15	LED Red[15]	2.5 V
LEDR16	PIN_G16	LED Red[16]	2.5 V
LEDR17	PIN_H15	LED Red[17]	2.5 V
LEDR0	PIN_E21	LED Green[0]	2.5 V
LEDR1	PIN_E22	LED Green[1]	2.5 V
LEDR2	PIN_E25	LED Green[2]	2.5 V
LEDR3	PIN_E24	LED Green[3]	2.5 V
LEDR4	PIN_H21	LED Green[4]	2.5 V
LEDR5	PIN_G20	LED Green[5]	2.5 V
LEDR6	PIN_G22	LED Green[6]	2.5 V
LEDR7	PIN_G21	LED Green[7]	2.5 V
LEDR8	PIN_F17	LED Green[8]	2.5 V

4. 七段数码管

DE2-115 配有 8 个七段数码管，用来作为数字显示用。如附图-5 所示，七段数码管的每个引脚(共阳极)均连接到 Cyclone IV E FPGA。FPGA 输出低电平对应的字码段点亮，反之则熄灭。每个数码管的字段都从 0 到 6 依次编号。数码管和 FPGA 芯片的引脚连接信息见附表-4。

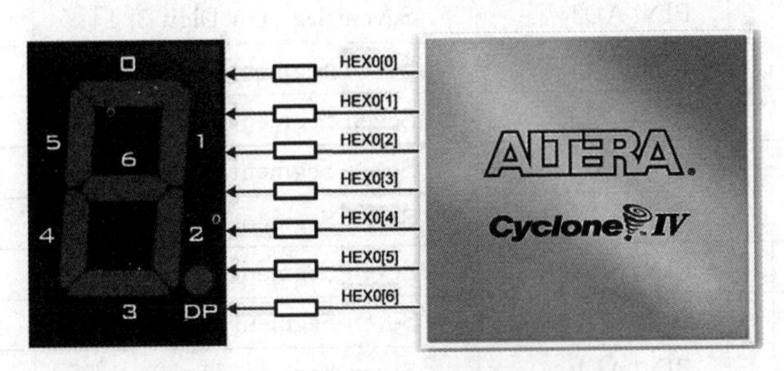

附图-5　FPGA 和七段数码管间连接

附表-4　LED 引脚配置

信号名	FPGA 引脚号	说　明	I/O 标准
HEX00	PIN_G18	Seven Segment Digit 0[0]	2.5 V
HEX0[1]	PIN_F22	Seven Segment Digit 0[1]	2.5 V
HEX0[2]	PIN_E17	Seven Segment Digit 0[2]	2.5 V
HEX0[3]	PIN_L26	Seven Segment Digit 0[3]	取决于 JP7
HEX0[4]	PIN_L25	Seven Segment Digit 0[4]	取决于 JP7
HEX0[5]	PIN_J22	Seven Segment Digit 0[5]	取决于 JP7
HEX0[6]	PIN_H22	Seven Segment Digit 0[6]	取决于 JP7

续表

信号名	FPGA 引脚号	说　明	I/O 标准
HEX1[0]	PIN_M24	Seven Segment Digit 1[0]	取决于 JP7
HEX1[1]	PIN_Y22	Seven Segment Digit 1[1]	取决于 JP7
HEX1[2]	PIN_W21	Seven Segment Digit 1[2]	取决于 JP7
HEX1[3]	PIN_W22	Seven Segment Digit 1[3]	取决于 JP7
HEX1[4]	PIN_W25	Seven Segment Digit 1[4]	取决于 JP7
HEX1[5]	PIN_U23	Seven Segment Digit 1[5]	取决于 JP7
HEX1[6]	PIN_U24	Seven Segment Digit 1[6]	取决于 JP7
HEX2[0]	PIN_AA25	Seven Segment Digit 2[0]	取决于 JP7
HEX2[1]	PIN_AA26	Seven Segment Digit 2[1]	取决于 JP7
HEX2[2]	PIN_Y25	Seven Segment Digit 2[2]	取决于 JP7
HEX2[3]	PIN_W26	Seven Segment Digit 2[3]	取决于 JP7
HEX2[4]	PIN_Y26	Seven Segment Digit 2[4]	取决于 JP7
HEX2[5]	PIN_W27	Seven Segment Digit 2[5]	取决于 JP7
HEX2[6]	PIN_W28	Seven Segment Digit 2[6]	取决于 JP7
HEX3[0]	PIN_V21	Seven Segment Digit 3[0]	取决于 JP7
HEX3[1]	PIN_U21	Seven Segment Digit 3[1]	取决于 JP7
HEX3[2]	PIN_AB20	Seven Segment Digit 3[2]	取决于 JP6
HEX3[3]	PIN_AA21	Seven Segment Digit 3[3]	取决于 JP6
HEX3[4]	PIN_AD24	Seven Segment Digit 3[4]	取决于 JP6
HEX3[5]	PIN_AF23	Seven Segment Digit 3[5]	取决于 JP6
HEX3[6]	PIN_Y19	Seven Segment Digit 3[6]	取决于 JP6
HEX4[0]	PIN_AB19	Seven Segment Digit 4[0]	取决于 JP6
HEX4[1]	PIN_AA19	Seven Segment Digit 4[1]	取决于 JP6
HEX4[2]	PIN_AG21	Seven Segment Digit 4[2]	取决于 JP6
HEX4[3]	PIN_AH21	Seven Segment Digit 4[3]	取决于 JP6
HEX4[4]	PIN_AE19	Seven Segment Digit 4[4]	取决于 JP6
HEX4[5]	PIN_AF19	Seven Segment Digit 4[5]	取决于 JP6
HEX4[6]	PIN_AE18	Seven Segment Digit 4[6]	取决于 JP6
HEX5[0]	PIN_AD18	Seven Segment Digit 5[0]	取决于 JP6
HEX5[1]	PIN_AC18	Seven Segment Digit 5[1]	取决于 JP6
HEX5[2]	PIN_AB18	Seven Segment Digit 5[2]	取决于 JP6
HEX5[3]	PIN_AH19	Seven Segment Digit 5[3]	取决于 JP6
HEX5[4]	PIN_AF18	Seven Segment Digit 5[4]	取决于 JP6
HEX5[5]	PIN_AF18	Seven Segment Digit 5[5]	取决于 JP6
HEX5[6]	PIN_AH18	Seven Segment Digit 5[6]	取决于 JP6
HEX6[0]	PIN_AA17	Seven Segment Digit 6[0]	取决于 JP6
HEX6[1]	PIN_AB16	Seven Segment Digit 6[1]	取决于 JP6

续表

信号名	FPGA 引脚号	说　明	I/O 标准
HEX6[2]	PIN_AA16	Seven Segment Digit 6[2]	取决于 JP6
HEX6[3]	PIN_AB17	Seven Segment Digit 6[3]	取决于 JP6
HEX6[4]	PIN_AB15	Seven Segment Digit 6[4]	取决于 JP6
HEX6[5]	PIN_AA15	Seven Segment Digit 6[5]	取决于 JP6
HEX6[6]	PIN_AC17	Seven Segment Digit 6[6]	取决于 JP6
HEX7[0]	PIN_AD17	Seven Segment Digit 7[0]	取决于 JP6
HEX7[1]	PIN_AE17	Seven Segment Digit 7[1]	取决于 JP6
HEX7[2]	PIN_AG17	Seven Segment Digit 7[2]	取决于 JP6
HEX7[3]	PIN_AH17	Seven Segment Digit 7[3]	取决于 JP6
HEX7[4]	PIN_AF17	Seven Segment Digit 7[4]	取决于 JP6
HEX7[5]	PIN_AG18	Seven Segment Digit 7[5]	取决于 JP6
HEX7[6]	PIN_AA14	Seven Segment Digit 7[6]	3.3 V

5. 时钟电路

DE2-115 包含一个生成 50 MHz 频率时钟信号的有源晶体振荡器，另有一个时钟缓冲器用来将缓冲后的低抖动 50 MHz 时钟信号分配给 FPGA。这些时钟信号用来驱动 FPGA 内的用户逻辑电路。开发板还包含两个 SMA 连接头，用来接收外部时钟输入信号到 FPGA 或者将 FPGA 的时钟信号输出到外部。另外，所有这些时钟输入都连接到 FPGA 内部的 PLL 模块上，用户可以将这些时钟信号作为 PLL 电路的时钟输入。时钟分配电路如附图-6 所示。时钟信号引脚配置信息见附表-5。

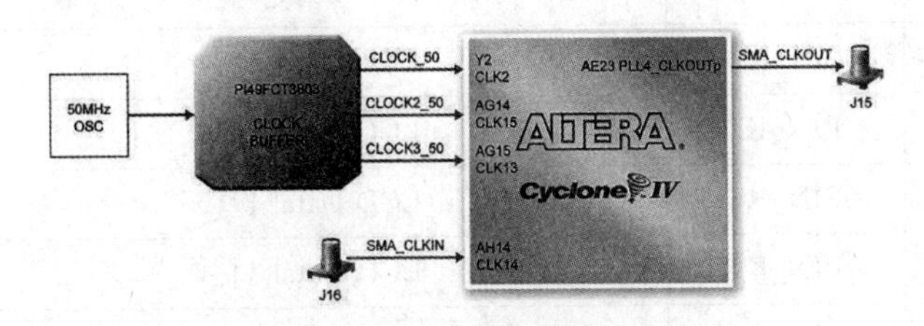

附图-6　时钟分配电路

附表-5　时钟信号引脚配置信息

信号名	FPGA 引脚号	说　明	I/O 标准
CLOCK_50	PIN_Y2	50 MHz clock input	3.3 V
CLOCK2_50	PIN_AG14	50 MHz clock input	3.3 V
CLOCK3_50	PIN_AG15	50 MHz clock input	取决于 JP6
SMA_CLKOUT	PIN_AE23	External (SMA) clock output	取决于 JP6
SMA_CLKIN	PIN_AH14	External (SMA) clock input	3.3 V

6. LCD 模块

DE2-115 开发板上的 LCD 模块配有内置英文字库,发送合适的命令控制字到显示控制器 HD44780 便可以在 LCD 显示文字信息。Cyclone IV E FPGA 和 LCD 模块间的连接如附图-7 所示。在 DE2－115 中使用的 LCD 模块并不含背光单元,故而 LCD_BLON 信号在用户工程中的设定是无效的。LCD 模块引脚配置见附表-6。

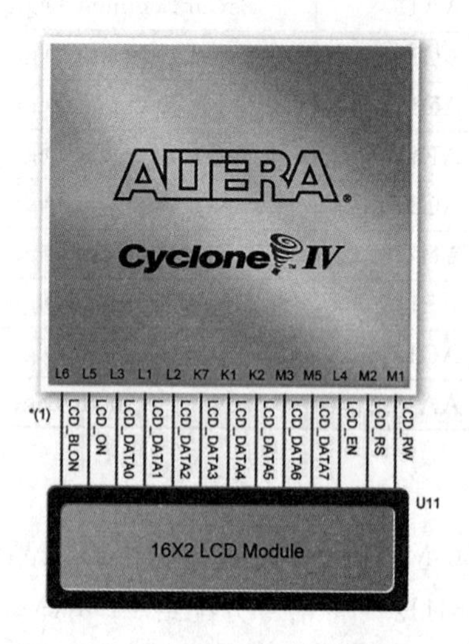

附图-7 FPGA 芯片和 LCD 模块间连接

附表-6 LCD 模块引脚配置

信号名	FPGA 引脚号	说　明	I/O 标准
LCD_DATA7	PIN_M5	LCD Data[7]	3.3 V
LCD_DATA6	PIN_M3	LCD Data[6]	3.3 V
LCD_DATA5	PIN_K2	LCD Data[5]	3.3 V
LCD_DATA4	PIN_K1	LCD Data[4]	3.3 V
LCD_DATA3	PIN_K7	LCD Data[3]	3.3 V
LCD_DATA2	PIN_L2	LCD Data[2]	3.3 V
LCD_DATA1	PIN_L1	LCD Data[1]	3.3 V
LCD_DATA0	PIN_L3	LCD Data[0]	3.3 V
LCD_EN	PIN_L4	启用 LCD	3.3 V
LCD_RW	PIN_M1	LCD 读/写选择,0=写,1=读	3.3 V
LCD_RS	PIN_M2	LCD 命令/数据选择,0=命令,1=数据	3.3 V
LCD_ON	PIN_L5	LCD 电源开/关	3.3 V
LCD_BLON	PIN_L6	LCD 背光开/关	3.3 V

附录B　课程设计报告撰写要求

(1) 课程设计报告撰写要求步骤清楚、叙述简明、文句通顺、笔迹端正。

(2) 课程设计报告主要内容：

① 课程设计目的。

② 课程设计任务描述和要求。

③ 总体设计。画出系统框图，并简要说明系统工作原理。

④ 单元电路设计、参数计算和器件选择。详细说明该单元电路的工作原理。

⑤ 测试数据和波形记录。注意将其与理论推算结果进行比较分析。

⑥ 故障及其排除方法。记录调试过程中出现的故障与产生原因及其排除方法。

⑦ 课程设计总结。可以书写设计心得及收获。

⑧ 参考文献。

⑨ 附录一：系统完整电路图。附录二：单元电路关键点测试波形。附录三：单元电路仿真。

(3) 设计报告格式：

① 课程设计报告按照学校规定的统一格式进行编写。

② 系统完整电路图可以使用计算机绘制打印，波形图必须手工绘制。

③ 对于引用或参考的电路，应标明来源——参考资料的信息。

④ 课程设计报告字数不得少于3000字。

参考文献

[1] 蔡红娟,周斌,蔡苗.模拟电子技术[M].武汉:华中科技大学出版社,2019.

[2] 周斌,蔡苗,蔡红娟.数字电路与逻辑设计[M]. 武汉:华中科技大学出版社,2018.

[3] 康华光.电子技术基础(模拟部分) [M].6 版.北京:高等教育出版社,2013.

[4] 康华光.电子技术基础(数字部分) [M].6 版.北京:高等教育出版社,2014.

[5] 罗杰.Verilog HDL 与 FPGA 数字系统设计[M].北京:机械工业出版社,2015.

[6] 陈大钦,罗杰.电子技术基础实验[M].3 版.北京:高等教育出版社,2008.

[7] 罗杰,谢自美.电子线路设计·实验·测试[M].4 版.北京:电子工业出版社,2008.

[8] 刘贵栋,张玉军.电工电子技术 Multisim 仿真实践[M].哈尔滨:哈尔滨工业大学出版社,2013.

[9] 聂典,丁伟.Multisim10 计算机仿真在电子电路设计中的应用[M].北京:电子工业出版社,2009.

[10] 陈永甫.用万用表检测电子元器件[M].北京:电子工业出版社,2008.

[11] 王俊峰.电子制作的经验与技巧[M].北京:机械工业出版社,2007.

[12] 向守兵,马康波.实用电子技术教程[M].成都,电子科技大学出版社,2007.

[13] 徐淑华,宫淑贞.电工电子技术[M].北京:电子工业出版社,2003